Dresdner Beiträge zu
Wettbewerb und Unternehmensführung

U. Blum / H.-D. Cleven / W. Esswein / E. Greipl / S. Müller (Hrsg.)
Kundenbindung bei veränderten Wettbewerbsbedingungen

Kundenbindung bei veränderten Wettbewerbsbedingungen

4. Dresdner Kolloquium an der Fakultät
Wirtschaftswissenschaften
der Technischen Universität Dresden

Herausgegeben von

Prof. Dr. Ulrich Blum
Technische Universität Dresden

Hans-Dieter Cleven
Kuratorium des Otto-Beisheim-Förderpreises, Zug/Schweiz

Prof. Dr. Werner Esswein
Technische Universität Dresden

Prof. Dr. Erich Greipl
Kuratorium des Otto-Beisheim-Förderpreises, München

Professor Dr. Stefan Müller
Technische Universität Dresden

 B. G. Teubner Stuttgart · Leipzig · Wiesbaden

Die Deutsche Bibliothek – CIP-Einheitsaufnahme
Ein Titeldatensatz für diese Publikation ist bei
Der Deutschen Bibliothek erhältlich.

1. Auflage Oktober 2000

Der Verlag Teubner ist ein Unternehmen der Fachverlagsgruppe BertelsmannSpringer.

www.teubner.de

Gedruckt auf säurefreiem Papier
Umschlaggestaltung: Peter Pfitz, Stuttgart
Druck und buchbinderische Verarbeitung: Hubert & Co., Göttingen
Printed in Germany

ISBN 3-519-00410-0

Vorwort

Das vierte Kolloquium „Wettbewerb und Unternehmensführung", das die Otto-Beisheim-Stiftung an der Technischen Universität Dresden am 12. November 1999 ausgerichtet hat, widmete sich dem Thema „Kundenbindung bei veränderten Wettbewerbsbedingungen". Damit wurde die Tradition fortgesetzt, aktuelle gesellschaftspolitische Fragen der Wettbewerbsordnung mit dem strategischen Handeln von Unternehmen zu verknüpfen, um hieraus Entwicklungsperspektiven zu gewinnen. Anläßlich dieser Veranstaltung wurde vor allen Dingen die Polarität zwischen Rationalität und Emotionalität bei den Entscheidungen der Kunden – aber nicht nur diese – beleuchtet, um zu hinterfragen, was in der postindustriellen Gesellschaft Lebensqualität bedeutet und wie diese bei der Re-Urbanisierung der Städte berücksichtigt werden kann. Mit Herrn Wensauer gelang es, einen hochkarätigen Fachmann zu gewinnen, der mit seinem faszinierenden Vortrag die Diskussion des Podiums unter der Leitung von Prof. Dr. Ulrich Blum fachlich und emotional anregte. Weitere Podiumsteilnehmer waren die Herren Prof. Dr. Ulli Arnold, Dr. Klaus Hipp, Walter Loeb und Lovro Mandac.

Auch in diesem Jahr wurden wieder vier Preise für herausragende wissenschaftliche Arbeiten verliehen. Die Otto-Beisheim-Förderpreise gingen dieses Mal an Frau Dr. Kerstin Fink, Universität Innsbruck, für ihre Promotionsarbeit zum Thema „Architektur für den Know-how-Transfer: Mind-Mapping als unterstützende Methode für die Know-how-Architektur", an Herrn Dr. Richard Reichel, Universität Erlangen-Nürnberg, für seine Habilitationsschrift „Ökonomische Theorie der internationalen Wettbewerbsfähigkeit von Volkswirtschaften" und an Herrn Prof. Dr. Thomas Gries, Universität Gesamthochschule Paderborn, für sein Lehrbuch zum Thema „Internationale Wettbewerbsfähigkeit – eine Fallstudie für Deutschland: Rahmenbedingungen – Standortfaktoren – Lösungen". Darüber hinaus wurde die Diplomarbeit von Herrn Robert Böhmer, Technische Universität Dresden, zum Thema „Max Webers ‚Geist des Kapitalismus' als Erklärungsmodell für den Wirtschaftserfolg religiöser Gemeinschaften? – Eine Anwendung auf das Beispiel der katholischen Sorben als religiös geprägte ethnische Minderheit in Deutschland" ausgezeichnet.

Einer Tradition folgend stellen sich auch in dieser Ausgabe wieder neue Mitglieder der Fakultät Wirtschaftswissenschaften an der Technischen Universität Dresden mit ihren Antrittsvorlesungen vor. Frau Prof. Dr. Birgit Benkhoff zeigt auf, wie die Mitarbeiter zur Effizienzsteigerung der Unternehmen beitragen können, und Herr Prof. Dr. Rainer Lasch analysiert die „Telematik in der Güterverkehrslogistik".

Der dritte Teil der Schrift enthält die Laudationes für die in diesem Jahr ausge-
zeichneten wissenschaftlichen Arbeiten.

Besonders verbunden sind die Herausgeber dem Sponsor der Tagung und der
Förderpreise sowie der zugehörigen wissenschaftlichen Reihe, Herrn Prof. Dr.
Otto Beisheim, dem an dieser Stelle herzlich gedankt sei.

Dresden, im Juli 2000   Die Herausgeber

Inhaltsverzeichnis

Teil III
Preisverleihung

Teil I

Wettbewerb und Unternehmensführung Kundenbindung bei veränderten Wettbewerbsbedingungen

Kolloquium am 12.11.1999 an der Technischen Universität Dresden

Grußworte zum Kolloquium Wettbewerb und Unternehmensführung
Dresden, 12. November 1999

Ulrich Blum[1]:

Meine sehr verehrten Damen und Herren, verehrter Festredner, Excellenzen, Spektabilitäten, meine Herren Präsidenten, liebe Kolleginnen und Kollegen, liebe Kommilitoninnen und Kommilitonen,

zum vierten Mal veranstaltet die Technische Universität Dresden in Zusammenarbeit mit der Otto-Beisheim-Stiftung das Kolloquium „Wettbewerb und Unternehmensführung". Die Veranstaltung in diesem Jahr ist nicht nur die letzte in diesem Millennium, vor wenigen Tagen jährte sich auch der Fall der Mauer zum zehnten Mal, und dies gibt mir Gelegenheit zu einem Rückblick, der deutlich werden läßt, was wir gemeinsam geleistet haben.

Seit dem Jahr 1991 besteht unsere Verbindung zur Otto-Beisheim-Stiftung. Damals veranstalteten wir eine Ringvorlesung, die das Ziel hatte, den Wettbewerb als gesellschaftspolitisches Gestaltungsprinzip in die Öffentlichkeit zu tragen. Damals weilten noch die Kollegen Dichtl und Gabele unter uns, die der Gründungsphase der Fakultät und auch der Veranstaltung ihr Gepräge gegeben haben. In diesen zehn Jahren wurde Erstaunliches geleistet. Die Ringvorlesung wurde noch in einem heruntergekommenen Hörsaal durchgeführt.

Die erste Veranstaltung „Wettbewerb und Unternehmensführung" fand in dem Hörsaal, in dem wir uns auch heute aufhalten, statt. Wir ehrten damals Herrn Otto Beisheim, den Gründer der Metro-Gruppe, der es uns heute und damals durch großzügige Zuwendungen ermöglicht, diese Veranstaltung mit inzwischen über das Land hinaus bekannter Reputation durchzuführen. Mit Herrn Hans-Dieter Cleven freue ich mich, einen Weggefährten von Otto Beisheim und der Unternehmensgeschichte der Metro von der ersten Stunde an hier begrüßen zu dürfen. Den Festvortrag anläßlich des ersten Kolloquiums hielt seiner Zeit der später tragisch verunglückte Kollege Tietz, und ich freue mich ganz besonders, daß Sie,

---

[1] Prof. Dr. Ulrich Blum, Inhaber des Lehrstuhls für VWL, insbesondere Wirtschaftspolitik und Wirtschaftsforschung, TU Dresden

liebe Frau Tietz, immer wieder den Weg zu uns finden, an einen Standort, dem Ihr Mann sein Gepräge gegeben hat.

Zu den Repräsentanten unserer Gesellschaft, die von der ersten Stunde an unser Symposium begleiten, zählen auch die Vertreter der Handelsverbände, die ich auch heute wieder sehr vollständig begrüßen kann.

Ich erwähnte, daß die Hinwendung zu einer liberalen Wettbewerbsgesellschaft in Ostdeutschland erstaunliche Erfolge gebracht hat. Heute muß man konstatieren, daß sich hier an manchen Stellen die im Vergleich zum Westen modernere Gesellschaft konstituiert hat. Denken wir alleine an die für unser Thema bedeutende „Entstalinisierung" der Ladenöffnungszeiten. Ohne den Mut vieler Händler, gefördert durch eine benevolente Regierung, wäre es nie möglich gewesen, Standorte wie Leipzig zur Frontstadt der Kundenfreundlichkeit zu entwickeln.

Die Tagungsthemen der Vergangenheit hatten einen stärker volkswirtschaftlichen Bezug, was auch der Transformationssituation in Ostdeutschland geschuldet war. So fragte Herr Tietz noch, inwieweit wir uns zu einer Händlergesellschaft entwickeln, Herr Roth zwei Jahre später stellte die Wettbewerbsordnung in den Kontext der Globalisierung, und im Jahre 1997 wurde dies von Staatssekretär a.D. Otto Schlecht nochmals aufgegriffen mit der Frage, ob die Soziale Marktwirtschaft unter den neuen Bedingungen Bestand haben kann.

Das diesjährige Thema: „Kundenbindung bei veränderten Wettbewerbsbedingungen" weist auf den ersten Blick eine stärkere betriebswirtschaftliche Orientierung auf, aber Kundenbindung hat nicht nur eine große Bedeutung für erfolgreiche Unternehmen – die volatile Masse der Käufer liegt möglicherweise über 50 Prozent und mehr der Bevölkerung. Je größer ihr Anteil wird, desto höher werden die Anforderungen an die Flexibilität der Unternehmen. Da Kunden in der Regel aber auch Arbeitnehmer sind, führt Kundenbindung auch zu einer verläßlicheren Unternehmensplanung, folglich zu sichereren Arbeitsplätzen und damit schließlich auch zu Wohlstand.

Kundenbindung ist Teil des Vertrauenskapitals einer Gesellschaft und erfüllt damit über die betriebliche Funktion hinaus ein wichtige gesellschaftspolitische Aufgabe. Nicht umsonst besitzen wirtschaftlich erfolgreiche Gesellschaften starke kulturelle Wurzeln; wir haben übrigens, das kann ich erwähnen, aus diesem Grund eine Diplomarbeit mit besonderer Freude ausgezeichnet.

Und das gibt mir Gelegenheit, Sie, Herrn Bischof Reinelt, als Repräsentanten einer wichtigen Institution, die Moral und Kultur – nicht nur als Glauben, sondern
auch als Dienst am Menschen und der Gesellschaft – repräsentiert, zu begrüßen.

Ich erlaube mir, in den Festvortrag unserer Veranstaltung einzuführen.

„Die Macht der Gefühle – Absatz zwischen Wissen und Emotion" lautet das
Thema, mit dem Sie in den nächsten knapp 60 Minuten Herr Eberhardt Wensauer
begeistern wird. Sie werden dann mit Sicherheit feststellen, daß die Zeit vor Wensauer eine andere Zeit ist als die Zeit nach Wensauer. Und dies liegt daran, daß
Sie, sehr geehrter Herr Wensauer, als „enfant terrible" der Werbebranche immer
wieder neue Wege gegangen sind, Konventionen als Ausgangspunkt genutzt haben, diese zu überwinden und den Menschen als emotionales Wesen ganz zu pak-
ken.

Herr Wensauer, ich freue mich auf Ihren Vortrag.

Die Macht der Gefühle – Absatz zwischen Wissen und Emotion

Eberhard Wensauer[1]:

Videosequenz: Eingangsvideo

Ein herzliches Grüß Gott und Guten Morgen, meine sehr verehrten Damen und Herren!

Mein Thema heute morgen sind Gefühle. Sie haben gerade eben gesehen, wie man mit Gefühlen umgehen kann. Von „himmelhoch jauchzend" bis „zu Tode betrübt". Bei Gefühlen, da ist alles drin.

Mein Name ist Eberhard Wensauer. Ich bin von Haus aus Kreativer und Bauchmensch. Ich habe meine Werbeagentur „Wensauer und Partner" 1980 gegründet, habe 15 Jahre lang die Porsche-Werbung gemacht, habe unter anderem das grüne

[1] Eberhard Wensauer, Inhaber und Gesellschafter der Werbeagentur Wensauer & Partner, Ludwigsburg

Beck's Schiff und die Beck's Welt und auch die Krombacher Welt erfunden. 1990 habe ich mit einer großen amerikanischen Agentur fusioniert, mit DDB-Needham. Danach hießen wir Wensauer DDB Needham.

Das amerikanische Label ist nicht schlecht, aber 1995 habe ich dann meine Agentur wieder zurückgekauft und mache nun wieder „Wensauer und Partner", wie früher, nur, wie ich meine, noch ein bißchen besser. „Wensauer und Partner" gibt es in Ludwigsburg und Düsseldorf, und wir sind ungefähr 100 Mitarbeiter in der Gruppe.

Herzlichen Dank für die Einladung, meine Herren Professoren, und es ehrt mich, Herr Professor Esswein, Herr Professor Greipl und Herr Professor Blum, daß Sie mich für den Richtigen erachten, Ihnen, Ihren Gästen – ich freue mich, daß Sie da sind – und vor allem den Studenten, die ja auch vollzählig da sind, wie ich sehe – oder fehlen noch welche? – etwas zu erzählen, was Sie hoffentlich nicht am relativ frühen Morgen zum Einschlafen bringt. Und damit dies nicht passiert, sage ich jetzt erstmal gar nichts.

Video: „Emotionen"

Meine Damen und Herren, erklären Sie einmal einem Außerirdischen, der annimmt, der Mensch sei ein vom Verstand gelenktes Wesen, was in dem Video, das ich gerade gezeigt habe, passiert ist. 22 erwachsene Menschen, die einer runden Schweinsblase nachrennen, Millionen im Stadion und vor den Bildschirmen, die ihnen dabei zuschauen. Hysterische Fans bei einem Rockkonzert. Oder Menschen, die sich freiwillig in ein 300 km/h schnelles Auto setzen und es genießen. Und manche befestigen sich an einem Gummiseil, stürzen unaufhaltsam in die Tiefe und haben ebenfalls Spaß dabei. Und last but not least... die Liebe. Ist das rational? Nein, aber ich finde, es ist menschlich, und das führt mich zu meinem Thema.

Das offizielle Thema meines Vortrages lautet: „Die Macht der Gefühle – Absatz zwischen Wissen und Emotionen". Da sich ein Großteil von Ihnen, meine Damen und Herren, die meiste Zeit mit Wissen beschäftigt, möchte ich aus zwei Gründen Partei für den „Bauch" ergreifen:

Der erste Grund: Bei den rationalen Themen kenne ich mich viel zu wenig aus, das können andere viel besser – wenn ich an die Professoren denke, mit denen ich gestern abend gesprochen habe. Da kann ich Ihnen nichts Neues erzählen.

Der zweite Grund: Ich bin ein absoluter Bauchmensch, und deshalb bin ich auch in der Werbung. Also werde ich versuchen, meine Damen und Herren, Sie heute ein bißchen zu verunsichern. Damit Sie sicherer werden!

Meine erste und wichtigste These lautet: „Der Bauch schlägt den Kopf."

Bildchart: Portrait von Eberhard Wensauer

Lassen Sie es mich einmal aus meiner Sicht darstellen. So sehe ich aus, wenn mich das unbarmherzige Auge einer Kamera porträtiert.

Bildchart: Dasselbe Portrait von Eberhard Wensauer, so verfremdet, daß er einen riesigen Kopf und einen winzigen Bauch und Körper hat.

So ungefähr sieht jeder aus, wenn man der Gesellschaft glaubt, nämlich daß alle logisch veranlagt sind. Logisch veranlagt, die Vernunft als letzte Instanz, eben kopfgesteuert. Denn von Kindesbeinen an lernen wir, vernünftig zu sein. Wir fassen nicht auf heiße Bügeleisen. Wir fassen nicht auf heiße Herdplatten. Wir bleiben an der roten Ampel stehen. Wir treffen Berufs- und Lebensentscheidungen – abwägend, nachdenklich, vernünftig –, kurz, wir begreifen die Welt logisch. Und bilden uns deshalb auch ein, logisch zu sein.

Bildchart: Dasselbe Portrait von Eberhard Wensauer, so verfremdet, daß er einen winzigen Kopf und einen riesigen Bauch hat.

Und so sehen wir aus, wenn wir ehrlich sind.

Entscheidungen, meine Damen und Herren, treffen wir mit dem Bauch oder prüfen sie wenigstens mit dem Bauch. Es heißt nicht umsonst: „Ich habe ein gutes Gefühl dabei." Oder: „Ich habe bei der Sache Bauchschmerzen."

Der Mensch, meine Damen und Herren, besteht zu 90 Prozent aus Wasser, das ist unbestritten und biologisch eine Tatsache.

Und er besteht zu 98 Prozent aus Bauch. Das ist meine These. Und das ist die Definition des Menschen, so wie ich ihn sehe. Bitte bedenken Sie, daß die Idee der Vernunft eine ziemlich junge ist. Bis zur Aufklärung vor etwas mehr als 300 Jahren hat sich kein Mensch eingebildet, logisch und vernünftig zu sein. Aber seine Sinne, Instinkte und Emotionen nutzt der Mensch schon seit es ihn gibt. Der Weg über den Kopf ist immer ein Umweg. Der Weg über den Bauch und die Sinne ist der direkteste. Das können Sie selbst prüfen. Wenn Sie emotional entscheiden, dann tun Sie letztendlich das, was der Bauch Ihnen sagt und rät. Ich habe Ihnen ein nettes Beispiel mitgebracht.

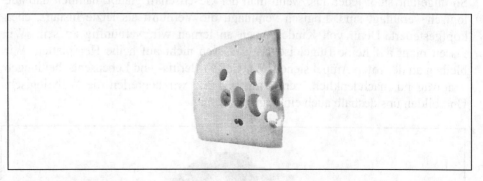

Bildchart: Schweizer Käse mit Löchern

Wir haben ja auch einige Gäste aus der Schweiz, deshalb habe ich den Schweizer Käse gewählt und zwar den „Appenzellerle". Das ist ein typischer Schweizer Käse, der so gut schmeckt wie er aussieht, und ich würde ihn vergleichen mit unserem Verstand. Unser Verstand ist brillant, aber wenn man genauer hinschaut, meine Damen und Herren, dann ist er doch ein ziemlich löchriges Ding. Mir ist kein besseres Beispiel eingefallen als der Schweizer Käse. Der Verstand ist brillant – aber wie brillant muß erst die Emotion sein, wenn sie den Verstand oft so aussehen läßt? Denn so wichtig der Verstand auch ist, und so sehr er sich als Alleinherrscher aufspielt, so unzureichend ist er in den entscheidenden Augenblicken, und das können Sie jeden Tag selbst feststellen. Wenn Sie eine Reaktion aus dem Inneren heraus machen, ist sie schneller und direkter. Wenn Sie erst überlegen müssen, dann ist die Reaktionszeit viel zu lange.

Bildchart: Maßband

Die meisten Dinge im Leben, meine Damen und Herren, kann man messen, zählen oder sonstwie logisch und objektiv darstellen.

Bildchart: Emotionales Bild eines Liebespaares

Aber wie erklären Sie sich das, was ich oben dargestellt habe? Gibt es dafür eine Erklärung? Das Problem oder das Schöne ist, Emotionen sind nicht logisch oder meßbar. Das ist das Schöne daran. Sie sind die Black Box unseres Wesens. Und sie spielen in den entscheidenden Augenblicken ihre ganze Macht aus. Der größte Trieb der Menschen ist total emotionsgesteuert – Emotionen bestimmen unser Leben.

Liebe, Sex, Macht, Geld, Besitz, Religion, Drogen und vor allem Kriege sind zu 98 Prozent Emotion. Nicht Wissen und nicht Logik. Und dazu möchte ich Ihnen ein ganz aktuelles Beispiel geben – die Herren sollten mitschreiben und die Damen verschämt auf den Boden schauen –, und zwar zeige ich Ihnen die „Lewinsky-Formel".

Text-/Bildchart: Die Lewinsky – Formel: Die „Lewinsky-Formel" funktioniert ganz einfach. Zigarre gegen Verstand. Verstand gegen Gürtellinie. Und da in der Nähe ist auch der Bauch.

Je tiefer die Bedürfnisse sitzen, desto ohnmächtiger ist der Verstand. Und wenn selbst der mächtigste Mann der Welt, Bill Clinton, nicht zu 100 Prozent Herr seiner Emotionen ist, wer von uns könnte das dann von sich behaupten?

Bildchart: Close-up des Warnspruchs auf Zigarettenpackungen: Rauchen verursacht Krebs

Rauchen, trinken, zu schnell Auto fahren, ja du lieber Himmel, meine Damen und Herren, wo bleibt da eigentlich unser Verstand?

Und da sage ich Ihnen eine ganz einfache Formel: „Der Geist ist willig, aber das Fleisch ist schwach." Alt bekannt. Ich will es damit nicht übertreiben.

Daß Sie mich bitte nicht falsch verstehen: Wissen bringt uns weiter. Wissen ist wichtig. Wer es ignoriert, ist ein Dummkopf. Die Wissenschaft, die Ingenieursbüros für die Technik, die Betriebswirtschaftsrechnungen, die Herstellung von Produkten – eigentlich vieles, was den Fortschritt ausmacht, ist eine Domäne des Verstandes. Da hat die Emotion nichts zu suchen, aber darüber rede ich ja auch nicht. Ich rede übers Verkaufen, über Werbung – das ist mein Thema. Wissen bringt uns weiter, aber Emotionen machen uns reich.

Und für mich ist eines klar: Emotionen setzen das menschliche Schutzschild „Verstand" außer Kraft. Wo es um Werbung und Marken geht, kommen Sie mit der Logik nicht an den entscheidenden Punkt. Kaufentscheidungen, meine Damen und Herren, werden meistens nicht rational gefällt, auch wenn sie oft eine rationale Rechtfertigung brauchen, um den Verstand zu befriedigen. Denn so leicht ausschalten läßt sich der auch nicht. Einen Porsche kauft man in erster Linie, weil es einen emotional „anmacht", aber man rechtfertigt es am Stammtisch, indem man sagt, man habe ein schnelles Auto, das wenig Benzin verbraucht und in der Kurve unglaublich hält. Das ist dann die rationale Begründung für eine emotionale Entscheidung.

Bildchart: Bild aus dem Buch „Der kleine Prinz" von Antoine de Saint Exupéry

Ich habe Ihnen ein Beispiel mitgebracht – vom „Kleinen Prinzen", den Sie alle kennen. Die klügsten Dinge der Werbung kommen ja oft nicht von den Werbern selbst – so auch hier, denn der Verfasser des „Kleinen Prinzen" hat schon gewußt, wovon er spricht.

Er hat gesagt: „Wenn du willst, daß Männer ein Schiff bauen, erzähle ihnen nicht von der Reise übers Wasser, sondern erzähle, wie wunderbar es an fernen Ufern ist." Sehnsüchte machen den Menschen aus. Sehnsüchte und Emotionen bringen uns dazu zu handeln. Und das ist bei einer Kaufentscheidung nicht anders.

Bildchart:Pfau

Der Mensch, den ich hier absichtlich nicht zeige, hat die Werbung nicht erfunden.

Wie Sie sehen, hat das Tierreich bereits alles erfunden, und wir haben es eigentlich nur nachgemacht. Werbung ist die natürlichste Sache der Welt. Sich von Mitbewerbern unterscheiden, auffallen um jeden Preis mit einem eindeutigen Produktversprechen, das ist die Aufgabe. Der Mensch hat also die Werbung nicht erfunden aber die stärkste Waffe der Werbung, nämlich die Marke.

Bildchart: Bibel

Die Marke ist die stärkste Waffe in der Werbung. Eine Marke, meine Damen und Herren, ist ein Glaubensbekenntnis. Ein emotionales Versprechen. Eine emotionale Heimat. Und da habe ich Ihnen ein wunderschönes Beispiel mitgebracht. Das mit dem Glaubensbekenntnis kann man wörtlich nehmen, denn die mit Abstand langlebigste und erfolgreichste Marke ist immer noch die Kirche. Und das nicht ohne Grund. Bedenken Sie bitte – sie hat eine absolut eigenständige Markenwelt. Sie ist einfach zu verstehen – wer die 10 Gebote einhält, macht es im großen und ganzen schon richtig. Sie hat ein tolles, einprägsames Logo. Es ist sehr einfach und ein schönes Markenzeichen. Ihre Botschaft und ihr Versprechen ist hochemotional – es spricht eine der tiefsten Sehnsüchte der Menschen an, nämlich ewiges Leben. Und je emotionaler und glaubwürdiger eine Marke und ihre Botschaft ist, desto erfolgreicher ist sie. Die Kirche gibt es, weil die Menschen glauben wollen. Und Glaube ist alles andere als eine Kopfsache. Und Sie sehen hier auch: Wenn die Marke stark ist, ist sie sogar dann noch relativ erfolgreich, wenn das Produkt nicht mehr ganz zeitgemäß ist. Schauen wir uns einmal an, wie zeitgemäß die alte Machomarke „Marlboro" moderne Werte wie Verantwortung und Gefühl in ihre Markenwelt integriert, ohne dabei das Versprechen – das Grundversprechen dieser

Marke – von Freiheit und Abenteuer aufzugeben. Das machen die schlauer als manch andere.

Meine Damen und Herren: Wasser, Zucker, Kohlensäure, Farbstoff, E 15d, Säuerungsmittel, Phosphorsäure, Aroma und Koffein. Würden Sie das freiwillig trinken? Ja nun, es gibt Menschen, die sind sadistisch und würden so etwas machen – also ich eigentlich nicht freiwillig – aber schauen Sie einmal, was da herauskommt.

Bildchart: Coca Cola

Wasser, Zucker, Kohlensäure, Farbstoff, E 15d, Säuerungsmittel, Phosphorsäure, Aroma, Koffein.

Mit jedem Lebensmittelchemiker müßten Sie wahrscheinlich erst die Diskussion ausfechten, ob der grundlegende Vorteil von Coca Cola gegenüber Pepsi, nämlich 0,2 Milligramm weniger Zucker zu haben, nicht die Hauptbotschaft der Kampagne sein sollte. Aber mit einem normalen Menschen führen Sie so eine Diskussion nicht. Und dazu möchte ich Ihnen eine kleine Anekdote erzählen: Während des Coca Cola–Pepsi Krieges in Amerika wurden die Chefs von Coca Cola und Pepsi in eine Talkshow eingeladen und durften begründen, warum ihr Produkt das bessere sei. Zur Inspiration hat man jedem eine Flasche seiner Marke hingestellt. Nach einem tiefen Schluck aus der Pulle waren auch beide gleichermaßen entzückt über das eigene Produkt und sagten, daß das andere zu süß oder zu fad schmeckt. Kein Zweifel. Nur daß in der Coca Cola Flasche Pepsi drin war und in der Pepsi Flasche Coca Cola.

Und jetzt möchte ich ihnen gern zeigen, wie es nicht funktioniert: In Abgrenzung zur normalen Coca Cola hat der Konzern beschlossen, Coca Cola Light unter dem Aspekt von „wenig Kalorien" einzuführen. Und das mit einem an den Verstand appellierenden TV Spot, den ich Ihnen jetzt gern zeigen möchte.

Videosequenz: Coca Cola Light „Kalorien"

Gerade bei der Marke, die der Inbegriff von Lebensgefühl ist, wird an den Verstand appelliert! Die keine klebrige Brause verkauft, sondern Lebensgefühl! Wie zu erwarten, ging das völlig schief. Danach – „back to the roots" – Erfrischung, Emotion, Erfolg.

Videosequenz: Coca Cola Light: „Punkt 12"

Eine Marke ist ein Glaubensbekenntnis.....

Text-/Bildchart: Nivea Schriftzug

Hier ein Beispiel, das Sie im nächsten Urlaub gern einmal selbst ausprobieren dürfen. Die Stiftung Warentest hat in ihrem Testheft vom Juni 1999 Lichtschutzmittel für empfindliche Haut getestet, also sensitive Sonnencremes. Erinnern Sie sich, was ich Ihnen gesagt habe? Eine Marke ist ein Glaubensbekenntnis, ein emotionales Versprechen, eine emotionale Heimat. Im Test waren Produkte von Delial, Yves Rocher, Ambre Solaire, Piz Buin, Nivea und unter anderem auch die Handelsmarke von Schlecker. Und raten Sie mal, wer gewonnen hat. Dreimal dürfen Sie raten.

Bildchart: Schlecker-Logo

Der AS-Sonnenbalsam von Schlecker hat gewonnen. Guten Sonnenschutz haben alle Produkte geboten, aber bei der Feuchtigkeitsanreicherung und damit bei der pflegenden Wirkung, die für sensitive Produkte entscheidend ist, schnitt das Schlecker-Produkt, also das No-Name-Produkt, mit „sehr gut" ab. Ein Markenklassiker wie Nivea kam auf Platz drei – befriedigend. Jetzt also hat die Schlecker Sonnencreme, objektiv und wissenschaftlich gesichert, überlegen gewonnen. Und sie kostet gerade mal ein Drittel von dem, was sonst ein Markenprodukt kostet. Und das alles wissen Sie jetzt, meine Damen und Herren. Da müßte doch eigentlich klar sein, mit welcher Sonnencreme Sie in den nächsten Urlaub fahren! Ich behaupte, im Reisegepäck der meisten von Ihnen wird sich nicht die Schlecker Sonnencreme befinden. Bei den Urlaubern in diesem Jahr war es jedenfalls so. Trotz der guten Testergebnisse, trotz des viel günstigeren Preises von Schlecker haben die Marken keinen Einbruch bei den Marktanteilen erlebt. Das ist der Verdienst einer starken, emotionalen Marke. Denn wer vertraut sich oder seine Familie, bei den Horrormeldungen über Sonnenbrand und Hautkrebs, schon einem No-Name-Produkt an, nur um ein paar Mark zu sparen? Entscheidend ist eben oft nicht, welches Produkt objektiv besser ist, sondern mit welchem Produkt ich mich besser fühle. Und welcher Marke ich mehr vertraue.

Bildchart: Das Hipp-Herz

Ich habe Ihnen ein gutes Beispiel mitgebracht. Ja, es sitzt hier! Ich bin froh, daß ich ihn endlich einmal kennenlerne, ich habe ihn schon so oft gesehen im Fernsehen. Er ist ein Mensch, der das, was er macht bzw. das, was er vertritt, mit ganzem Herzen vertritt. Und deshalb hat er auch Erfolg. Seit Jahrzehnten ist er erfolgreich gegen Giganten wie Nestlé und hat, glaube ich, über 37 Prozent Marktanteil in seinem Segment. Ich bin schon gespannt, was er uns nachher über seinen Erfolg sagen kann. Und wenn ich mir das Logo anschaue, scheint die Botschaft ganz einfach und sehr emotional zu sein. Wenn du dein Baby liebst, liebe Mutter, dann gibst du ihm Hipp. Und welche Mutter liebt ihr Baby nicht? Ganz einfache Botschaft. Der Kopf bekommt natürlich auch seine Bestätigung, weil die Zutaten aus biologischem Anbau stammen. Und der emotionale Höhepunkt ist, daß Herr Hipp dahintersteht mit seinem Namen – als Unternehmer. Und dem glaubt man. Meine Damen und Herren: Bauch schlägt Kopf.

Bildchart: Hipp-Gläschen

Damit ich aber nicht immer über die Arbeit von anderen rede, möchte ich Ihnen ein Beispiel aus meiner Agentur zeigen. Die Anzeige appelliert emotional an das Verantwortungsgefühl der Eltern, so wie es Herr Hipp auch gemacht hat, und sie verspricht Sicherheit.

Bildchart: Anzeige „Elefanten"

Die Sicherheit heißt, 98 Prozent aller Kinder kommen mit gesunden Füßen auf die Welt. Und danach haben Sie es in der Hand. Sie sehen, Emotion muß nicht irrational sein. Aber der Weg ins Herz des Verbrauchers geht über den Bauch – zumindest meistens. Emotion kann aber auch humorvoll sein. Schauen wir uns doch einmal an, wie eine der bekanntesten Marken der Welt ihre Werte wie Sicherheit und Zuverlässigkeit kommuniziert.

Videosequenz: Mercedes: Ohrfeige

Beim Thema Emotionen durch Humor darf ein Blick über den Kanal natürlich nicht fehlen. Ich stelle mir vor, ein deutscher Kunde und eine deutsche Agentur hätten den folgenden Schweppes Spot gemacht. Der hätte dann wahrscheinlich den Charme eines vorgelesenen Beipackzettels gehabt. Zu guter Letzt hätte dann Franz Beckenbauer noch gesagt: Und die Kohlensäure ist auch noch mit drin.

Videosequenz: Schweppes „Schleichwerbung" mit John Cleese

Meine Damen und Herren, vertrauen Sie Ihrem Bauch. Das ist der wichtigste Punkt meines Vortrages. Fiat Panda ist ein tolles Beispiel dafür, wie man mit einer intellektuellen Bauch-Idee aus einer ollen Kiste eine tolle Kiste machen kann. Und so wird ein unattraktives Auto zu einem Kultobjekt.

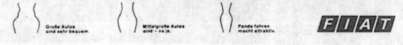

Bildchart: 1. Anzeige Fiat Panda

Ja, hinterher sind natürlich alle klüger. Wußten Sie, meine Damen und Herren, daß diese Fiat-Bauchkampagne von der Marktforschung schon gekillt war, noch bevor das erste Anzeigenmotiv gedruckt war? Die Pretests dieser Kampagne waren sensationell. 85 Prozent lehnten die Kampagne ab und 15 Prozent waren begeistert. Stellen Sie sich einmal vor, Sie präsentieren das und bekommen dann solche Testergebnisse. Dann können Sie sich eigentlich nur noch „die Kugel geben". Zum Glück hatte der Marketingchef damals seinem Bauch vertraut – und er hat Recht behalten.

Denn vom frechen und etwas anderen Image des Panda profitiert die Marke Fiat heute noch. Manche Entscheidungen muß man einfach mit dem Bauch und gegen die Marktforschung, gegen Berater und gegen alle Vernunft treffen.

Ich habe Ihnen vorhin schon gesagt – Emotionen sind die Black Box unseres Wesens. Noch ein Beispiel für eine Kampagne, die beinahe nie das Licht der Welt erblickt hätte, wenn uns der Bauch des Kunden nicht geholfen hätte. Unsere aktuelle Kampagne für Lexus. Wir waren uns bewußt, daß wir es in der automobilen Oberklasse mit Schwergewichten wie Mercedes und BMW zu tun hatten. Deshalb wollten wir einen emotionalen Approach in die Kampagne einbauen und keinen technischen.

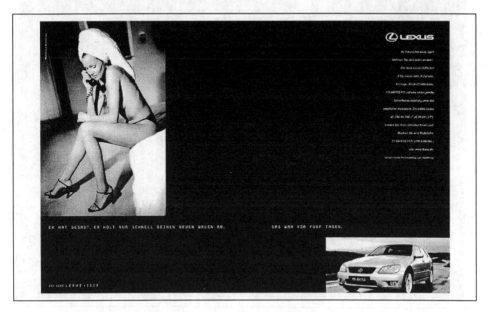

Bildchart: Lexus-Anzeige „Der interessanteste Raum im Haus ist immer noch das Schlafzimmer. Neben der Garage".

Die Produktmanager waren überrascht und verunsichert. Ein Auto ist doch ein technisches Produkt, muß man da nicht die Technik bewerben? Produktmanager sind gewohnt, in ihrem Job technische Zahlen und Daten zu vergleichen, Lastenhefte für die Ingenieure zu schreiben, um in Auto-Tests ein paar Prozentpunkte besser abzuschneiden als die Konkurrenz. Und in der Kampagne sollte sich das allenfalls im Kleingedruckten finden. Stellen Sie sich das einmal vor. Wo bleibt da die Emotion? Wenn Sie jemanden dazu bringen wollen, einen Lexus statt einer E-Klasse zu fahren, dann funktioniert das nur, wenn der Lexus das spannendere, emotionalere Auto ist. Wie ging die ganze Geschichte aus? Die Produktmanager meinten: Nein! Der Geschäftsführer hörte auf seinen Bauch und sagte: Ja! Diese Kampagne ist eine Chance für uns, so machen wir's. Hören Sie also öfters auf Ihren Bauch und hören Sie öfters auf Ihre Instinkte!

Nutzfahrzeuge, meine Damen und Herren: Da geht es um Verbrauch und Nutzlast, um Pfennige pro Kilometer. Die Jungs haben alle einen gnadenlosen Wettbewerbsdruck im Nacken. Da ist nichts mit Emotionen, das können Sie vergessen. So ungefähr hörte sich unser Briefing für Scania an. Und ich sage Ihnen: Vergessen Sie's!

Bildchart: Aktuelles Scania Kampagnenmotiv, Königshaus

Es gibt keine Kaufentscheidung, die nicht einen hohen Anteil an Emotionen hat. Und das beste, was Scania werblich je gemacht hat, war der Spruch „King of the Road". Die Leute wollen sicher sein, den überlegenen Truck zu fahren – Unternehmer und Fahrer. Klar, wenn der jetzt fünf Liter mehr braucht als die Konkurrenz, nützt „King of the Road" auch nichts mehr. Aber anstatt die Literzahl hinter dem Komma zu diskutieren, haben wir den Kunden davon überzeugt, daß man den Mythos Scania wiederbeleben muß. Die Headline: „Schon mal im Schwedischen Königshaus übernachtet?" Und der Erfolg gibt uns sehr recht.

Bildchart: 5 Flaschen von hinten

Hier ein interessantes Bild, meine Damen und Herren – für die Alkoholiker und für die Nichtalkoholiker: 8 von 10 Bierkennern erkennen ihr Bier beim Blindtest nicht. Das ist eine Tatsache, das ist wissenschaftlich bewiesen, darüber sollten wir uns gar nicht lange unterhalten, und auch nicht darüber streiten. Kommen wir also zum austauschbarsten Produkt überhaupt, nämlich Bier. Und je austauschbarer das Produkt ist, desto wichtiger ist die emotionale Markenwelt. Und wenn ich jetzt die Flaschen umdrehe, dann sehen Sie, was ich damit sagen möchte.

Bildchart: 5 Flaschen von vorne

... was wäre Bier ohne Marke?

Krombacher, Warsteiner, Bitburger, Jever, Beck's. Alle rufen Sie jetzt irgendeine Welt ab. Die Marken, die keine Welt haben, die können Sie vergessen. Und die, die eine haben, das sind die Marken, die das Rennen machen. Das ist ganz einfach. Ganz simpel. Die, die keine Welt haben, die vergessen Sie. Und die, die eine haben, die sind's.

Ich möchte Ihnen zum Thema Bier zwei Beispiele aus meiner Agentur zeigen, weil ich selten erfolgreich war, wenn ich mich nicht auf meinen Bauch verlassen habe. Und meistens, wenn ich's getan habe, meine Damen und Herren.

Bildchart: Meer

Ich hatte die Chance, eine neue Markenwelt für Beck´s zu kreieren. Im Briefing war klar definiert, daß es sich um eine eigenständige, maritime Welt handeln sollte. Das war das, was die Marktforschung herausbekommen hat. Eine maritime Markenwelt ist noch nicht belegt. Bitte Agentur, kreiere eine maritime Markenwelt, was auch immer du, Agentur, darunter verstehst. So, und wie geht jetzt eine Agentur vor, um so etwas zu entwickeln? Sie setzt sich erst mal hin, aber nicht so wie im Kino mit 100 Zigaretten, sondern einfach, klar, sachlich: Was kann ich tun und überlegen? Und während wir so überlegen, addieren Sie etwas dazu, was im Prinzip sehr einfach ist, denn die Markenwelt, die gefordert wird, hat ein Produkt, das diese Forderung haben möchte, nämlich die Flasche.

Bildchart: Beck's Flasche vor Meer

Ich kann mich noch genau erinnern wie heute; ich hatte eine grüne Flasche von Beck's vor mir auf dem Tisch: Grün, Meer, dachte ich, also machen wir ein grünes Meer. Quatsch. Ein grünes Meer, das ist nicht appetitlich, das sind Algen, das ist dreckig. Grün, Meer, Schiff. Ein Schiff ist gut. Maritim. Ein Schiff wird passen. Auf dem Schiff ist noch vieles handwerklich, ein Schiff fährt aus, ein Schiff sind Emotionen. Also laßt uns doch ein Schiff finden. Und schauen Sie doch einmal, was es da alles Schönes gibt: Ich habe vorhin dem Professor meine Klingel ausgeliehen. Das ist eine Schiffsglocke. Es gibt Seile, es gibt Tarken, es gibt Pfeifen. Es gibt eine mannigfaltige Art von Dingen, die Sie bei einem solchen Schiff haben. Daneben, daß es neu ist, daß es ungewöhnlich ist, daß es um die Welt fährt, daß es Sie umarmt, daß es Sie mitnimmt. Das alles steckt in einem Schiff drin. Aber ein Schiff an sich ist ja nicht ungewöhnlich. Also, was geben wir dem Schiff mit? Und wenn Sie die Flaschen, die da stehen, jetzt angucken, dann ist doch eines klar: Die Flasche ist grün. Ist doch logisch. Eigentlich logisch, oder?

Bildchart: Das Beck's Schiff

Und schließlich fiel es mir wie Schuppen von den Augen: Wir brauchen ein grünes Schiff. Das grüne Beck's Schiff, das als Botschafter von Beck's auf der ganzen Welt unterwegs ist. Das grüne Schiff ist gut. Das ist eigenständig. Ein Schiff transportiert auch heute noch Sehnsüchte und Träume. Träume von der großen, weiten Welt. Und ein Schiff bietet eine eigenständige Markenwelt. Wenn man das grüne Beck's Schiff sieht, denkt man an Beck's und wenn man an Beck's denkt, hat man das grüne Schiff vor Augen. Schauen wir uns einmal den Film dazu an.

Videosequenz: Beck's Golden Gate

Meine Damen und Herren, es gibt Hipp, es gibt die Lila Kuh, es gibt Beck's. Große Marken, die, wenn Sie daran denken, ein Bild abrufen. Seit vielen, vielen Jahren segelt das grüne Beck's Schiff und lädt in die emotionale Beck's Welt ein. Und was hat so eine Welt mit Wissen zu tun? Es ist nur Emotion.

Das zweite Beispiel, das ich Ihnen zeigen möchte, ist Krombacher. Aber für die, die immer mit dem Kopf denken und weniger die Emotionen im Kopf haben, für die möchte ich jetzt erst einmal die Statistik, also das Wissen, zu Wort kommen lassen, damit Sie einmal schwarz auf weiß sehen, daß das, was ich da erzähle, auch Erfolg hat.

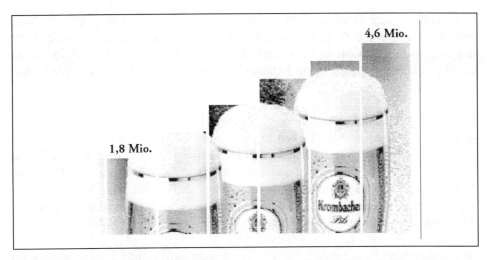

Bildchart: Entwicklung Hektoliterausstoß

Seit wir den Etat betreuen, stieg der Hektoliterausstoß von Krombacher von 1,8 Millionen Hektoliter auf 4,6 Millionen Hektoliter. Und das in einem unglaublichen Verdrängungswettbewerb und bei einem allgemein sinkenden Pro-Kopf-Bierkonsum in Deutschland. Heute ist Krombacher Nummer Zwei und dabei, Warsteiner von Platz Eins zu verdrängen. Wir rechnen eigentlich sehr bald damit, daß das passieren wird. Der Beweis, wie einfach und emotional eine Markenwelt sein kann, ist folgender:

Bildchart: Insel

Der Schlüssel des Erfolges liegt in einfachen emotionalen Komponenten. Man muß nicht immer die Welt dreimal erfinden und man muß nicht meinen, daß der doppelte Salto rückwärts und vorwärts die Lösung ist. Oftmals liegt die Lösung in ganz bescheidenen, einfachen Schlüsselbildern, die der Mensch einfach und schnell abrufen kann.

Sie haben eine Reizflut von Filmen jeden Tag. Jeden Tag Fernsehspots. 2 Millionen Fernsehspots pro Jahr. Stellen Sie sich das einmal vor. Wie wollen Sie sich noch unterscheiden? Sie haben zwei Möglichkeiten. Erstens: Eine Botschaft, die tief und simpel ist, vermitteln und zweitens: Bei dieser Botschaft bleiben. Die Schlüsselbilder müssen einfach und ganz normal strukturiert sein. Hier ein unverwechselbares, heiles Dasein, eine saubere Welt, eine Insel der Sehnsucht, der Ruhe, der Geborgenheit und einer natürlichen Ehrlichkeit und Frische.

Wir wissen heute ganz genau, warum der Mensch auf solche Dinge anspringt. So eine Insel ist das, was im Inneren der Menschen schlummert; es ist die Sehnsucht nach Ruhe und nach Geborgenheit. Nach dem Mutterleib. Der Mensch sehnt sich zurück in den Mutterleib. Kriege, Verbrechen, alles das, was Sie heute in der Bildzeitung oder einer anderen Zeitung lesen – es handelt sich nur um Tod, Absturz, Flugzeugabsturz, Verbrechen. Bei all dem hat der Mensch in seinem Kopf eine Ecke, eine Heimat, und diese Heimat ist sehr einfach strukturiert, auch wenn Sie es nicht zugeben. Es ist die Mutterheimat, es ist das Gefühl der Mutter, das Gefühl der Geborgenheit. Und dieses Gefühl der Geborgenheit ist das, nach dem sich der Mensch ständig sehnt. Abgesehen von neuen Techniken, Medien, dem Internet und so weiter und so fort. Das muß auch sein. Aber wenn er abends ins Bett geht, nimmt er einen Teil seines Kopfes und macht es sich ganz einfach und bequem und erinnert sich an die einfachen Dinge, die einfach strukturierten Dinge im Leben, und das ist es, warum der Krombacher Spot funktioniert. Ich habe Ihnen gesagt, eine Marke ist ein Glaubensbekenntnis, ein emotionales Versprechen, eine emotionale Heimat.

Videosequenz: Krombacher 45er „Tropfen"

Ein letztes Beispiel meiner Arbeit, das belegen soll, daß Emotionen kaufentscheidend sind, ist das Beispiel FA. Sie alle kennen FA. FA wirbt mit natürlicher Frische und eben mit dem Gefühl, das in diesem Produktversprechen liegt. Und FA visualisiert und emotionalisiert diese Botschaft schon immer mit einer Natürlichkeit der Nacktheit, mit einer Natürlichkeit des reinen Empfindens. Die Kampagne sollte europaweit laufen, also lautete die Aufgabe, meine Damen und Herren, ob Sie's glauben oder nicht: Finden Sie eine neue, emotionale FA-Welt und finden Sie den Europa-Busen.

Ich kann Ihnen sagen – so lustig sich das auch anhört – es gibt einfachere Aufgaben. Die Grundanforderung war: Der Busen darf nicht anrüchig wirken, schließlich machen wir keine Werbung für eine Peep-Show. Und der Busen muß dem europaweiten Schönheitsideal von Adams Kostüm – oder besser gesagt – Evas Kostüm entsprechen. Und was in Norwegen zu groß ist, ist in Spanien zu klein. Und hier das Ergebnis unendlicher Castings und Tests... Und bedenken Sie dabei, meine Damen und Herren, daß wir Frische verkaufen, natürliche Frische mit FA.

Videosequenz: FA

Meine Damen und Herren, Bauch schlägt Kopf. Aber der Kopf kann auch zurück-schlagen. Ein Teil meines Vortrages sollte auch den Aspekt Kundenbindung bein-halten. Und auch, wie man verlorene Kunden zurückgewinnen kann. Ich für mei-nen Teil definiere Kundenbindung wahrscheinlich anders als jemand, der ein Straßengeschäft hat und Schnürsenkel verkauft. Aber dennoch gibt es einen ge-meinsamen Nenner, meine Damen und Herren, und dieser gemeinsame Nenner ist Vertrauen.

Dieses Wort sollten Sie sich auch merken. Vertrauen ist das Wichtigste, was ein Mensch geben kann. Wenn Sie jemandem das Wort geben, dann sollten Sie es halten. Denn wenn Sie es nicht halten, ist das Vertrauen weg. Ich habe ein sehr nettes Beispiel, das ich neulich von einem Kollegen gehört habe. Es war ein Kol-lege. Es war aber auch ein Professor. Und dieser Professor hat mir etwas gesagt, was mir sehr zu denken gab: „Wir haben uns darüber unterhalten, was die Werte des Menschen sind – und wir in unserer Familie, meine Frau, meine Tochter – wir halten es so: Wenn wir etwas versprechen, dann wird es gehalten. Das wird ge-halten. Da muß es schon Katzen hageln, damit es nicht gehalten wird. Es muß gute Gründe geben und so habe ich meine Frau kennengelernt und so haben wir unser Kind erzogen."

Vertrauen ist die Basis für alles. Vertrauen ist die Basis für das Geschäft – später, wenn Sie hinausgehen in die Welt und arbeiten. Und wenn Sie dann meinen, den großen Zampano spielen zu müssen und das Wort Vertrauen vergessen, dann wer-den Sie bald am Ende sein. Wenn Menschen Ihnen ihr Vertrauen geben, ist es das

Wichtigste, was Sie haben können. Und das Mächtigste, was Sie bekommen können. Zum Vertrauen gibt es ein altes Sprichwort, das heißt „Ein Mann, ein Wort". Seine Bedeutung ist sehr groß. Man sagt es so leicht hin: „Ein Mann, ein Wort", aber wenn man es so ernst nimmt, wie ich es tue, dann ist das Wort das Mächtigste, was es gibt. Und dieser Professor hat mir gesagt: „Einen Vertrag kann ich mit Juristen auseinandernehmen bis zum Kleinsten. Ich kann prozessieren bis zum Sankt-Nimmerleins-Tag. Aber wenn ich mein Wort gebe, dann gibt es nichts zu prozessieren." Deshalb überlegen Sie, wenn Sie jemandem das Wort geben. Die Bedeutung von „das Wort geben", „mein Wort geben", „meine Hand darauf geben", ist viel größer als jeder Vertrag, den Sie ganz dick verfassen. Denken Sie bitte daran.

Wenn Kunden auf eine Botschaft angesprungen sind – und es ist in der Werbung genau so –, bringen sie Ihnen Vertrauen entgegen. Wenn ein Kunde bei Ihnen kauft, dann haben Sie das Vertrauen des Kunden gewonnen. Geben Sie ihm die Sicherheit und bleiben Sie lang bei dieser Kampagne, die Sie entwickelt haben. Bauen Sie dieses Vertrauen ständig aus und bauen Sie es behutsam aus. Und dann bleibt der Kunde auch lange bei Ihnen. Er ist nämlich verwirrt und verunsichert, wenn Sie plötzlich etwas anderes machen und vor allen Dingen, wenn Sie nicht mehr ehrlich mit ihm umgehen. Ob das ein kleines Geschäft ist oder ein großes Geschäft, ob es Ihr Professor ist, mit dem Sie nicht mehr ehrlich sind, es drückt sich überall durch. Deshalb, wenn Sie einmal einen Fehler gemacht haben, gehen Sie zu ihm, reden Sie mit ihm – mit Ihrem Professor genauso wie mit Ihrem Kunden. Mit wem auch immer. Er wird Ihnen zuhören, weil es ja seine Marke ist. Es gibt viele gute Beispiele, wie man Kunden wieder zurückgewinnen kann. Da gibt es zum Beispiel Coca Cola und Perrier. Perrier hat einmal ein Problem gehabt mit der Wasserqualität. Dann haben die Franzosen einen traumhaft schönen Film gemacht. Sie haben einfach eine Perrier Flasche genommen, sie haben sie hingestellt, und Sie haben dann eine emotionale Musik gehört. Dann ist aus dieser Perrier Flasche oben ein Tropfen herausgekommen – wie eine Träne. Und dann hieß es nur: Sorry. Na? Ist das nicht groß? Ganz einfach. Ein ganz einfacher Film. Aber so emotional! Und alle haben geglaubt und haben gesagt: O.K. Die haben einmal Mist gebaut – das kann passieren. Aber jetzt ist es wieder in Ordnung. Und deshalb – wenn Sie einmal Mist bauen – jeder macht das mal. Gehen Sie hin, reden Sie mit den Leuten, sagen Sie: Ich habe Mist gebaut. Versuchen Sie es nicht zu vertuschen. Es gibt 1000 Gründe, warum auch Ihnen so etwas einmal passieren kann. Fertig aus und basta. Das ist die klarste Botschaft, und die verstehen die Leute. Und dann wird Ihnen auch verziehen – anschließend machen Sie es besser. Aber nicht herumtuscheln und herumreden, warum und warum nicht. Reden. Klare Sprache. Tacheles reden. Coca Cola hat es so gemacht, Perrier hat es so gemacht. Es gibt noch ein paar andere gute Beispiele. Und so witzig es klingt: Es gibt ja auch Ehepaare, die sich scheiden lassen und wieder zusammenkommen. Warum wohl? Menschen verzeihen und Kunden verzeihen. Aber man sollte es nicht zu weit treiben. Denn, meine Damen und Herren, wenn man den emotionalen Zugang zum Menschen gewählt hat, wenn Sie diesen Zugang gewählt haben über die Emotionen, dann ist dieser Mensch auch viel stärker berührt, wenn die Marke bzw. wenn Sie ihr Versprechen brechen. Es ist logisch: Sie fangen ihn mit Emotionen und er glaubt mit der Emotion, nicht mit dem Verstand. Sie können dem Verstand sagen: Paß auf, ich habe mich verrechnet, zwei und zwei gibt vier. Sie können aber einem Verbraucher nicht sagen. Ich habe Sie jetzt angelogen und morgen machen wir es wieder so. Dann ist er emotional tief enttäuscht und unglaublich beleidigt. Das ist so und das ist auch gut so. Deshalb müssen große Marken, die das Versprechen in der Marke drin haben, lange bei dieser Aussage bleiben und dieses Versprechen halten. Solange sie dieses Versprechen halten, wird wenig passieren. Eine gute Marke hat einen Bonus. Aber wenn bei einem Mercedes die Tür beim Zumachen plötzlich „pleng" macht und nicht mehr das satte Zuschlaggeräusch, das Sie alle kennen, dieses „Prrch" – wenn das weg ist, wenn er im Winter nicht mehr anspringt und wenn die Karosse schon nach einem Jahr anfängt zu rosten, dann ist etwas passiert, das ganz schlimm ist, denn dann hat die Marke ihr Grundversprechen verlassen. Das Grundversprechen dieser Marke ist „Prrch". Und dieses „Prrch" verdeutlicht Qualität. Nicht rosten, immer anspringen – all die positiven Dinge, die man mit diesem satten Zuschlaggeräusch, das Sie alle kennen, verbindet – so ist Mercedes groß geworden. Wenn Mercedestüren zugemacht werden, macht es „Wum" und wenn man andere Türen zumacht, macht es „Pleng". Und dieses „Wum", dieses akustische Signal „Wum" ist stellvertretend für die ganze Marke. Und wenn das nicht mehr da ist, dann hat die Marke ihr Grundversprechen verloren. Sie sehen die kleinen Autos von Mercedes. Auch die machen „Wum" und nicht „Pleng".

Meine Damen, meine Herren, liebe Studenten. Ich hoffe, daß ich Ihnen in meinem Vortrag die Emotionen etwas näher bringen konnte und bedanke mich ganz herzlich.

Podiumsdiskussion

Ulrich Blum:

Ich möchte Herrn Wensauer ganz herzlich für seine Ausführungen danken. Ich habe versprochen, daß die Zeit vor Wensauer eine andere ist, als die Zeit nach Wensauer. Bevor ich das Podium vorstelle, möchte ich noch einiges zum Procedere sagen. Jeder der vier Podiumsteilnehmer wird Gelegenheit haben, in einem kurzen Statement seinen Standpunkt darzustellen. Im Anschluß an die Statements folgt jeweils eine Diskussionsrunde, bei der sich das Publikum ausdrücklich einmischen soll. Einmischen heißt, um dieses zu strukturieren, daß Sie sich mit einem kleinen Zettel melden können, auf den Sie Ihr Stichwort und Ihren Namen vermerken. Diese Zettel werden mir auf das Podium gereicht, und ich versuche, Sie im Rahmen der Podiumsdiskussion aufzurufen, so daß Sie sich äußern können. Ich glaube, das ist die sinnvollste Form, um eine geplante Spontaneität zu erreichen.

Nun zu den Teilnehmern auf dem Podium – zunächst zu Herrn Dr. Klaus Hipp. Er ist geschäftsführender Gesellschafter der Hipp-Unternehmensgruppe in Pfaffenhofen und steht für Glaubwürdigkeit, Bodenständigkeit und zugleich Zukunftsorientierung. Vielleicht sind dies typische Eigenschaften für erfolgreiche bayerische Unternehmer. Er ist als Präsident der Industrie- und Handelskammer zu München und Oberbayern ein wichtiger Gesprächspartner der Wirtschaft und der Politik. Er ist auch ein großer Kulturförderer. Ich freue mich, Herr Dr. Hipp, daß Sie bei uns sind, es ist uns eine ganz große Ehre, und ich glaube, wir werden sehr interessiert Ihren Ausführungen lauschen.

Links von mir sitzt Herr Präsident Walter Loeb von Loeb Associates Inc., New York. Er ist unser internationaler Stargast. Aber auch aus Sicht des „Big Apple" ist Dresden vielleicht inzwischen gut zu erkennen, und ich freue mich, daß wir den Nestor der internationalen Handelsanalytik und Beratungszunft gewinnen konnten, zu uns zu kommen. Seine reichhaltigen Erfahrungen im Warenhausgeschäft, beispielsweise bei berühmten Häusern wie Macy´s und Bloomingdales, zeichnen ihn ebenso aus wie die sogenannten Loeb-letters. Herr Loeb, ich freue mich, daß Sie da sind.

Herr Kollege Arnold aus Stuttgart repräsentiert einen wichtigen Teil des Marketings, nämlich das Investitionsgütermarketing, und hierbei das Chain-Management. Er zählt zu den deutschen Hochschullehrern mit internationaler Reputation, und ich bin gespannt zu erfahren, ob Unternehmen so kaufen, wie Herr Wensauer gesagt hat. Herzlichen Dank, daß Sie gekommen sind.

Und last but not least konnten wir mit Herrn Lovro Mandac, dem Vorstandsvorsitzenden der Kaufhaus Warenhaus AG, einen hochkarätigen Wirtschaftsführer gewinnen. Er wird seine internationalen Erfahrungen in der Konsumwirtschaft in die Diskussion mit einbringen. Er ist wahrhaft eine „old hand" der Metrogruppe. Neue Wege zum Kunden entstehen auch dadurch, daß man lernt, „mit den Augen zu stehlen". Ich hoffe, lieber Herr Mandac, wir, und insbesondere unsere Studierenden, zur Rechten und Linken und in der Mitte, können viel von Ihrem Wissen stehlen. Herzlichen Dank, daß Sie da sind.

Und so leite ich in die erste Runde ein. Herr Hipp, Sie kümmern sich um die Kleinsten. Die können ihre Nachfrage bekanntlich nicht selbst äußern. Das hat Herr Wensauer schon deutlich gezeigt. Sie müssen sich daher um die Seelen der Mütter kümmern. Mutterliebe geht also durch den Magen, oder ist die Aussage von Herrn Wensauer, das Hirn auszuschalten, völlig falsch, wenn man Ihre Produkte kauft? Ich freue mich auf Ihre Ausführungen.

1   Kundenorientierung als Unternehmensphilosophie eines mittelständischen Betriebes

Claus Hipp:

Meine sehr verehrten Damen, geschätzte Herren. Ich bin gerne hierher gekommen und ich bin sehr beeindruckt vom Vortrag des Herrn Wensauer. Darum möchte ich zu Anfang doch noch etwas dazu sagen. Sie haben ein paar Szenen mit jungen Leuten gezeigt, die sich geküßt haben. Das hat eine direkte Verbindung zu unserem Unternehmen, denn ursprünglich wurden die Kinder ernährt mit einem vorgekauten Nahrungsbrei der Mutter. Bei den primitiven Völkern wird es auch heute noch so gemacht, und so ist der Kuß entstanden. Es ist die erste Form der Ernährung nach dem Stillen, also eine Geste der Zuwendung.

Und noch ein Wort zu dem, was Sie über Marken gesagt haben: Ich weiß nicht, ob es hier bekannt ist: In Rußland ist zur Zeit ein Waschmittel sehr erfolgreich, das „normales Waschmittel" heißt. Es wird 3000 Kilometer von Moskau entfernt hergestellt, und die Werbung für dieses Produkt wird von Ariel bezahlt. Ariel wirbt nämlich für sich im Vergleich zum normalen Waschmittel. Und jetzt sagt die russische Hausfrau: Für mich tut`s normales Waschmittel auch, und das ist billiger! So kann auch eine Marke entstehen: Am Rand der Werbung für eine andere Marke.

Zu dem, was Sie über Bauchentscheidungen gesagt haben: Unser Logo mit den Herzen, das hat man in New York vor über 30 Jahren gemacht. Alle waren dagegen, daß wir dieses Logo einführen, die Familie, die Firma, die Werbeagenturen, und ich habe es trotzdem gemacht. Gott sei Dank!

Lassen Sie mich einige Stichworte zur Kundenorientierung sagen. Die absolute Ausrichtung auf den Kunden hat natürlich oberste Priorität, um im Wettbewerb von morgen bestehen zu können. Die Nähe zum Kunden, das Verstehen und Erfüllen der Verbraucherwünsche ist in gesättigten Märkten der Schlüssel zum Erfolg. Es ist der strategische Wettbewerbsvorteil. Der deutsche Kundenmonitor, der alljährlich die Kundenzufriedenheit verschiedener Branchen mißt, bestätigt, daß sehr zufriedene Kunden pro Einkauf mehr Geld ausgeben, häufiger einkaufen, mehr Leistungen nutzen, länger treu bleiben, aktiv weiter empfehlen und weniger preissensibel sind – also ein wichtiges Moment auch, gerade in einer Zeit, in der der Preiswettbewerb so stark wird, daß er teilweise Druck ausübt und die Hersteller überlegen läßt, ob sie die gewohnte Qualität zu diesen Preisen noch bieten können. Aber dann kommt man natürlich wieder in die Vertrauensproblematik, die Sie vorhin angesprochen haben. Unter Kosten-Nutzen-Gesichtspunkten ist es viel effizienter, bestehende Kunden zu pflegen als neue Kunden für das Unternehmen zu gewinnen. Kundenorientierung als bloße Absicht zu erklären, führt nicht zum Erfolg.

Kundenorientierung ist eine Unternehmensphilosophie; nicht nur Mitarbeiter im Marketing müssen das leben, sondern jeder. Die Kundenerwartungen zu erfüllen ist bei uns, bei der Firma Hipp, wichtiger Bestandteil der Unternehmensphilosophie. Das ist im Unternehmensleitbild und im Qualitätsmanagement schriftlich fixiert und in operative meßbare Unternehmensziele untergliedert. Wir machen jährlich eine Imageuntersuchung, um die Kundenzufriedenheit zu messen. Und daraus werden Maßnahmen abgeleitet. Ich will Ihnen ein paar Maßnahmen kurz schildern: Wir haben einen Elternservice, der seit Mitte der sechziger Jahre existiert. Pro Jahr haben wir siebzigtausend Telefonanrufe und zehntausend Briefe mit deutlich steigender Tendenz. Da wird kompetente Beratung zu allen Fragen rund ums Baby geboten und einen Notdienst, der auch über das Wochenende aufrecht erhalten wird. Wir sind vierundzwanzig Stunden am Tag erreichbar, wir haben einen direkten Draht zum Konsumenten. Wünsche und Anregungen werden aufgenommen, und auch Produktideen sowie Verbesserungsvorschläge kommen von dort. Maßnahmen zur Kundenbindung setzen bereits in der Phase der Schwangerschaft ein. Wir haben einen Schwangerschaftskalender und einen Ratgeber entwickelt, um möglichst früh schon Kundenkontakt zu pflegen. Circa 60 Prozent aller Mütter erhalten dreimal im Jahr jeweils zu den wichtigsten Entwicklungsschritten der Babys Produktproben und Informationsmaterial. Wir haben zusammen mit der Firma Penaten einen Babyclub gegründet, der derzeit über hunderttausend Mitglieder hat. Dort werden in einem Zeitraum von eineinhalb Jahren sechs Aussendungen mit Zeitschriften, Produktproben, speziellen Angeboten, z. B. einem Babyalbum, einem Einkaufsgutschein, Reiseangeboten und Geburtstagsgeschenken gemacht – also auch wieder direkter Kundenkontakt. Wir haben eine Hotline eingerichtet, die Tag und Nacht besetzt ist. Dort wird Beratung durch kompetente Leute geboten, eine Hebamme ist immer erreichbar, um Ernährungsfragen mit den Kunden zu diskutieren. Eine GFK-Untersuchung sagt, daß die Babyclub-Mitglieder signifikant höhere Markenloyalität und Kaufintensität zeigen. Wir sind im Internet mit über 400 Seiten, und auch dort haben wir nicht nur die Präsentation des Unternehmens und des Sortiments, sondern eine Reihe von Serviceangeboten, die für den Verbraucher nützlich sind: Eine Datenbank zum Beispiel über Kinderärzte und Hebammen in Deutschland, sortiert nach Postleitzahlen. Wir beraten Mütter bei Anmeldung wöchentlich und kostenlos über E-Mail – immer aktuell dem Alter des Kindes entsprechend.

Wenn man das alles berücksichtigt, was ja eigentlich jeder machen kann, dann gibt es trotzdem noch Unterschiede. Irgendwas muß noch sein, was spürbar ist, vielleicht gar nicht so meßbar ist, was bewirkt, daß nicht nur der Preis kaufentscheidend ist. Sie hatten vorhin schon gesagt, es ist Kompetenz und Vertrauen. Das sind die wichtigen Punkte. Kompetenz heißt: Die können es, die machen es, und Vertrauen heißt: Die wollen es auch machen, die tun es auch. Vertrauen ist Glaubwürdigkeit. Glaubwürdigkeit bekommt man, wenn man es ehrlich meint. Und es „ehrlich meinen" ist sicher eine Tugend, die wichtig ist. Ein Pferdehändler kann einmal einem anderen einen lahmen Gaul verkaufen, vielleicht sogar zu einem Preis, der für den Händler interessant ist, aber er wird kein zweites Pferd mehr verkaufen. Ein anderer, der ehrlich ist, kann vielleicht 10 Pferde verkaufen. Man kann das Vertrauen eben nicht mißbrauchen. Vertrauen wächst in dem Maß, in dem es geschenkt wird. Wir sprechen zur Zeit viel über Ethik im Wirtschaftsleben. Vor ein paar Jahren war das ein Thema, über das man nicht gesprochen hat, heute ist es wichtig. Wir merken, daß es wichtig ist. Es ist eine Sache, die von oben nach unten gelenkt werden muß im Unternehmen, denn man spricht wieder über moralisches Verhalten, um richtiges Verhalten jedermann gegenüber, aber auch zum Beispiel der Umwelt gegenüber. Nun, wenn sich der eine anständig verhält und der andere unanständig, dann ist der Moralische unter Umständen der Dumme. Also kann es nur funktionieren, wenn entweder ein Mehrwert durch das moralisch richtige Verhalten entsteht oder wenn moralisches Verhalten für alle von Vorteil ist, zum Beispiel, daß sich in einem Bereich, in dem ganz normal Geschäfte mit Bestechung gemacht werden, sich alle zusammen setzen und sagen: Wir lassen es jetzt bleiben, wir wollen uns verpflichten, ehrlich zu sein, um eben dann auch als ehrlich erkannt zu werden. Das anständige Verhalten im Wirtschaftsleben hat sicher langfristig einen Vorteil, sowohl was das Image anbelangt, als auch bei allem, was damit zusammenhängt. Eine Mannschaft, die so verpflichtet ist, wird eine andere, eine bessere Arbeit leisten. Mein Appell ist, daß wir uns wieder auf die Werte besinnen sollen, die einen ehrbaren Kaufmann ausgemacht haben in der Vergangenheit. Es sind Werte des Umgangs von Menschen untereinander, die in der Antike genauso gegolten haben wie heute, und wir sollten das Vertrauen haben, daß sie sich langfristig auszahlen.

Ulrich Blum:

Ganz herzlichen Dank – damit möchte ich in die erste Runde einleiten und gleich Sie, Herrn Mandac, folgendes fragen. Wir haben gesehen, daß Emotion sehr viel – fast alles – ist, aber Emotion braucht möglicherweise kein Kapital, oder nur wenig Kapital. Glaubwürdigkeit, darauf haben Sie, Herr Hipp, gerade wieder verwiesen, braucht eigentlich nur Zeit, denn kurzfristig kann man dieses Vertrauen nicht aufbauen, es ist ein ganz langfristiger Prozeß und eine Inszenierung – das hatte uns auch Herr Wensauer gezeigt –, die eigentlich nur Phantasie und Bauch braucht. Und wenn dem so ist, dann besteht doch eigentlich für mittelständische Unternehmen – und Herr Doktor Hipp, ich vermute, daß Sie sich als einen typischen Mittelständer verstehen – eine ganz neue Chance auf den Märkten. Und da würde ich gern einen weniger Mittelständischen wie Sie fragen, Herr Mandac, ob Sie eine neue Konkurrenz heranwachsen sehen, wenn diese Werte weiter gefördert werden?

Lovro Mandac:

Ich gebe Herrn Wensauer völlig recht, Emotionen müssen inszeniert werden, also werde ich ab morgen sofort veranlassen, daß alle Verkäuferinnen bei uns zu Tänzerinnen ausgebildet werden. Das wäre jetzt wahrscheinlich die preiswerteste Art und Weise. Nur, eine Inszenierung innerhalb einer Innenstadt zu kreieren, bedeutet wesentlich mehr, bedeutet, ein Ambiente zu schaffen innerhalb der Häuser, das den Menschen so attraktiv erscheint, daß sie kommen. Dazu gehört ein Sortiment, dazu gehört das Layout eines gesamten Hauses, dazu gehört die Erlebnisfähigkeit natürlich auch von Verkäuferinnen und Verkäufern, aber dazu bedarf es eben halt auch großer finanzieller Mittel.

Nichtsdestotrotz glaube ich, daß natürlich der Mittelstand hier seine Chance hat, indem er sich die Nischen aussucht, in denen wir nicht schnell, nicht flexibel genug wirken können. Und ich glaube, das ist der größte Vorteil des Mittelstandes.

Ulrich Blum:

Das bedeutet, daß eigentlich der Weg, den uns Herr Wensauer vorgezeichnet hat, sehr mittelstandsfreundlich ist. Was ich interessant fand – Herr Wensauer –, war, daß Ihre Botschaft ja sehr stark medial ist. Was Herr Mandac gerade sagte, war natürlich eine Alternative dazu, nämlich die Inszenierung in den Städten, also die Urbanität. Wie kommen wir dazu, Urbanität und diese Inszenierung, diese Emotionalisierung des Produktes, wieder zusammenzuführen? Denn das ist ja auch ein Problem, das wir in Ostdeutschland spüren und das uns auf den Nägeln brennt, daß nämlich in Ostdeutschland die Urbanität in vielen Städten nicht so ist, wie wir uns das auch für eine solche Inszenierung wünschen. Könnten Sie, Herr Wensauer, kurz dazu etwas sagen?

Eberhard Wensauer:

Ich denke, man braucht für die Inszenierung irgendeines Hauses keine Ausrede oder keine besonders große Idee. Die Frage, was ich haben will oder nicht, fängt im Kopf an. Wenn ich der Meinung bin, daß ein Haus, das Herr Mandac in Berlin führt, eine emotionale Aufwertung braucht, dann kann man das einfach machen. Die Frage ist natürlich, ob man das strategisch machen will, ob ich das Haus dann auf ganz Deutschland übertrage, was natürlich immenses Geld kostet – da hat Herr Mandac völlig recht, aber die Frage, ob ich es will, fängt im Kopf an und diese Entscheidung muß dann ein Manager treffen. Was die Urbanität betrifft, so glaube ich, daß es gerade im Osten wichtig ist, daß man vom „Nur-Preis" wegkommt zu den Emotionen.

Ulrich Blum:

Das bedeutet aber auch, daß die Stadtväter und die Wirtschaftspolitik diese Emotionen verstehen müssen.

Eberhard Wensauer:

Ich bin mir nicht sicher, ob das wichtig ist. Ich glaube, wichtig ist, daß die Kunden das verstehen und die Unternehmen, die es durchführen – ob die Stadtväter das wollen oder nicht, das würde mich nicht interessieren. Wenn ich der Meinung bin, daß ich es machen will, dann mache ich es einfach, da frage ich nicht lange. Ich glaube, die Stadt hat damit nichts zu tun.

Ulrich Blum:

Herr Arnold, kann ich denn eigentlich diese Inszenierung, diese Emotionalisierung so einfach auch über die neuen Medien, also das Internet, transportieren? Gerade das Internet wird ja vor allem genutzt, um ganz rational Informationen abzugreifen, zum Beispiel, welcher Gebrauchtwagen wo am günstigsten ist. Man kann ja damit sehr gut Märkte für sich optimieren.

Ulli Arnold:

Unser bisheriges Gespräch bewegt sich ja im Bereich der Konsumgüter – nachher wird noch Gelegenheit sein, etwas zum Bereich des Business to Business-Marketing zu sagen, also zum Marketing zwischen Unternehmen und zur Nutzung von E-Commerce zum Güteraustausch. Deshalb beziehe ich mich zunächst auf den Bereich der Konsumgüter. Es ist klar, daß man bei der Nutzung des Internet eben nur in begrenztem Umfang die Sinnesorgane ansprechen kann. Und dies schränkt auch die Beeinflussung oder das Erzeugen von Emotionen ziemlich ein. Möglicherweise entwickelt sich hier eine andere Art von Emotionalität, weil die Nutzer schon durch das Medium entsprechend emotionalisiert sind. Dieser Aspekt ist noch nicht ausreichend untersucht. Die Nutzung von Internetshopping stellt schon ein Erlebnis an sich dar, aber es ist unvergleichlich reizärmer, verglichen etwa mit dem Einkaufen in einer Boutique oder in einem Ladengeschäft, in dem eben alle Sinnesorgane angesprochen werden. Im Augenblick ist der Diskussionsstand so, daß Güter digitalisierbar sein müssen, um über Internet verkauft werden zu können. Ich hatte in der vergangenen Woche eine Diskussion im Rahmen einer Konferenz in New York und da haben mehrere Teilnehmer sich ganz besonders für amazon.com ausgesprochen. Es sei perfekt, auf so einfache Weise ein Buch zu bestellen. Man muß lediglich klicken, und das Buch wird am nächsten Tag angeliefert. Das ist die eine Welt; die andere Welt sind die Bookstores von Barnes & Noble oder Hugendubel, und ich denke, daß sich hier so etwas wie hybride oder geteilte Märkte entwickeln werden. Die Käufer, die Emotionalität – ich bleibe bei dem Beispiel Bücherkauf – haben wollen, die in Büchern herumblättern wollen, die ein Buch in die Hand nehmen wollen, um so ein sinnliches Erlebnis zu haben, um emotional auf einen Kauf eingestimmt zu werden, die werden nach wie vor Ladengeschäfte aufsuchen. Dort müssen die Anbieter dann entscheiden, was eigentlich ihr Produkt ist. Ist es ein Produkt mit hoher Emotionalität, dann wird dieser Distributionskanal auch weiterhin seine Bedeutung haben. Auf der anderen Seite wird es die eher funktional ausgerichteten Käufer geben, die Convenience, Schnelligkeit und den direkten Preisvergleich suchen. Die wollen standardisierte Transaktionssituationen, und dort ist E-Commerce sicherlich der Distributionskanal der Zukunft, aber dieser ist sicher noch in den Kinderschuhen.

Ulrich Blum:

Ich sehe gerade, Herr Loeb wird schon unruhig bei Ihren Aussagen. Deshalb meine Frage an Sie, Herr Loeb: Reicht aus amerikanischer Erfahrung im Servicesektor lediglich Humankapital, um diese Emotionalisierung zu erzeugen? Denn Sie brauchen besonders qualifiziertes Personal, möglicherweise mit ganz einzigartigen Befähigungen, um so etwas überhaupt rüberzubringen. Sie können das zum Beispiel in Ihren Werbefilmen immer wieder casten, immer wieder zusammensetzen, bis es perfekt ist. Aber wenn Sie das sozusagen live – beim tatsächlichen Verkauf vor Ort machen müssen, dann wird es möglicherweise schwieriger.

Walter F. Loeb:

Ich möchte ein kleines Beispiel bringen, das ich in Hamburg gesehen habe. Ich war bei Galeria Kaufhof und sah dort am Eingang Sicherheitskräfte stehen, die nichts anderes getan haben, als Kunden zu beobachten. Es wäre viel besser gewesen, wenn diese Personen, wie in Amerika, die Leute begrüßt hätten, und das habe ich auch dem Geschäftsführer vorgeschlagen, was er auch akzeptiert hatte. Mit anderen Worten, es ist ein gewaltiger Unterschied zwischen einem warmen Willkommen und dem „Polizeistaat", so wie ich ihn dort gesehen habe. Aber ich möchte jetzt speziell auf amazon.com zurückzukommen und auch den gesamten Internetbereich am Beispiel von Büchern. Bücher sind zum größten Teil Commodities. Und wenn ich unter 400.000 Titeln bei amazon.com ein Buch suche, ist es leichter, über Internet zu kaufen, als in Buchgeschäften. Und wahrscheinlich werden in den nächsten fünf Jahren 50 Prozent aller Bücher über das Internet verkauft werden. Davon bin ich überzeugt. Das wird nicht der Fall sein bei Modeartikeln, bei Damenbekleidung oder Männeranzügen. Es wird im wesentlichen Basics und Commodities betreffen, also Sachen, die wirklich so leicht im Internet zu verstehen sind, daß sie auch dort gekauft werden. Gerade Bücher sind darüber hinaus sehr unemotional. Hinzu kommt noch folgendes: Wenn man in die meisten Buchhandlungen in Amerika geht, stellt man fest, daß die Verkäufer praktisch nicht informiert sind über die Bücher, die dort geführt werden, daß sie nicht viel über die Bücher sagen können, nicht viel vorschlagen können und nicht viel von den Büchern wissen.

Ulrich Blum:

Das bedeutet aber auch, um es deutlich zu machen, daß letztlich die Möglichkeit, in einen Buchladen zu gehen und zu sagen: „Ich weiß nicht, was ich kaufen soll, ich brauche ein Geschenk, und der, dem ich das schenken will, hat die und die Eigenschaften, was würden sie empfehlen?" – diese Möglichkeit existiert nicht mehr in den USA. Man gibt sie auf, denn das Humankapital dafür ist nicht mehr vorhanden. Aber es könnte ja sein, daß in einer tertiären Gesellschaft gerade diese

Anforderung ganz essentiell ist und man nur mit dieser Anforderung noch auf Dauer Buchläden betreiben kann, denn ansonsten braucht man diese wunderschönen Produkte wirklich nur noch über das Internet zu vertreiben. Aber nicht jeder Kunde, der ein Buch kaufen will, weiß von vornherein, welches Buch er kaufen will. Die gleiche Gefahr besteht auch durch virtuelle Kaufhäuser. Sie können sich vielleicht in drei, vier Jahren Ihren Körper vermessen lassen und dann einen Anzug kaufen. So wie das Herr Wensauer vorhin schon geschildert hat.

Walter F. Loeb:

Das gibt es heute schon bei Kaufhof, aber ich möchte Ihnen ganz ehrlich etwas sagen. Ich glaube, bei den sogenannten „mortar-stores", auf deutsch, den richtig harten Geschäften – und da kommen wir wieder zu Herrn Wensauer zurück-, daß bei diesen Geschäften eine Identifikation beim Kunden – Brand Identification – vorhanden sein muß, und das kann nur eine Marke leisten, das wird wahrscheinlich nicht durch das Internet zu erreichen sein.

Ulrich Blum:

Ich möchte noch einmal zu Ihnen, Herr Hipp, kommen, bevor wir in die nächste Runde gehen. Zur emotionalen Aufladung Ihres Produktes zählt Ihre Persönlichkeit selbst. Die meisten kennen Sie ja deshalb vermutlich auch aus dem Fernsehen, weil sie dort regelmäßig auftreten, um die Überzeugung für Ihr Produkt selber herüberzubringen. Frage: Hat das Eigentümerunternehmen möglicherweise dadurch eine neue, emotionale Überlebensqualität, die man an der Glaubwürdigkeit einer Person, die für dieses Unternehmen steht, festmachen kann? Das ist sicher bei einem anonymen großen Unternehmen sehr viel schwieriger. Bill Gates könnte vielleicht das Gegenbeispiel dazu sein. Wie stehen Sie dazu?

Claus Hipp:

Wir haben da natürlich zwei Vorteile. Einmal ist es ein sensibles Produkt und wenn man es kauft und weiß, daß jemand persönlich dahinter steht, dann ist die Glaubwürdigkeit stärker als wenn man denkt, es wird anonym hergestellt. Ich bin aber ganz fest überzeugt, daß diese Werbung wahrscheinlich nicht in dem Maße funktionieren würde, wenn ich jetzt Stahl erzeugen würde. Bei Stahl wird man davon ausgehen, daß die Haltbarkeit und die Tragkraft genormt ist – und dann ist nur noch der Preis entscheidend. Ein Familienunternehmen hat da sicher Vorteile. Es gibt aber auch noch einen anderen Vorteil: Wir gehen davon aus, daß die Manager in einem Unternehmen völlig identisch sind, aber ein Manager in einem Unternehmen, in dem die Kapitalseite nicht identisch ist mit denjenigen, die die tägliche Arbeit machen, der muß jedes Jahr entsprechend Gewinn abliefern – und der kann nicht eine Entscheidung fällen, die den Gewinn schmälert, weil er sagt:

Ich muß das machen, um die Qualität zu erhalten. Das inhabergeführte Unternehmen kann solche Entscheidungen treffen, ist also nicht unter dem Druck des Kapitals, und das ist ein großer Vorteil, den der Verbraucher natürlich auch sieht.

Ulrich Blum:

Vielen Dank. Herr Wensauer, Sie wollten noch etwas ergänzen.

Eberhard Wensauer:

Ich glaube, daß Herr Hipp auch Stahl verkaufen könnte und zwar deshalb, weil es nicht eine Frage ist, was ich verkaufe, sondern eine Frage, wie ich es verkaufe und ob ich dahinter stehe. Wir haben ein gutes Beispiel: Lee Iacocca, der Erfinder vom Ford Mustang, einem der schönsten Autos in Amerika. Iacoca hat durch seine persönliche Art das Unternehmen wieder flott gemacht. Wenn er nicht gesagt hätte, ich verzichte auf mein Gehalt, ich werde mich engagieren bis zum Umfallen, dann hätte es nicht geklappt. Das heißt also, ein Mensch, der die Intuition hat, es zu wollen, der kann Stahl verkaufen, der kann aber auch Hipp-Gläschen verkaufen. Bei Herrn Hipp kommt noch etwas anderes dazu, was auch wichtig ist. Er lebt auch danach. Das heißt, er erzählt es nicht nur, sondern wenn Sie über ihn lesen, dann wissen Sie, er lebt auch danach. Das wird er wahrscheinlich nicht machen, nur damit er verkaufen kann, sondern er ist eben vom Typ her so. Und wenn er so ein Typ ist, dann funktioniert es auch. Wenn er sich verstellen würde, dann würde es nicht mehr funktionieren. Deshalb meine ich, ein Mensch, der nach vorne will und der hinter der Sache steht, verkauft heute Stahl und morgen Autos und übermorgen Hipp–Gläschen. Bei Herrn Hipp deckt es sich, daß er so lebt, wie er arbeitet und so lebt, wie er denkt und deshalb ist er besonders erfolgreich.

Ulrich Blum:

Ja, herzlichen Dank. Ich möchte dann zur zweiten Runde einleiten, die mit Herrn Loeb beginnt. Mir kommt es fast so vor, als daß wir einer Scheindebatte aufsitzen, denn Emotion ist kein Gegensatz zu Wissen. Das richtige Gegensatzpaar wäre eigentlich Emotion und Ratio, so wie es diese sogenannte Debatte über die emotionale Intelligenz gibt. Es würde mich interessieren, ob Kundenbindung ohne Wissen bzw. ohne Ratio überhaupt möglich ist und da sind Sie ja, Herr Loeb, so wie ich das verstanden habe, ein großer Fachmann. Es würde mich freuen zu erfahren, was Sie an Erkenntnissen haben und gern daran teilhaben.

2   Kundenbindungssysteme in den USA und in Kanada

Walter F. Loeb:

Zunächst möchte ich mich bei Professor Blum und Professor Greipl für die Einladung bedanken. Es ist mir eine große Ehre. Ich werde kurz über die Kundenbindungssysteme in Amerika und Kanada sprechen, und der Grund, warum ich auch Kanada dazugeschrieben habe, ist der, daß ich ein Video aus Kanada dabei habe – von der Hudson Bay Company, deren Direktor ich bin.

American Airlines hat vor 20 Jahren mit dem sogenannten Frequent Flyers Programme begonnen. Das Unternehmen hat von Anfang an Meilen für frequent flyers, auf Deutsch, Vielflieger, gegeben, und dies ist sehr schnell von United Airlines, Delta, Lufthansa und anderen Luftlinien nachgeahmt worden. Das war der Beginn von Kundenbindung bei Luftlinien in Amerika. Kurz danach folgten dann Bloomingdale's, Macy's, Memon Markets und andere. Sie haben überdies einige Ideen entwickelt, die ich Ihnen nachher zeigen will. In jedem Fall war das alles sehr erfolgreich, denn es hat größere Marktanteile für diese Firmen gebracht. Später sind dann noch Tankstellen, Speciality Stores und sogar Kreditkarten-Unternehmen gefolgt. Sie geben heute sogenannte Awards. Awards bedeutet soviel wie Preise, auch Geldpreise.

Dadurch hat man bei den Kunden Treue oder in Englisch, Loyality, gewonnen. Und heute kaufen die Kunden viel mehr in diesen Geschäften – wir haben Statistiken, die zeigen, wie viel mehr diese Kunden kaufen. Sie kaufen öfter, manchmal einmal die Woche oder mehr, und sie kaufen zum Teil ausschließlich in diesen Geschäften. Es hat sich auch gezeigt, daß der Preis nicht so wichtig ist, wie er früher war. Das heißt also, daß durch diese Programme viel mehr Profit gemacht wird als vorher. Ich möchte Ihnen kurz einen Brief vorlesen. Er stammt von der Ford Credit Company und es steht folgendes in ihm geschrieben -er ist persönlich an mich gerichtet:

DEAR MR. LOEB,

THE RECENT HURRICAN FLOYD MAY HAVE CAUSED DAMAGE IN YOUR AREA. WE HOPE YOU WERE NOT AFFECTED IN ANY WAY BUT IF YOU WERE, PLEASE ACCEPT OUR SYMPATHY AND CONCERN. FORD CREDIT UNDERSTANDS THAT YOU MAY EXPERIENCE TEMPORY FINANCIAL PROBLEMS DUE TO CONDITIONS BEYOND YOUR

CONTROL. WE STAND READY TO HELP YOU IF YOU NEED IT. WE CAN
OFFER YOU EXTENDED PAYMENT.....

Ich finde, daß es eine phantastische Idee von der Ford Motor Company war, mir
das zuzuschicken. In einem Brief offerierte mir Saxons Avenue sogenannte Dop-
pelpunkte, das heißt, daß ich an gewissen Tagen zweimal soviel Treuepunkte als
sonst bekommen könne. Und ich habe schon wieder einen Brief bekommen, in
dem mir für Weihnachten dreimal so viele Treuepunkte angeboten wurden. Meine
Sekretärin hat bei Viktoria Secret 15 oder 25 Dollar Prämie bekommen. Und so
weiter. Jetzt möchte ich Ihnen von Travel und More ein Video zeigen, das viel
von dem erklärt, was ich Ihnen gerade gesagt habe.

Hier sehen Sie jetzt zum Beispiel, wenn Sie für 100 Dollar bei der Bay Company
einkaufen, bekommen Sie 5 Punkte, 8 Punkte für 100 Dollar von Shell, 20 Punkte
von Safeway Supermarkt. Sehen Sie, wie schnell die Punkte zusammenkommen.
Von Zeit zu Zeit gibt es dann noch spezielle Boni. Ich will Ihnen kurz das Programm von Bloomingdale's zeigen, denn das ist in der Hinsicht wichtig, weil der
einzelne Angestellte, der einzelne Mitarbeiter heute genau erkennen kann, wann
ein Kunde eine von diesen Bonus-Karten hat. Wie Sie sehen, haben die Karten
verschiedene Farben, und die verschiedenen Farben zeigen, wie viel der Kunde
gekauft und was für ein Kunde er ist (z. B. Premier-Kunde). Wenn man beispielsweise ein Premier-Kunde ist, dann hat die Karte eine besondere Farbe und der
Mitarbeiter vom Geschäft erkennt das und ist – hoffentlich – dann etwas freundlicher wie zu anderen. Als Vergünstigungen erhält er dann zum Beispiel freies Ein-
packen der Ware, frei Haus Lieferung, drei Prozent Rabatt am Ende des Jahres –
was sogar in Deutschland gültig ist – Einladungen zu Modenschauen und so weiter. Es gibt also gewisse Sonderleistungen für den Kunden.

Das gleiche macht Macy's. Macy's hat auch ein Programm, durch das man besondere Vergünstigungen, sogenannte benefits erhält. So bekommt man an bestimmten Tagen besonders günstige Angebote. Manchmal bekommt man sogar darüber
hinaus noch einen Bonus in Höhe von 25 Dollar. Ich wollte Ihnen nur kurz zeigen,
wie schnell das geht und will dann schließen mit den folgenden Gedanken: Ich
glaube, daß heute für Amerika sowie für die ganze Welt Kundenbindung eine gül-
tige Strategie ist. Solche Programme, wie ich sie gerade aufgezeigt habe, sind zum
Beispiel auch in Frankreich sehr angesehen. Die Geschäfte unternehmen heute
Kundenbindungs-Strategien in vielen Formen – auch kleine Geschäfte schicken
beispielsweise Geburtstagsgrüße oder sogar Blumen zu den besten Kunden, um
Bindungen zu halten bzw. zu schaffen. Ich glaube, es ist wichtig für Deutschland,
neue Programme dieser Art zu entwickeln, gleichwohl ich sehe, daß heute der
Kunde schon angesehen wird als eine Person, die nicht mehr wie selbstverständ-

lich in das gleiche Geschäft wiederkehrt, wenn sie dort nicht willkommen ist. Danke vielmals.

Ulrich Blum:

Vielen herzlichen Dank, Herr Loeb. Das provoziert natürlich zwei Fragen, die als erstes an Herrn Mandac gehen. Erstens, wie ist denn die wettbewerbliche Rahmenordnung in Deutschland? Können wir das überhaupt machen? Die zweite Randnotiz: Sie kennen ja auch die internationale Wettbewerbslage, gerade auch bei den großen Unternehmen. Könnte es sein, daß Eaton in Kanada gerade pleite gegangen ist, weil es nicht bei Airmiles mitgemacht hatte und deshalb „odd-man-out" war?

Lovro Mandac:

Eaton ist bestimmt nicht deshalb pleite gegangen, weil sie sich nicht an diesem Programm beteiligt haben. Nein, ich glaube, auch hier in Deutschland ist das wichtigste zur Zeit sicherlich Meilen sammeln, Meilen sammeln und nochmals Meilen sammeln. Dies wird sicherlich für Unternehmen ein Anreiz sein, um Kunden an sich zu binden. Ich möchte aber doch deutlich machen, daß Kundenbindungssysteme natürlich nicht umsonst sein werden, denn ohne diese Kundenbindungssysteme werden wir in der Zukunft den Kunden nicht kontinuierlich langfristig an unser Haus binden können. Das ist heute ganz wichtig für uns geworden – neben der Frage: Was biete ich dem Kunden eigentlich? Warum kommt er überhaupt in mein Geschäft und nicht in das Geschäft des anderen?

Um aber auf Ihre Frage zurückzukommen: 1932/33 haben die Nationalsozialisten mehrere Gesetze zur Regulierung des Wettbewerbes in Deutschland herausgebracht, nämlich das Rabattgesetz, die Zugabeverordnung und Teile des Gesetzes gegen unlauteren Wettbewerb, die heute noch Bestand haben und die uns verbieten, Ihnen mehr als drei Prozent Rabatt zu gewähren oder in der Zugabe Ihnen mehr als ein Prozent zu bieten ohne es nicht allen gleichzeitig zu bieten, weil man davon ausgeht, daß der Deutsche nicht in der Lage ist, darüber nachzudenken, daß vier Prozent mehr als drei Prozent sind oder umgekehrt. Mit diesen Gesetzen leben wir heute noch, und diese völlig überzogene Regulierungswut, die täglich auf uns einschlägt, zerstört das Wesentlichste von uns, nämlich Innovation und Kreativität.

Ich kann mich ja gar nicht entfalten, ich kann ja gar keine guten Ideen haben, weil mich ständig irgend ein netter Wettbewerbshüter daran hindern will, meinen Kunden etwas Gutes zu tun. Das beste Beispiel ist Landsend, lebenslange Garantie in Deutschland. Man bietet Ihnen an, daß Sie lebenslang Ihre Kleidung umtauschen

können, wann immer Sie wollen. Sie können die Schuhe gekauft haben im Jahr
1947, Landsend tauscht sie Ihnen um. Da sagt der Gesetzgeber, das ist wirtschaftlich schädlich für Landsend. Ich frage mich, was das eigentlich den Gesetzgeber
zu interessieren hat. Das ist doch deren eigenes Problem und das Problem der Ak-
tionäre – der Gesetzgeber hat sich hier gefälligst heraus zu halten. Und dann haben
wir ja noch so ein wunderschönes Gesetz, das Ladenschlussgesetz. Das wichtigste
für den Menschen heute ist doch nicht mehr unbedingt das Geld, sondern die Verfügbarkeit von Zeit. Und die Verfügbarkeit von Zeit ist bei uns ja nun extrem li-
mitiert, und Sie wissen, daß wir die Verfechter dessen sind, den Kunden mehr Zeit
zur Verfügung zu geben, damit sie mehr Zeit haben einzukaufen. Und wo immer
wir das getan haben – ich werde nachher nochmal darauf eingehen – ist deutlich
zu sehen, daß der Kunde das akzeptiert, und es ist Zeit, daß wir hier die Regulierungswut ein klein wenig einschränken. In allen europäischen Ländern um uns
herum ist mehr Freiheit in den Handel hineingekommen als bei uns, und sie ist der
Motor gewesen für das Anspringen von Konjunkturen. Dieses wird in Deutschland nicht der Fall sein, so lange wir uns nicht dazu bereit erklären.

Ulrich Blum:

Herr Mandac, da kann ich nur sagen, herzlichen Dank für die Phillipika gegen die
noch nicht „entstalinisierten" Bereiche in Deutschland. Wir haben eine Meldung
aus dem Publikum von Herrn Wolfgang Nicht über die Folgen der Kundenbindung für die Gesellschaft.

Wolfgang Nicht[1]:

Mein Name ist Wolfgang Nicht – ich komme vom Deutschen Gewerkschaftsbund
Sachsen. Ich möchte nur zur Anregung zwei Fragen im Anschluß an das, was Herr
Loeb freundlicherweise ausgeführt hat, stellen. Was macht diese Kundenbindung
mit unserer Gesellschaft? Ich möchte das mit zwei weiteren kritischen Fragen un-
tersetzen. Wenn ich immer daran erinnert werde, daß ich in dem Unternehmen X
acht statt sechs Punkte erhalte, bedeutet das doch, daß einzig und allein diese Fi-
xierung auf diese Kundenbindung, auf diese Punkte, auf diesen Sonderrabatt
meine Freiheit als Kunde einschränkt. Wird der Kunde schmal dimensioniert dadurch? Was bedeutet das für die Gesellschaft? Und gestatten Sie noch eine andere
ebenso kritische Anfrage. Ich habe ein etwas ungutes Gefühl mit dem System, wie
es am Beispiel von Bloomingdale's ausgeführt worden ist. Wie wirkt die Klassifi-
zierung der Einwohnerinnen und Einwohner eines Stadtteiles auf das Gesamtver-

---

[1]   Dr. Wofgang Nicht, Gewerkschaftssekretär des DGB, Landesbezirk Sachsen

hältnis, wenn man im Laden sieht, der andere ist violett, aber ich bin immer noch rosa in meiner Kartenfarbe. Vielen Dank.

Ulrich Blum:

Herr Mandac – wenn Sie vielleicht darauf antworten.

Lovro Mandac:

Also, ganz offen gesagt, in Amerika spornt es den rosa Kunden an, endlich auch violett zu werden. Und das ist die Triebfeder in ihm, um endlich weiter zu kommen. Und ich finde das als eine sehr gute Triebfeder, weiter zu kommen und nicht stehen zu bleiben und immer zu sagen, es ist doch schade, daß der andere mehr hat als ich. Und ich meine, daß dieser Wettbewerb bei uns endlich eingeführt werden müßte, damit wir nicht in 25 Jahren zu einem Dritte-Welt-Land werden, weil wir es nicht schaffen, im europäischen Wettbewerb mitzuhalten. Und es ist wirklich an der Zeit, darüber nachzudenken, diese althergebrachten Emotionen – ich darf sie mal so nennen, Herr Wensauer – teilweise aus dem letzten Jahrhundert immer noch mit einzubringen. Wir haben heute eine global vernetzte Handelswelt. Und das wird uns drücken. Und ich werde nachher in meinem Vortrag noch näher darauf eingehen – sie wird uns mehr als drücken. Und sie wird auch in die Beschäftigung gehen, wenn wir nicht endlich aufhören, uns mit Dingen wie den folgenden zu beschäftigen: Kein Mensch versteht, warum sich Deutschland eine Fünf-Stunden-Diskussion eines verkaufsoffenen Sonntags erlaubt. Wir haben mehrere amerikanische Großfirmen, die nicht mehr in Deutschland investieren wollen, weil wir eine solche Diskussion führen. Und es ist unmöglich, daß wir da gegen die Beschäftigung laufen. Und Sie sollten sich wirklich diese Frage jedesmal wieder stellen. Ich glaube, wenn manche Leute 1835 so gedacht hätten wie heute, würde ich noch auf der Postkutsche fahren, anstatt fliegen zu können. Denn dann hätten wir auch keine Eisenbahn von Nürnberg nach Fürth bekommen – Danke!

Walter F. Loeb:

Ich möchte nochmal auf die Bloomingdale's-Karte zurückkommen. Der Kunde weiß nicht, welche Karte der andere Kunde hat. Er weiß nur, wenn er eine bessere Karte hat, bekommt er mehr Service von Bloomingdale's. Und das ist es, was Bloomingdale's auch durch diese Werbung, die ich gezeigt habe, promoten will. Das ist das Entscheidende. Aber noch ein anderer Punkt ist sehr wichtig. Sie haben eben gesehen, warum die Leute dort einkaufen. Die Geschäfte in Amerika sind viel fokussierter als hier. Ich weiß genau, warum ich bei Victoria Secret kaufe, warum ich zu Bloomingdale's oder zu Saxonia Avenue gehe. Es ist sehr wichtig, daß die Geschäfte genau einen Rapport mit dem Kunden haben durch die Ware. Wir haben heute das Brand-Problem, nämlich daß viel mehr Privatmarken in unseren Warenhäusern sind. Aber das Geschäft selbst garantiert durch seinen Namen, also sagen wir durch Bloomingdale's, durch Macy's, durch Sears, daß es hinter der Ware steht

Ulrich Blum:

Herzlichen Dank! Zunächst möchte ich an Herrn Wensauer geben.

Eberhard Wensauer:

Ich möchte gerne auf die Frage zurück kommen, die Herr Nicht gerade eben gestellt hat. Und ich möchte Ihnen ein ganz furchtbares, schreckliches Erlebnis schildern, das ich vor drei Wochen hatte. Es war ein wunderschöner Morgen. Ich ging aus dem Haus und habe mich in mein Auto gesetzt. Die Fahrt zum Büro – ich brauche immer so eine halbe/dreiviertel Stunde – war prima – durch Wälder hindurch; es war ein schöner Tag, alles war in Ordnung. Das Auto hat funktioniert. Ich war gut gelaunt. Ich kam ins Büro, habe meinen Kaffee bekommen, setze mich hin und dann brach das unvorstellbare Ereignis über mich herein: Meine Sekretärin kam herein und hat mir einen Brief vorgelegt. Darin stand, daß ich meine Senatorkarte verloren habe. Das heißt, meine Senatorkarte wird nicht mehr verlängert. Wissen Sie, was das bedeutet? Eine Katastrophe! Also, ich wollte damit sagen, wenn meine Senatorkarte nicht mehr verlängert wird, dann bin ich ein zweitklassiger Mensch. Denn der Senatorstatus hat schon einen gewissen Status, erst einmal – man fliegt viel. Man reist viel. Man ist ein Weltmann. Man geht in die Lounge. Es ist schon ein schönes Gefühl – die anderen müssen in die Traveller-Lounge gehen, ich gehe in meine Senator-Lounge, das hat natürlich gewisse Vorteile. Man ist stolz, daß man die Senatorkarte hat. Und wenn man die dann plötzlich verliert, ist das eine mittlere Katastrophe. Und es ist genau die Antwort auf das, was Sie oben gefragt haben, nämlich, ob es funktioniert. Und es funktioniert nicht nur in Amerika ausgezeichnet, sondern es funktioniert bei uns genauso gut. Weil jeder von uns im Prinzip besser sein möchte als der andere. Ich möchte meine Rede auch besser halten als der, der sie vor einem Jahr gehalten hat. So – und deshalb funktioniert es. Und ob die rosa ist oder blau, ist eigentlich völlig egal, nur blau muß besser sein als rosa. Dann will ich nämlich die blaue und nicht die rosa Karte. Das ist das ganz einfache Bedürfnis des Menschen. Ich möchte eine Senatorkarte, verdammt noch mal, und keine Travellerkarte.

Und noch ein Punkt kommt hinzu: Der Nebeneffekt, meine Damen und Herren, ist der, daß die Senatorkarte ja nicht nur etwas Gutes ist. Oder blau ist nicht nur besser als rosa. Sondern die Unternehmen machen auch noch gute Geschäfte damit. Und das ist auch völlig legitim. Das heißt, der Verbraucher hat etwas davon. Der Verbraucher bekommt drei Prozent oder ich bekomme im Jahr 100.000 Meilen.

Da kann ich mit meiner Frau einmal um die Welt fliegen. Das kommt mir zugute. Das heißt, zum einen habe ich etwas Gutes, und zum anderen hat Lufthansa etwas Gutes, weil ich natürlich immer zu meinen Leuten sage, wenn buchen, dann Lufthansa buchen. Oder wen auch immer. Und drittens, es befriedigt mein Ego, wenn ich die verdammte Senatorkarte habe. Und wer das nicht zugibt, ist selber schuld.

Ulrich Blum:

Herzlichen Dank! Ich habe hier ein Feld von Fragen aus dem Auditorium. Aber zunächst habe ich selbst eine ganz kurze Frage an Herrn Hipp. Was passiert, wenn bei Alete ein solches Programm startet, das mit allen anderen Produkten des Konzerns, der ja hinter Alete steht, gekoppelt ist. Haben Sie davor Angst, oder müssen Sie dann sagen, ich habe ja eigentlich schon fast so etwas Ähnliches. Kann man sich gegen das, was die Großen machen, verwahren?

Claus Hipp:

Ich habe keine Angst. Ich habe immer erlebt, daß ich der Kleine und die anderen die Großen sind. Und ich habe erlebt, daß wir trotzdem erfolgreich sind, weil wir es gut gemacht haben.

Ulrich Blum:

Also, Sie glauben nicht, daß es für Sie ein Wettbewerbsproblem werden könnte.

Claus Hipp:

Nein, das wäre das Gleiche wie der Preiswettkampf alleine.

Ulrich Blum:

Das finde ich sehr gut zu hören.

Claus Hipp:

Ich muß schauen, daß ich in der Qualität und mit allem, was ich tun kann, besser bin. Dann bin ich über solche Dinge erhaben.

Ulrich Blum:

Also das Kartellamt glaubt ihnen das natürlich nicht. Das Kartellamt würde – vermute ich – sagen, das ist ganz analog gelaufen wie bei Eurowings. Eurowings hat bekanntlich großen Ärger machen können gegen das Lufthansa-Meilenprogramm, weil sie sagten, auf den innerdeutschen Strecken verhielten die sich genau wie Herr Wensauer, sie flögen alle mit Lufthansa, wenn es möglich ist, auch wenn die Preise höher lägen, weil sie dann privat mit ihrer Familie in Urlaub fliegen können, obwohl die Firma die ursprünglichen Tickets gekauft hat. Das war die Argumentation vom Kartellamt, soweit ich mich entsinne. So wurde es zumindest in der Zeitung berichtet.

Ich habe hier einige Fragen, die möchte ich ganz kurz noch zusammenfassen. Zunächst Herr Praast.

Gundolf Praast[2]:

In der gesamten Diskussion fehlen die Mitarbeiter ein bißchen. Die Mitarbeiter sind das Wichtigste, was wir haben, und dieses Humankapital müssen wir einsetzen. Was tun wir, um die Kundenorientierung bei den Mitarbeitern zu fördern und nach vorne zu bringen, damit wir mehr verkaufen, besser verkaufen, höhere Qualität verkaufen? Ist es nicht ein gesamtgesellschaftliches Problem, und sollte nicht auch die Politik mit hinein genommen werden, die öffentlichen Kommunen und dergleichen mehr? Wenn dort keine Kundenorientierung stattfindet, können wir sie von unseren Mitarbeitern auch nicht erwarten.

Ulrich Blum:

Herr Kollege Beyer aus Erlangen – sein Beitrag geht in die gleiche Richtung:

Horst-Tilo Beyer[3]:

Die ganze emotionale Kundenbindung setzt bekanntlich voraus, daß wir zunächst die Mitarbeiter dafür gewinnen. Und da möchte ich gerne wissen, ob das nicht nur über Personalentwicklung zu erreichen ist, sondern ob wir hier nicht sehen müssen, daß auch die Mitarbeiter sich emotional engagieren. Die Werbung ist so gut wie die Mitarbeiter sind, die das machen und wie die entsprechenden Produkte. Das Vertrauen schaffen alle Mitarbeiter, beispielsweise, wenn Sie im Call-Center anrufen, oder welche Möglichkeiten Sie auch immer nutzen. Wie bekommen Sie das in die Köpfe, in die Bäuche, in die Herzen der Mitarbeiter hinein?

---

[2]   Gundolf Praast, Rechtsanwalt, Darmstadt

[3]   Prof. Dr. Horst-Thilo Beyer, Betriebswirtschaftliches Institut, Friedrich-Alexander Universität, Erlangen-Nürnberg

Walter F. Loeb:

Ich kann Ihnen das sehr schnell beantworten. Die Mitarbeiter werden trainiert. Sie werden nicht nur trainiert vom Geschäft, sondern auch von den Fabrikanten. Aber was noch wichtiger ist, wir werfen die Mitarbeiter auch wieder hinaus, wenn sie nicht arbeiten. Wenn sie keinen Gewinn erwirtschaften. In Deutschland ist es doch wie mit Beamten, die nicht hinausgeworfen werden. Und das ist der Unterschied.

Ulrich Blum:

Man sagt ja deshalb auch, daß manchmal der Unterschied zwischen Verteilen und Verkaufen in Deutschland nicht bekannt ist – Herr Mandac.

Lovro Mandac:

Ich glaube, wir sind schon längst im Verkaufsstadium. Das Verteilen ging bis in die siebziger Jahre. Aber ich stimme Ihnen völlig zu, daß die Personalentwicklung wirklich nicht ausreichend ist. Was wir brauchen, als Unternehmen, ist eine Mission – daraus entwickle ich eine Vision; aus einer Vision entwickle ich ein Unternehmensleitbild. Und dann brauche ich an der Spitze einen Fisch, der nicht am Kopfe stinkt, sondern der als Vorbild, wirklich als Vorbild nach vorne geht, der die Leitfigur ist, an dem sich das Unternehmen ausrichtet. Das hört sich vielleicht etwas hierarchisch an, es ist aber ganz wesentlich, daß diese Person dann durch das Unternehmen als die Figur gilt, deren Ziele man miteinander verfolgt. Und dazu gilt es natürlich, die Menschen zu entwickeln. Wir haben in den Trainingsprogrammen der letzten 50 Jahre viele Fehler begangen. Wir haben zu wenig darauf geachtet, daß es nämlich auch so etwas gibt wie einen schlechtgelaunten Kunden. Wir wollen uns nichts vormachen. Keiner von Ihnen, der in ein Geschäft kommt, ist immer gut gelaunt. Das stimmt einfach nicht. Es gibt schlecht gelaunte Menschen. Wir haben unsere Verkäuferinnen und Verkäufer nur nicht darauf trainiert, trotzdem an sein Bestes, nämlich an sein Geld, heranzukommen, auch wenn er schlechte Laune hat. Wir müssen also völlig neue Wege gehen in der Kommunikation mit den Menschen, und wir haben heute in unserem Unternehmen die Mitarbeiter in den Fokus gestellt. Der Mitarbeiter ist für uns das absolut Wesentliche. Und danach kommt erst der Kunde und dann kommt die Ware. Und das versuchen wir in Einklang zu bringen. Das ist allerdings ein neuer Ansatz. Es ist sicher nicht einfach und wird noch ein paar Jahre dauern, bis wir das bewältigt haben.

Ulrich Blum:

Herzlichen Dank! Ich habe zwei Fragen, die so ähnlich sind, daß ich sie verknüpfen möchte, nämlich von Frau Junginger hier von der TU Dresden und Herrn

Bongert vom C&C-Verband. Ich fasse sie ganz kurz zusammen, weil wir ein bißchen unter Zeitdruck stehen. Erstens: Steht die Markenpolitik wegen des bisher Gesagten vor einer neuen Renaissance? Zweitens: Kommt es möglicherweise auf Dauer zu einer Differenzierung der Kundenbindung, indem die Unternehmen stärker mit unterschiedlichen Kundenbindungsprogrammen um die Kunden werben? Dann würden sich also nicht nur die Produkte unterscheiden, sondern auch die Art der Kundenbindungsprogramme. Das wäre dann die Verlagerung des Wettbewerbs auf mehrere Felder. Ich würde das gern von Herrn Arnold beantwortet haben, aus einer übergreifenderen, weniger betroffenen Sicht als der eines Unternehmers.

Ulli Arnold:

Ich denke, genau das kann man sehr gut in den letzten Jahren nachvollziehen. Es ist sicherlich ein empirisch gut belegbares Phänomen, daß die Marken sehr an Bedeutung gewonnen haben. Warum ist es so? Marken schaffen offensichtlich Vertrauen, reduzieren den Informationsbedarf, reduzieren also die Unsicherheit, die bei vielen Konsumgütern von den Kunden wahrgenommen werden. Und insofern sind Unternehmen gut beraten, wenn sie hier Differenzierungspotential nutzen und wirklich Marken, oder, wie man so schön sagt, Markenpersönlichkeiten aufbauen. Ich bin sicher, daß wir kein Problem haben mit der Technologie der Kundenbindung. Das ist unglaublich vielgestaltig. Und Unternehmen sind unglaublich phantasiereich. Wir haben gerade eben hervorragende Beispiele von Herrn Loeb präsentiert bekommen, die zeigen, wie Kunden gebunden werden und Kanäle, zusätzliche Kanäle, zu Kunden geschaltet werden können. Ich wundere mich nur immer darüber, wenn man die vielfältigen Anstrengungen sieht, wie gering eigentlich die Wirkungen letztlich sind. Und daß sich offensichtlich viele Unternehmen gar keine Gedanken über die Wirkung machen. Man macht eine Werbekampagne, man macht Verkaufsförderungsaktionen – das war's dann –, und man geht zur Tagesordnung über.

Ich darf vielleicht über das Beispiel Lufthansa sprechen. Aber ich sage Ihnen auch gleich dazu, daß kein Unterschied zu den amerikanischen Gesellschaften besteht. Ich wundere mich darüber, wieviel Geld beispielsweise in Mitarbeiterschulungen investiert wird. Das sind jährlich bestimmt zweistellige Millionenbeträge. Und wieviel am Ende für den Kunden herauskommt und was die Kunden jeden Tag erleben. Im Kern ist das Problem bereits auf dem Podium angesprochen worden. Ich denke, Marketing und Kundenorientierung werden dann umgesetzt, wenn man endlich begreift, daß alle Mitarbeiterinnen und Mitarbeiter, die an dem Produkt, an dem Schaffen von Wert für den Endkunden mitwirken, wenn all diejenigen diese Vision für sich selber auch begreifen und umsetzen können. Und dazu muß man dann sicherlich auch die Bedingungen in den Unternehmen schaffen. Ich kann mir eines allerdings nicht so recht vorstellen. Wenn man auf der einen Seite mit dem Instrument des Downsizing Mitarbeiterinnen und Mitarbeiter verunsichert und dann gleichzeitig von ihnen erwartet, daß sie Phantasien und Visionen für ein Unternehmen entwickeln – das scheint mir ein Widerspruch zu sein. Aber im Kern geht es tatsächlich darum, Personalentwicklung zu betreiben und die Voraussetzung zu schaffen, daß der Kunde am Ende auch so behandelt wird, wie er es verdient. Kunden wollen respektiert werden. Jeder von uns, der irgendwo sein Geld ausgibt, will respektiert werden und das fängt bereits mit dem Augenkontakt an. Das alles ist noch unglaubliche „Wüste" und – ich sage das ausdrücklich – nicht nur in Deutschland. Wenn Sie in New York ein paar Tage verbracht haben, dann können Sie von den Erfahrungen ein ganzes Poesiealbum vollschreiben.

Ulrich Blum:

Herr Loeb – ganz kurz.

Walter F. Loeb:

Kundenbindung kommt nicht nur aus einer Richtung. Sie kommt von der Qualität der Ware. Sie kommt vom Service, also von dem Kundendienst, den das Geschäft offeriert. Sie kommt vom Timing, d. h. die Ware zur richtigen Zeit zu haben. Und schließlich auch vom Preis, aber nicht als erstes, sondern als letztes vom Preis, denn die Preisorientierung ist nicht so kundenbindungsfähig wie alles andere.

Ulrich Blum:

Ganz herzlichen Dank. Ich glaube, es ist wichtig zu wissen, auch für die nächste Prüfung, daß die ökonomische Preistheorie in der VWL teilweise überholt ist.

Die dritte Runde möchte ich einleiten mit der Frage, ob Unternehmen ebenso emotional einkaufen wie die Konsumenten. Herr Wensauer hat uns hier auch schon einiges Interessante gesagt. Denn, wenn dem so wäre, lieber Herr Arnold, dann bräuchten wir auch unsere Investitionstheorie – jetzt kommt der Schlag gegen die Betriebswirtschaftslehre – gar nicht mehr zu lernen. Dann machen wir das doch bitte ganz anders. Was können Sie uns dazu sagen?

3 Kundenorientierung, Kundenzufriedenheit und Kundenbindung

Ulli Arnold:

Meine Damen, meine Herren, ich nehme an, Herr Blum hat mich deswegen eingeladen, um ein Kontrastprogramm zu Herrn Wensauer zu schaffen. Und um sein Stammpublikum hier, die Kommilitoninnen und Kommilitonen, wieder an die Realität zu erinnern – daran, wie es normalerweise in dem Hörsaal zugeht. Also, ich mache, im Hinblick auf die Zeit, einige kurze und ganz kopfgesteuerte Bemerkungen zu dem Dreiklang Kundenorientierung, Kundenzufriedenheit und Kundenbindung. Die erste lautet knapp: Kundenorientierung ist das Kernstück des modernen Marketingverständnisses. Egal in welcher Geschäftsbeziehung – Unternehmen müssen ihre Planung von der Frage leiten lassen, welchen Wert, welchen Kundennutzen sie schaffen können. Und dabei kommt es auf den wahrgenommenen Wert an. Was nimmt der Kunde am Ende an Leistung wahr und was stimuliert ihn zu einem Tausch? Vielleicht darf ich die Gelegenheit nutzen und einfach mal quer fragen und damit auch ein bißchen provozieren: Wem geht es denn um Kundenzufriedenheit? Ist es tatsächlich die Aufgabe von Unternehmen, Kundenzufriedenheit zu schaffen? Das wird voraussetzungslos hier auf dem Podium diskutiert. Das wäre ein Ziel an sich. Das ist nach meinem Verständnis, in einer Tauschbeziehung innerhalb einer Marktwirtschaft ein Mittel zum Zweck. Und ich kann mir sehr wohl Tauschsituationen vorstellen, in denen der Anbieter sich um Kundenzufriedenheit gar nicht sorgen will und muß, oder wo Kundenzufriedenheit sogar kontraproduktiv ist. Wenn Sie einmal Gelegenheit hatten, auf dem Oktoberfest in München in einem Bierzelt zu sitzen, bekommen Sie schwerlich die Vorstellung, daß sich der Betreiber besonders um die Kundenzufriedenheit kümmert. Der füllt die Maß nur zu 80 Prozent ein und weiß ganz genau, daß bei seinem Publikum, in einer solchen Austauschsituation, Kundenzufriedenheit und Kundenbindung nun weiß Gott keine Rolle spielen. Also, es gibt durchaus Tauschsituationen, bei denen der Aufbau von Kundenzufriedenheit eigentlich hinausgeworfenes Geld ist. Es kommt für das Marketing darauf an zu unterscheiden, ob es notwendig ist, Kundenzufriedenheit zu schaffen, ob der Aufbau von Kundenzufriedenheit die Voraussetzung dafür darstellt, daß Folgegeschäfte getätigt werden können. Und das ist natürlich immer dann der Fall, wenn höhere Kauffrequenzen vorliegen und wenn über die Zeitachse hinweg eine Zusammenarbeit, eine Austauschbeziehung stabilisiert werden soll.

Wir sollten an dieser Stelle genau unterscheiden zwischen sogenannten Austauschgütern oder Pure-Exchanges und Kontraktgütern. Und natürlich ist es ein

Fortschritt im Marketing zu sehen, daß alle Akquisitionsanstrengungen letztendlich Investitionscharakter haben. Alles was durch die Werbung, was durch persönliche Akquisition und so weiter gemacht wird, schafft bekanntlich ein Potential, und es ist sehr vernünftig, bei Folgetransaktionen dieses Potential nachhaltig zu nutzen. Insofern ist Kundenzufriedenheit für eine ganz bestimmte Gruppe von Austauschbeziehungen sinnvoll. Aber man kann nicht soweit gehen, es zu verallgemeinern und für alle Tauschbeziehungen verbindlich zu machen.

Zweiter Punkt: Schafft Kundenzufriedenheit notwendigerweise auch Kundenbindung? Hier haben wir mittlerweile eine ganze Reihe von empirischen Belegen, daß dies nicht zwangsläufig der Fall ist. Kundenzufriedenheit ist eine Art Hygienefaktor dafür, daß Kundenbindung entstehen kann, eine notwendige, aber keine hinreichende Bedingung. Wir wissen, daß es Kunden gibt, die die Abwechslung bei bestimmten Kaufklassen suchen, sogenannte Eventseekers. Sie suchen Unterhaltung, sie wollen Abwechslung – feste Kundenbindungen stehen dem jedoch entgegen. Das muß kein Widerspruch zur Kundenzufriedenheit per se sein.

Lassen Sie mich zum dritten Punkt kommen – zur Kundenbindung selbst. Und jetzt drehe ich die Perspektive einmal um. Wir diskutieren, glaube ich, vorzugsweise aus der Sicht eines Anbieters. Und wir diskutieren vor allem die Frage: Was hat der Anbieter davon? Natürlich, er reduziert seine Akquisitionskosten pro Verkaufsakt, wenn sich der Kunde loyal verhält. Was nützt es aber dem Kunden? Ich bin gefragt worden, aus der Sicht von Unternehmen, aus der Perspektive des Business-zu-Business-Marketing zu argumentieren – und mein Lehrstuhl beschäftigt sich auch schwerpunktmäßig mit Beschaffungsmanagement. Es scheint so zu sein, daß wir in den letzten Jahren eine Entwicklung zu vertikalen Bindungssystemen unterschiedlichster Art hatten. Die just–in–time Beziehungen in manchen Industriebereichen sind dafür ein herausragendes Beispiel. Warum ist dieses für bestimmte Käufer sinnvoll? Weil Komplexität abgebaut wird. Sie haben weniger Aufwand, um mit solchen Kundenbindungen umzugehen. Sie haben Zeitgewinn. Sie haben manchmal auch eine bessere Kontrolle über die sogenannte Supply Chain, über die Versorgungskette, aber, meine sehr verehrten Damen und Herren, an der Stelle haben wir ein ordnungspolitisches und ein wettbewerbspolitisches Problem. Mein Plädoyer ist es schon seit Jahren, Unternehmen und Einkäufern in Unternehmen zu sagen, daß das nur die eine Seite der Medaille ist. Wir sind in einer Marktwirtschaft. Und der Markt gilt als das effizienteste Tauscharrangement, wenn denn dafür die Bedingungen geschaffen sind. Wenn genügend Informationen vorliegen, wenn keine Informationsasymmetrie besteht. Wenn Güter standardisiert sind und auch die Prozesse, dann sind marktliche Austauschbeziehungen leistungsfähig. Und Unternehmen sind gut beraten, Lieferantenbindung zu vermeiden, um die Handlungsmöglichkeit zu haben, aus den Märkten bessere Lösungen herauszubekommen.

Zur Frage: Kundenbindung versus Nutzung von Markt. Das ist für mich die Grundfrage von Unternehmen: die Wahl des effizienten Austauschmodells. Hier gibt es Optionen und natürlich auch Gestaltungsmöglichkeiten. Es ist nicht naturgegeben, die eine oder die andere Situation zu wählen, sondern hier können Unternehmen selber gestalten. Insoweit kommen ihnen auch die neuen, elektronischen Medien zupass und zwar nicht nur in dem Sinne, daß Internetverbindungen, elektronische Verbindungen verwendet werden, um Informationen besser nutzen zu können, sondern um tatsächlich neue Austauschmöglichkeiten zu schaffen, Märkte zu kreieren, die bislang in dieser Form noch nicht vorhanden waren. Ich habe das in der vergangenen Woche bei dem Kongreß, den ich vorher kurz erwähnt habe, erlebt. Da wurden mehrere Berichte über die Vermarktung von Commodities per Auktion gegeben. Ein Einkäufer beschrieb den Einkauf von Salz und Vitaminen. Die Auktionen werden von einem Internetprovider so strukturiert, daß interessierte Anbieter sich einloggen können. Innerhalb eines Zeitfensters wird festgelegt, wann der Preiskampf ausgetragen wird. Sie können sodann wunderschön nach Lehrbuch feststellen, wie die Preiskurve nach unten geht in Abhängigkeit vom immer kürzer werdenden Zeitbudget. Das war vorher überhaupt nicht möglich. Hier entstehen neue Austauschformen, und ich wage vorherzusagen, daß dies nicht nur für Commodities, für hochstandardisierte Güter der Fall sein wird, sondern daß auch spezifische Güter in einiger Zeit internetfähig gemacht und Gegenstand direkter Preisauseinandersetzungen sein werden. Ohne jegliche Emotionalität und mit dem Bewußtsein, Bindungen zu vermeiden und den Markt zu nutzen, weil dieser das wirklich leistungsfähigste Informationssystem und Austauschsystem ist, sofern die Voraussetzungen dafür gegeben sind.

Ulrich Blum:

Ganz herzlichen Dank! Wir müssen uns jetzt mit einem echten Kontrapunkt befassen, nämlich der Frage – und ich sage das etwas überspitzt – sind eigentlich die Kundenbindungssysteme unter den Bedingungen von Preisschlachten – denn das passiert ja dann real – überhaupt noch möglich? Herr Mandac!

Lovro Mandac:

Natürlich sind sie möglich. Durch den veränderten Einsatz von Mitteln. Es ist so, daß sich natürlich Meilen oder andere Boni zu verändern haben gegen Werbekosten oder andere Kostenblöcke, nur ich glaube, daß der Preis dort überhaupt nicht wesentlich ist, um diese Kundenbindungssysteme in Gang zu setzen. Ohne diese werden wir insgesamt die Schlacht verlieren.

Ulrich Blum:

Herr Wensauer, bekanntlich haben wir im Lehrbuch immer wieder gelernt, daß die alten Märkte Preiswettbewerbsmärkte waren – auf den neueren Märkten herrscht vor allem Qualitätswettbewerb. Man kann auch sagen, daß immer mehr bei ähnlichen Qualitäten die Frage, wie das ganze Umfeld des Unternehmens auch mit seinen Serviceeigenschaften organisiert ist, eine Rolle spielt. Kehren wir zurück zu der alten Welt oder wo würden Sie, wenn Sie einen Kunden beraten, sagen, soll er hingehen, damit er genau die Preisschlacht des Herrn Arnold vermeidet und möglichst nicht im Internet auftaucht und dann seine Preise sinken sieht?

Eberhard Wensauer:

Ich glaube, diese neuen Formen kann man nicht verhindern.

Ulrich Blum:

Sie wollen ja ihrem Kunden sagen, wie er heraus kommt. Stellen Sie sich einmal vor, was da passiert.

Eberhard Wensauer:

Die Frage ist, wie ich die Internetseite gestalte. Da könnte ich ihn ja auch wieder packen. Aber ich glaube, daß die neuen Medien einfach sein müssen, weil es neue Angebotsformen gibt. Wenn dieses neue Medium nicht kommt, dann stehen wir still. Und vor vielen Jahren haben wir uns auch nicht vorstellen können, daß wir mit einer Einhandbedienung einen Fernseher komplett steuern und daß wir 20 oder 40 oder 50 Kanäle haben werden. Und wir werden auch das überleben. Ich denke, daß die Emotion und das Verkaufen deshalb nicht anders werden. Auch der Internetserver wird umworben. Und es wird wahnsinnig viel Geld ausgegeben, um im Internet die Server zu packen. Und das erstens mit Angebot und zweitens natürlich auch mit Kommunikation und Werbung.

Ulrich Blum:

In diesem Zusammenhang gibt es eine Wortmeldung, die sehr interessant ist – Herr Lademann. Der möchte nämlich die Kundenbindung auf die Standorte beziehen.

Rainer Lademann[4]:

Ich hatte einen ähnlichen Gedanken wie Herr Loeb, nämlich daß wir mit dem Thema Preis am allerwenigsten Kundenbindung erzeugen können. Es ist aus Untersuchungen hier in Deutschland bekannt – teilweise waren wir selbst daran beteiligt – daß mit Hilfe des Preises im Gegenteil Kundenbindungen aufgebrochen werden können – ganz nach dem Motto: Einer ist immer billiger! Den gleichen Gedanken hatte ich auch bei dem Instrument, das Sie sehr stark propagiert haben: die Kundenkarte oder die Bonuspunktesysteme, die letztendlich irgendwann auch kopierbar und sehr schnell imitierbar sind, sie allerdings auch eine Zeit lang brauchen, bis diese diffundiert und insoweit sicherlich noch etwas zu differenzieren sind vom direkten Preiswettbewerb. Meine Frage richtet sich eigentlich mehr auf den Handel jetzt, nämlich mit dem Hintergedanken, daß der Handel sich schwer tut als Einzelkämpfer. Er heißt ja nicht umsonst Einzelhandel, weil er eben in der Regel einzeln kämpft. Es geht nicht nur darum, eine Kundenbindung zu einem Kaufhof aufzubauen oder einem anderen Standort, sondern es geht darum, ganze Standortbereiche aufzubauen oder so zu positionieren, daß sie quasi als Marke eine Emotionalisierung des Verbrauchers und eine Bindung des Verbrauchers an einen Standort ermöglichen. Ich denke an Standortmarketing oder an Citymarketing bzw. -management. Deshalb die Frage, wie kooperative Maßnahmen der Kundenbindung durch Events und durch Marketingmanagement vom Podium bewertet werden.

Ulrich Blum:

Ich gebe Ihnen das Wort, Herr Mandac.

Lovro Mandac:

Herr Lademann, zunächst behaupte ich, daß der Mensch ein Jäger und Sammler geblieben ist. Und daß er es liebt, weiterhin Bonusmeilen von der Lufthansa zu sammeln, denn sein Liebstes, in den Urlaub zu fliegen, wird er nicht aufgeben. Und er wird auf nichts verzichten, Hauptsache er bekommt seine Meilen. Und wir schauen dem Kunden ganz genau auf's Maul. Und wir wissen, was er möchte und haben uns schlicht und einfach nach dem Kunden zu richten. Wenn wir das nicht tun, dreht er sich um, ist weg und wir haben keinen Umsatz mehr. Das ist das eine. Das andere: Kundenbindungssysteme beziehen sich nicht nur auf ein Haus oder auf eine Firma, sondern sie beziehen sich auch auf ein Haus oder eine Firma und natürlich auf die Innenstadt oder auf die grüne Wiese. Das ist sehr unterschiedlich zu handhaben. Nur hat die Innenstadt oder die Stadt heute ihren Freizeitwert zu

---

[4]   Dr. Rainer Lademann, GWH, Dr. Lademann und Partner, Hamburg

definieren, und der besteht aus wie vielen Facetten auch immer, ohne die es nicht möglich sein wird, Kunden an ihre Stadt zu binden. Denn immer wieder stellt sich die gleiche Frage: Warum soll der Kunde eigentlich zu mir kommen oder in diese Stadt und nicht in eine andere? Aber da gibt es, glaube ich, eine unendliche Vielfalt von Antworten.

Ulrich Blum:

Herzlichen Dank! Im Sinne der vorgerückten Zeit möchte ich dann in die vierte Runde einsteigen. Und die geht an meinen Vorredner von soeben, nämlich Herrn Mandac. Von ihm würden wir gerne wissen, inwieweit das Emotionale im Absatz eine Hilfe darstellen kann, um eben auch – und das war auch die Frage von Herrn Lademann – die Urbanität zurückzuholen. Das ist gerade hier in Ostdeutschland ein erstrangiges Problem. Führt die Macht der Gefühle dazu, daß vielleicht auch Standorte auf der grünen Wiese plötzlich wieder unattraktiv werden, weil eben die Urbanität, das Inszenieren von Urbanität, eine Rolle spielt? Herr Mandac!

4   Emotionalisierung im Handel als Chance für die Belebung der Innenstädte?

Lovro Mandac:

Kundenzufriedenheit und Kundenbindung – selbstverständlich sind das große Themen im Gesamtkontext des Handels im Augenblick. Aber Sie brauchen keine Angst zu haben. Ich bin weder Sigmund Freud noch bin ich Erich Fromm, auch wenn ich einen Bart habe. Und ich werde mich nicht darum zu bemühen haben, meinen Kunden dergestalt zufriedenzustellen, daß er all das bei mir findet, was er vielleicht an anderer Stelle an Leere selbst in sich trägt. Das kann nicht unser Ziel sein. Wenn wir von Inszenierung reden, reden wir vom Erlebnis der Ware, vom Erlebnis der Häuser. Denn Einkaufen, meine Damen und Herren, ist ein Erlebnis, aber auch gleichermaßen eine Bedürfnisbefriedigung. Und das, glaube ich, vergessen sehr viele Leute. Es ist etwas ganz Normales einzukaufen. Es ist weder etwas Schändliches, wie es im Augenblick immer bei den Konsumtempeln verteufelt wird, noch irgend etwas Schlimmes. Es ist schlicht und einfach so: Um Ihr Leben zu gestalten, kaufen Sie etwas ein. Sie kaufen Bier ein oder Sie kaufen Ihre Lebensmittel ein oder Ihre Kleidung, um nicht zu frieren. Und wir sollten das doch bitte nicht verteufeln.

Die Innenstadt als Ganzes steht zur Zeit sicherlich unter extremem Druck. Und diesem Druck gilt es standzuhalten. Ich hatte vorhin schon einmal gesagt, was wir brauchen, ist Innovation. Wir müssen weiterkommen. Wir dürfen nicht weiter stagnieren, so wie wir das aus meiner Sicht im Augenblick tun. Und Sie sehen, die Freud'sche Traumdeutung, die ist nun einmal 100 Jahre alt. Und was mich am meisten ärgert, ist folgendes: Es gibt eine Stadt, die heißt Ulm. Und in dieser Stadt ist ein ganz berühmter Mann vor 100 Jahren geboren worden. Der Mann heißt Albert Einstein. Wenn ich Bürgermeister von Ulm wäre, hätte ich das so propagiert in Amerika und in Japan, daß die Menschen in Strömen hinwandern würden, um dieses Event mit mir zu feiern. Was tun wir – nichts! Gar nichts passiert. Es ist wieder einmal im Sande verlaufen.

Aber dafür haben wir dann 1956, das Jahr, in dem das Ladenschlußgesetz verabschiedet wurde – mein Lieblingsthema. Es war das Event des Jahrhunderts, meine Damen und Herren. Seien Sie froh, daß wir das haben. Das hat kein anderes Land. Wenn es das hat, dann ist es schlicht und einfach auslegungsbedürftig. Und ich behaupte, im Jahr 2000 werden wir Ihnen was Neues bieten müssen im Handel, nämlich eine neue Handelslandschaft. Aber kommen wir zurück nach Deutschland. Lieber Herr Wensauer, ich bin leider ein Zahlenmensch, und drei und sieben ist nun einmal zehn. Und vier und fünf ist nun einmal acht – und zwei und vier ist sechs. Was würden Sie dazu sagen. Was sagen Sie dazu? Was? Es ist falsch. Ja, sehen Sie, das ist deutsch. Kein Mensch sagt mir hier, daß zwei der Aussagen richtig sind. Ihr sagt alle, eine Aussage ist falsch. Das ist furchtbar.

Und was sollen Sie in unseren Läden erwarten? Die neue Angst geht um. Stehen wir hinter der Gardine im Warenhaus mit dem Revolver und warten auf Sie? Sie brauchen keine Angst bei uns zu haben. Deutsche Verkäufer bedienen schlecht – gut. Mag sein, daß es einige wenige gibt, die schlecht bedienen. In der Regel, behaupte ich hier, sind die Verkäufer sehr engagiert, bemühen sich, was immer hinter der Bemühung steht. Es ist eine Lanze, wirklich eine Lanze für unsere deutschen Verkäuferinnen und Verkäufer zu brechen. Die Städte bedroht der schleichende Befall und so weiter. Alles schöne Stichworte. Im Augenblick ist es ja auch schön, die Zeitungen zu füllen, denn wir müssen ja jeden Tag gegen Berlin eine neue schlechte Meldung haben. Ansonsten wäre es ja furchtbar. Schauen Sie, wo wir stehen. Wir stehen seit Jahren unter der Wasserlinie. Wir kriegen schon gar keine Luft mehr, weil wir nicht in der Lage sind, unsere Umsätze zu steigern. Wissen Sie, worauf der Deutsche überhaupt nicht verzichten möchte, wenn er zu sparen hätte? Mehr als 50 Prozent, genau 53 Prozent aller Menschen in Deutschland würden nicht am Urlaub sparen. Sie sparen bei Kleidung, sie sparen beim Essen und Trinken, aber sie sparen nicht beim Urlaub, meine Damen und Herren. Und wer gestern die Zeitung gelesen hat, der weiß, was in Hurghada am Roten

Meer Furchtbares passiert ist. 800 Menschen, 800 Deutsche konnten dort keinen Unterschlupf finden in den Hotels, die mehr als 20.000 Menschen beherbergen, aber überfüllt sind. Und man kann sie in den nächsten 14 Tagen nicht zurückbringen – so lange haben sie gebucht – weil alle Flugkapazitäten ausgebucht sind. Und ich glaube, es ist schön, daß Sie hier sind und nicht in Hurghada. Das freut uns sehr.

Der Mensch sieht sich und seine Zukunft nicht positiv. Und das ist erschreckend. Nur 20 Prozent der Menschen in Gesamtdeutschland sagen, sie sehen ihre Zukunft eher positiv. Das ist schlicht und einfach zu wenig. Denn wenn ich mich als Händler nicht positiv aufstelle, wie soll ich dann meinem Kunden herüber bringen, daß ich selber positiv bin und ihn mitreißen will? Weiterhin – und das ist für mich ganz tragisch – wir kommen an Ihr Schönstes nicht mehr so gut ran wie früher. Das ist nämlich Ihr Geld! Wir bekommen nur noch gut 30 Prozent dessen, was Ihnen zur Verfügung steht. Ihr Geld ist in viele andere Kanäle hineingeflossen. Hauptsächlich ist es hineingeflossen natürlich mit in den Urlaub und mit in die Mieten. Denn Sie müssen wissen, auch in Städten wie Dresden oder wie in Köln und Düsseldorf, lebt fast die Hälfte der Bevölkerung in Ein- bis Zwei-Personen-Haushalten. Insofern ist der Gesamtfaktor Miete natürlich ein völlig anderer geworden. Auf der anderen Seite ist der Hunger, den Deutschland nach Fläche hat, unwahrscheinlich groß. Wir werden demnächst eineinhalb Quadratmeter Verkaufsfläche pro Mensch in Deutschland unser Eigen nennen. In England sind es 0,68 Quadratmeter. Das heißt, wir haben fast zweieinhalb mal so viel Verkaufsfläche zur Verfügung. Und, meine Damen und Herren, das wird noch weiter gehen. Und das wollen wir Ihnen alles versprechen. Glauben Sie uns, kommen Sie zu uns. Sie werden sehen, wir werden Ihnen das wirklich bieten. Sie sollten von hier nach Leipzig fahren, denn in Dresden sind wir ja nicht. Da ist nur die Konkurrenz. Und Sie haben es bei uns in Leipzig viel besser als hier, das sei sicher. All das Neue wird auf uns zukommen. Wir haben Raststätten- und Versandhandelskonzepte. Ich will auf das gar nicht eingehen. Wir sind auch im Internet. Und wir haben Bahnhöfe. Wir haben Flughafenzentren. Das Internet ist natürlich im nächsten Jahr dank des Schalttages immerhin 366 Tage lang offen und bietet 24 Stunden Einkaufsmöglichkeiten. Wir wissen, daß in Deutschland im nächsten Jahr gut 30 Milliarden DM aus dem Internet heraus verkauft werden – bei 720 Milliarden Gesamtumsatz – mit steigender Tendenz. Das wird Arbeitsplätze kosten, weil Menschen über ein Gut nicht unbegrenzt verfügen und das ist die Zeit. Und das ist der große Vorwurf, der uns gegenüber immer gestellt wird. Die Zeitverfügbarkeit ist nicht mehr ausreichend. Wir wollen zu anderen Zeiten einkaufen. Warum soll ein Kaufhof in Leipzig investieren – neben einem Hauptbahnhof, der immer aufhaben darf, inklusive des Sonntages – und wir dürfen es nicht? Wo ist da schlicht und einfach die Logik? Die ist leider nicht gegeben. Und wenn Sie einmal im Kölner

Hauptbahnhof am Sonntag einkaufen, dann stellen Sie fest, Sie dürfen nur den Reisebedarf einkaufen. Meine Damen und Herren, da liegen 106 verschiedene Käsesorten. Sie sind gezählt worden vom Zweiten Deutschen Fernsehen. Erzählen Sie mir, ob 106 Käsesorten wirklich Reisebedarf sind. Das wissen Sie alle nicht, ich auch nicht. Das ist schlicht und einfach Unsinn. Hier gibt es eine Wettbewerbsverzerrung, die natürlich auch in Zukunft in Investitionsentscheidungen eingreifen wird. Und das bedeutet weiter sinkende Beschäftigung.

Wir haben 4 Trümpfe in der Stadt, riesige Trümpfe, die wir auszuspielen haben. Service, Kompetenz, Ambiente und – wie man so schön sagt in Amerika – size matters – Größe bringt Kompetenz. Das ist sehr wichtig geworden, im Gegensatz zu früher. Wir haben Öffnungszeiten – ich habe gerade darüber gesprochen – und das Wichtigste: Nähe und Erreichbarkeit. Die Zugänglichkeit zur Stadt ist das Wesentliche überhaupt. Hinzu kommt die Sicherheit in der Stadt und die Sauberkeit. Ich habe jetzt gerade dem Oberbürgermeister von Köln sagen müssen: Es ist schön, daß Bill Clinton im Sommer hier bei uns war. Das finden wir alle phantastisch. Nur, daß Sie deshalb für Hunderttausende von Mark die Straßen haben säubern lassen, ist eine Frechheit. Denn wir als Kölner Bürger erwarten eigentlich immer saubere Städte und nicht nur, wenn Bill Clinton aus Amerika kommt. Und das ist leider etwas, was in Deutschland im Augenblick sehr fehlt. Erreichbarkeit – die Menschen wollen am Wochenende mit ihrem Auto in die Stadt – ob wir das akzeptieren oder nicht – sie wollen bei uns einkaufen. Und, meinen Damen und Herren, wenn wir ihnen das nicht bieten, werden sie gnadenlos auf die grüne Wiese gehen. Dort gibt es Parkplätze, dort gibt es Erreichbarkeit, Sicherheit und Sauberkeit. Einen Wettbewerbsvorteil, den wir zurückholen müssen, und das werden wir natürlich aggressiv tun. Das Internet: Schauen Sie, in Deutschland liegen wir noch gar nicht mal so schlecht. Frankreich, bedingt natürlich durch das Minitel, ist schon jahrelang, ich glaube fast 25 Jahre, dort. Wir werden ganz kurzfristig sicherlich auch hier gegenüber den Vereinigten Staaten aufholen.

Es ist leider so, der Kunde will alles. Und alles ist nicht genug. Es ist schön, daß die Emotionen da sind, nur wir haben in Deutschland 82 Millionen Menschen. Höchstwahrscheinlich alles Individuen, alle mit unterschiedlichen Emotionen. Wir müssen leider diese Emotionen jeden Tag auf die Fläche bringen, und das ist eine Inszenierung, die Sie gar nicht mehr ohne Geld machen können. Denn letztendlich wollen die Leute ja auch begeistert werden. Sie wollen letztendlich im Laden etwas vorfinden, was ihnen Spaß bereitet, und das ist unsere Aufgabe neben dem Verkauf der Ware. Und, sehen Sie, es gibt alles, vom Smartshopper bis zum Trendsetter. Der Smartshopper ist der Schönste. Der Smartshopper fliegt nach Dubai und kauft Gold. Da ist es ungefähr 16 Prozent billiger als hier. Dann kommt er zurück, fliegt ein in Frankfurt, wird allerdings so vom Zoll geleitet, daß er direkt als Dubai-Zurückkommer mit der Lufthansa zu identifizieren ist. Dann sage ich als Zöllner: „Haben Sie etwas gekauft?" – Sie sagen: „Nein." Dann sage ich: „Machen Sie den Koffer auf – merci." Da hat er natürlich Gold drin. Ja, was muß er machen? Er muß erst einmal die Umsatzsteuer nachbezahlen. Dann muß er natürlich noch eine Strafsteuer zahlen. Aber er wird Ihnen immer erzählen, er hätte in Dubai für 16 Prozent weniger gekauft. Alles andere wird er Ihnen nicht erzählen. Daß er noch Strafe hat zahlen müssen und daß es eigentlich viel teurer war. Das ist unser berühmter Smartshopper. Dem müssen Sie irgendwas vorgaukeln. Den gibt es, diesen Menschen. Wenn wir ihn einfach negieren und sagen, er ist nicht da, dann wird er uns verloren gehen. Das kann es sicherlich nicht sein.

Wir haben auch große Werteveränderungen. Wir haben eben nicht mehr die achtziger oder die neunziger Jahre. Was machen wir heute? Hier einmal ein bißchen mehr, da mal ein bißchen weniger. Je nach Gusto. Ich muß jeden Tag herausfinden, wo Ihr Gusto ist. Glauben Sie mir, das ist verdammt schwer. Und wir haben nämlich zufälligerweise zwei Millionen Menschen jeden Tag bei uns im Laden. Und die haben alle ein Gusto! Wir haben mit Studenten in Gelsenkirchen gearbeitet. Die wollten noch viel mehr als alles, und das war noch lange nicht genug. Ich sage Ihnen, es war sehr, sehr schwierig und wird für uns in der Innenstadt sicherlich noch schwieriger werden. Denn wir wollen Ihnen all das vom Halse halten: Streß, Ärger, Gedränge, Frustration, all das was heute in einer Großstadt am Wochenende zur Verfügung steht – wenn ich das mal so sagen darf – und Sie letztendlich davon abhält, in die Stadt zu kommen, um einzukaufen. Wir wollen nämlich vieles anders machen, zum Beispiel Genuß – wir wollen Erlebnis schaffen. Das können wir nicht alleine. Die Städte haben mit uns zusammen einen Freizeitwert zu gestalten. Das ist ganz wichtig. Die Stadt muß wesentlich mehr sein. Sie muß mehr sein als Kino oder Theater. Sie muß mehr sein als nur Fußball und auch Einkauf. Es muß ein Gesamtkompositum werden, und die Vielseitigkeit – Professor Blum hatte vorhin von der Mannigfaltigkeit gesprochen – ist sicherlich das Wichtigste. Durch andere Öffnungszeiten, durch andere Lebensweisen. Immerhin arbeiten kontinuierlich 8 Millionen Menschen jeden Sonntag – kontinuierlich 8 Millionen. Deshalb ist hier auch eine Veränderung der Ladenschlußzeiten notwendig. Wir gehen davon aus, daß eine Veränderung der Ladenschlußzeiten in der Woche sowie auch am Wochenende, inklusive des Sonntages, die Möglichkeit bringen wird, die Innenstadt zu stärken. Denn, meine Damen und Herren, ein großer Vorteil Europas ist, daß wir vitale Innenstädte haben gegenüber den Vereinigten Staaten von Amerika. Das ist einer unserer ganz großen Vorteile – Innenstädte, nicht nur um zu arbeiten, sondern auch um zu wohnen und einzukaufen. Und diese Mixtur bringt natürlich Emotionen. Ich glaube, dies ist ein ganz großer Vorteil, den wir haben und weiter ausbauen sollten. Wir haben versucht, in Nordrhein Westfalen ein Projekt zu starten, das sehr gut angekommen ist. In zehn

Städten haben wir „Ab in die Mitte" gegründet. Wir arbeiten mit den Städten zusammen, um die Menschen wieder dort hinein zu bringen und Sie sehen hier die Stadt Brühl. Dort haben wir ein Event gestartet im September. Wir haben noch nie so viele Menschen in dieser mittelgoßen Stadt gehabt. In Brühl hatte der Einzelhandel noch nie einen so großen Erfolg. Und wir hatten am Sonntag zufriedene Verkäufer, und wir hatten zufriedene Kunden. Und Sie können sich nicht vorstellen, wie glücklich alle waren. Man hat sich nicht gegenseitig angemacht. Man hatte Zeit, um einzukaufen. Man war einfach eine große Familie in der Stadt. Man hat sich sehr wohl gefühlt. Und das war etwas, was alle sehr gefreut hat. Ich bedanke mich, daß Sie mir zugehört haben.

Ulrich Blum:

Eine neue phantastische Koalition aus Urbanität, Emotionen und Kundenbindung tut sich auf. Ich glaube, Herr Wensauer, Sie sind sicher als erster gefragt, noch einmal Stellung zu nehmen. Wie kann man sich eigentlich vorstellen – Herr Mandac hat ja diesen Punkt bereits angesprochen – daß möglicherweise aus dem öffentlichen Raum nicht genügend getan wird, um komplementär zur privaten Initiative den Einkauf wieder zu einem Erlebnis zu machen? Und wenn der andere, der komplementäre Teil fehlt, wird dann das ganze Ergebnis nicht so, wie es eigentlich wünschenswert erscheint?

Eberhard Wensauer:

Erstens finde ich, daß es ein sehr emotionaler Vortrag war. Ich fand es gut, daß ein offensichtlicher Zahlenmensch wie Herr Mandac etwas benutzt hat, das ich eigentlich auch benutze. Er hat seine Zahlen emotional verpackt. Und wenn er das nicht so gemacht hätte, wäre der Vortrag nicht so gut geworden. Zum anderen, was die Aktivitäten in den Städten und den Kommunen betrifft, so habe ich die Feststellung gemacht, daß man mit den Menschen auch reden kann. Nur macht man es nicht gern. Weil sie so steif sind, oder weil sie sich so steif geben oder weil sie Menschen sind, die einen solchen Job machen. Es ist sehr schwer, Bürgermeistern und Gemeinderäten klar zu machen, daß in so einer Stadt etwas passieren muß, weil sie anders denken.

Ulrich Blum:

Wie denken sie denn?

Eberhard Wensauer:

Sehr konservativ: „Werbung ist etwas, mit dem ich nichts anfangen kann. Emotionen sind etwas, das ich mir nicht leisten kann. Ich habe einen harten Job zu tun." Aber das eine hat mit dem anderen, finde ich, nichts zu tun. Die Zugänglichkeit zu solchen Kommunen ist deshalb schwierig, weil jemand wie ich sicherlich Schwierigkeiten hat, in einem Rathaus eine so emotionale Rede zu halten, wie ich sie hier halten konnte. Hier habe ich den Vorteil, daß Sie leise sein müssen, im Rathaus können die anderen etwas sagen. Das kommt natürlich auch dazu. Trotzdem meine ich, man sollte einfach mit der Kommune reden und versuchen, mehr Emotionen in die Stadt zu bekommen. Und darüber hinaus bin ich der Meinung, daß in der Stadt zu wenig passiert, daß die meisten Städte zugemacht werden. Sie können mit den Autos nicht mehr herein fahren. Aber das ist wichtig. Die Leute wollen schnell in die Innenstadt kommen, sie wollen auch gesehen werden. Und je mehr Sie eine Stadt zumachen, desto toter wird sie.

Ulrich Blum:

Wir haben in Amerika die Situation – Herr Mandac verwies darauf – daß die dortigen Städte nicht diese Urbanität besitzen. Viele Städte in Europa sind um dieser Urbanität willen berühmt und werden gerade deshalb besucht. Wenn Sie das analysieren, dann müßten Sie ja eigentlich sagen – Herr Loeb –, für diese Emotionalität haben die europäischen Städte eine ganz besondere Chance. Was würden Sie den Verantwortlichen aus amerikanischer Sicht eigentlich als Rezept geben, oder als Aufgabenzettel, der abzuarbeiten ist? Denn wir haben hier Potentiale – das haben sowohl Herr Mandac als auch gerade Herr Wensauer gesagt –, die in Amerika in vielen Städten gar nicht verfügbar sind, wenn man mal einige Solitäre ausnimmt.

Walter F. Loeb:

Als Amerikaner verstehe ich nicht, warum man nicht am Sonntag einkaufen kann. Als Amerikaner verstehe ich nicht, warum die Angestellten keine Namensschilder tragen. Denn sie haben Angst, sie können verklagt, anstatt vielleicht gelobt zu werden. Bei uns ist es so, daß jeder ein Namensschild trägt, identifiziert wird und damit auch öfter mal einen Brief bekommt, den wir einen „orchid-letter" nennen, einen Brief, der eine Anerkennung enthält. Als Amerikaner verstehe ich nicht, warum um 16.00 Uhr am Samstag geschlossen wird, wenn ich bis 19.00 Uhr mit meiner Familie einkaufen will, weil ich in dieser Zeit mit meiner Familie zusammen sein kann. Als Amerikaner verstehe ich nicht, warum nicht genug Parkplätze in der Innenstadt vorhanden sind, damit ich auch parken kann, wenn ich mit meinem Auto kommen möchte. Die Stadt hat hier also nicht genug getan, und es ist nicht selbstverständlich, daß es so weitergeht. Ich verstehe nicht, warum es nur zwei mal im Jahr Ausverkäufe gibt. Bei uns gibt es das während des ganzen Jahres. Dadurch ist unsere Ware immer aktuell. Das ist ein Unterschied zwischen dem, was ich hier sehe und dem, was ich von Amerika kenne. Und ich könnte noch viel mehr dazu sagen.

Ulrich Blum:

Amerika, du hast es besser?

Walter F. Loeb:

Leichter!

Ulrich Blum:

Leichter – das finde ich gut! Das beeindruckt mich. Wir müssen also Leichtigkeit schaffen! Herr Doktor Hipp, Sie sind ja auch ein politischer Mensch als Kammerpräsident. Sie müssen oft die politischen Interessen und die wirtschaftlichen Interessen austarieren. Das ist auch unter anderem die Aufgabe einer Kammer. Jetzt ist München eine Stadt, die durchaus Events und ähnliches zu bieten hat, aber auch diese Stadt hat ihre Schwierigkeiten. Sehen Sie neue Chancen auch für die kleineren und mittleren Unternehmen in einer Politik, wie sie Herr Mandac und wie sie Herr Wensauer gerade beschrieben hatte? Denn das ist eine Frage, die sich hier im Osten immer wieder stellt. Unser Staatsminister Schommer sagt immer, wir haben eine kleinteilige Wirtschaft. Und in dieser kleinteiligen Wirtschaft müssen möglicherweise ganz andere Chancen erst eröffnet werden. Sehen Sie, daß man hier mit einer solchen Strategie, indem man die Städte in einer public-private-partnership besser in Szene setzt, neue Potentiale entstehen können?

Claus Hipp:

Also, was die Öffnungszeiten der Geschäfte anbelangt, sind wir in unserer Kammer dafür, daß möglichst viel Freiheit geschaffen wird, daß jeder sein Geschäft offen hat, wann er glaubt, am meisten Umsatz machen zu können. Wir sind aber dafür, daß der Sonntag Sonntag bleibt und die Geschäfte am Sonntag geschlossen bleiben.

Ulrich Blum:

Da werden sich einige freuen und andere traurig sein. Aber das ist eine sehr starke Wertentscheidung. Und da lohnt es sich natürlich zu streiten. Ich habe noch eine Frage aus dem Publikum – Herr Budich.

Herbert Budich[5]:

Herr Wensauer, es war hier zu bemerken, daß Sie sehr zu Recht auf das Thema Emotionen und entsprechend kreative Umsetzung gesetzt haben. Daß das natürlich in Kopf und Bauch gleichermaßen hineingeht, hat sich dann durch die entsprechende Produktaussage immer wieder gezeigt. Aber es ist natürlich auch zu bemerken, daß, genau so, wie Produkte austauschbar geworden sind, werbliche Auftritte und werbliche Botschaften austauschbar geworden sind. Es gibt Produktfelder, bei denen weiß man nach dem dritten Spot schon nicht mehr, wer voneweg dran gewesen ist. Wo wird das seitens Ihrer Auftraggeber hingehen – welche Erwartungen werden diese künftig an Sie stellen? Und wie wollen Sie diese Trennschärfe wieder herstellen bzw. aufrecht erhalten?

Eberhard Wensauer:

Ja, das ist natürlich ein großes Problem, das Sie da ansprechen. Ich habe Ihnen vorhin die Zahl genannt, daß jedes Jahr 2 Millionen Spots entstehen. Ich denke, daß auch hier der Punkt greift, den ich vorhin erwähnt habe, nämlich daß wir eine Unverwechselbarkeit in der Marke schaffen müssen. Zunächst in der Angebotsform, in der Ausstattung. Hipp, zum Beispiel, ist einmalig in der Ausstattung und im Auftritt. Und wenn Sie das unbedingt haben möchten, macht es Ihnen überhaupt nichts aus, wenn ein zweiter auch Babykost bringt oder wenn eine weitere Biermarke auf die Welt kommt. Die Frage ist: Haben Sie ein trennscharfes Produkt? Haben Sie eine Kampagne oder eine Idee, die Ihr Produkt einmalig verkauft? Oder haben Sie es nicht? Wenn Sie es nicht haben, sind Sie „wischiwaschi". Und wenn sie „wischi-waschi" sind, haben Sie große Probleme. Das Problem wird größer, weil ohne Kommunikation einfach nichts läuft. Ohne Kommunikation gibt es keine Absätze. Und da wir immer mehr wollen, als wir schon haben, haben müssen, weil die Kosten steigen, müssen wir uns immer wieder etwas Neues einfallen lassen. So entsteht Internet, so entstehen neue Medien. Und diese neuen Medien müssen auch wieder gefüttert werden mit irgendwelchen Informationen, mit irgendwelchen Kampagnen. Aber was auch immer Sie tun, Sie müssen es so tun, daß Sie einmalig bleiben. Wenn Sie so sind wie die anderen, hat es überhaupt keinen Sinn. Deshalb auch hier: Die Chance für die Zukunft besteht darin, daß Sie etwas entwickeln, was Ihnen gehört, was in die Herzen der Menschen geht und was glaubwürdig ist. Und dann bleiben Sie bitte auch dabei. Während die anderen immer auf der Suche sind nach Neuem, sind Sie das Schiff, das seinen Weg fährt und werden dann sicher in einen guten Hafen kommen. Den Tip kann ich Ihnen nur geben.

---

[5] Herbert Budich, Anzeigen Generalvertretung Hannover, Axel-Springer-Verlag

Ulrich Blum:

Herzlichen Dank – Herr Mandac.

Lovro Mandac:

Ich möchte ganz kurz auf Herrn Hipp eingehen. Herr Hipp, natürlich ist Sonntag Sonntag. Und dann würde ich Sie bitten, alle Call-Center zu schließen. Sonntags darf nicht mehr im Versandhandel eingekauft werden. Und dann würde ich Sie bitten, daß die Bahnhöfe mit ihren Öffnungszeiten am Sonntag auch geschlossen werden. Denn die Wettbewerbsverzerrung ist schlicht und einfach nicht mehr hinzunehmen. Dann ich sehe keinen Grund, warum wir am Sonntag Essen gehen dürfen. Dieser arme Kellner wird von uns ausgebeutet, meine Damen und Herren. Wo ist der Unterschied zum Einzelhandel?

Ulrich Blum:

Im interkulturellen Vergleich kann man feststellen, daß in Israel diese Debatte ja zur Zeit auf das heftigste geführt wird. Ich möchte die ganze Runde hier noch einmal einsammeln mit einem abschließenden Statement. Und zwar möchte ich folgendes wissen: Wir sind hier in Dresden, in Ostdeutschland, und ich sagte schon, wir haben diese kleinteilige Wirtschaft. Was würden die Teilnehmer hier auf dem Podium dem ostdeutschen Mittelstand, aber auch den ostdeutschen Kommunen empfehlen, die Stadtpolitik, die regionale Wirtschaftspolitik betreffend? Bieten möglicherweise Emotion und Glaubwürdigkeit eine neue Chance für den Mittelstand, weil er dieses vor Ort inszenieren kann? Und ich möchte, nachdem Herr Wensauer heute der erste war, mit ihm beginnen und mit Ihnen, Herrn Mandac, schließen. Herr Wensauer, Sie haben das Wort!

Eberhard Wensauer:

Ich finde, das ist nicht eine Frage der Größe von Kommune oder Land- bzw. Stadtbevölkerung. Wenn jemand wirklich will, dann kann er das Problem auch lösen. Denn das ist kein ortsgebundenes Problem. Es ist der Mensch, der darin steckt. Der Mensch muß das Problem lösen. Wer auch immer es ist und wo auch immer er sitzt.

Ulrich Blum:

Ich nehme das zur Kenntnis. Ich bin einverstanden. Herr Arnold:

Ulli Arnold:

Ich denke, daß die Betriebsgröße schon eine Rolle spielt. Kleinere Unternehmen – zum Beispiel der Handwerksbereich, der ein großer Leistungsträger in unserer Gesellschaft ist, war schon immer mit Kundennähe als seinem wesentlichen Pfund erfolgreich. Der Mittelstand war immer nahe beim Kunden. Er hat Vertrauenspositionen aufbauen können. Der Klempner, der Einzelhändler an der Ecke, das Restaurant – was auch immer – wenn der Service zusagte, wenn die Leistung erbracht wurde. Und man sollte das wieder entdecken, um sich im Wettbewerb differenzieren zu können. Eines ist völlig richtig – und da möchte ich Herrn Wensauer auch sehr unterstützen: Unternehmen werden sich in der Zukunft auseinander entwickeln. Unternehmen, die sich differenzieren können, müssen entsprechende Emotionalitäten und Emotionalisierungen schaffen. Sie müssen sich einzigartig in der Weise machen, daß sie Profil haben, daß sie in unverwechselbarer Weise auch kommuniziert werden können, daß sie authentisch sind. Dies ist ein Vorteil von eigentümergeführten Unternehmen: Sie verkörpern Authentizität und Glaubwürdigkeit auch personell. Dies ist in großen Unternehmen wie etwa Daimler-Chrysler kaum zu erreichen. Ich weiß nicht, wie man noch Authentizität schaffen kann, wenn zwei unterschiedliche Marken zusammen kommen und sich gegenseitig möglicherweise negativ berühren. Wir haben einerseits eine Rückbesinnung auf glaubwürdige Kommunikation und andererseits ohne Zweifel eine Entwicklung hin zu Standardisierung: zu standardisierten Produkten, zu standardisierten Austauschprozessen. Dabei zählt, ob wir es wollen oder nicht – und hier bin ich ganz kontrovers zu der bisherigen Meinung – letztendlich der Preis. Kunden schauen, egal ob industrielle Käufer oder auch Konsumenten, nach dem Preis und nach dem Wert, den sie bekommen. Und wenn sie Güter billiger bekommen können, dann werden sie auch keine verklärten Kundenbindungen akzeptieren.

Ulrich Blum:

Herzlichen Dank – Herr Hipp!

Claus Hipp:

Ich sehe die Chance für den Mittelstand darin, daß er einmal das Personal gut und persönlich behandelt. Das wirkt sich dann auch auf den Kundenkontakt aus. Die Betreuung, die Zuwendung zum Kunden, der ins Geschäft kommt, ist ein großes Motiv dafür, daß man auch durchaus einmal in ein kleineres Geschäft geht, weil man da erkannt wird, sich nebenher unterhalten kann und man nicht das Problem hat, das z. B. unsere große Luftfahrtgesellschaft hat, die zwar Frequent-Traveller-Karten, Senator-Karten und alles mögliche anbieten kann, aber ein ganz massives Problem in der Personalführung hat. Wer Leute von dort kennt und weiß, wie es

da zugeht, der kann das nur unterschreiben, und da hat der Mittelstand eine
Chance, die er auch nutzen muß. Dann wird er erfolgreich sein.

Ulrich Blum:

Herzlichen Dank – Herr Loeb!

Walter F. Loeb:

Meiner Meinung nach sind die Zielgruppe für die Innenstädte im Osten wie auch
im Westen die jungen Leute, und in diesem Zusammenhang denke ich, daß die
Geschäfte in Europa veraltet sind – und ganz besonders in Deutschland. Das heißt,
daß sie zuwenig junge Orientierung besitzen, keine junge Zielgruppe, keine junge
Ware haben. Keine neuen, jungen Designer haben, die neue Ware entwickeln. Ich
bin der Meinung, daß in vielen Fällen der junge Kunde dominieren wird, der ältere
Kunde dagegen will jünger sein und würde auch jüngere Ware kaufen.

Das Internet ist wichtig für die jungen Kunden. In Amerika erwarten wir, daß dieses Jahr 20 Milliarden Umsatz durch das Internet kommen. Bis zu 40 Prozent davon oder 8 Milliarden werden durch den Verkauf von Computern umgesetzt.
Auch das ist „jung“. Auch die Entwicklung der Städte sollte diese Orientierung
haben.

Ulrich Blum:

Herr Mandac.

Lovro Mandac:

Also, ich möchte nicht differenzieren zwischen Mittelstand und Stadt, sondern die
Stadt als Gesamtheit hier hineinnehmen. Es wurde gerade von den kleinen Hand-
werksbetrieben gesprochen. Natürlich gehören die Großen, die das Gesamtbild der
Stadt ausmachen, genauso dazu. Aber ich möchte jeder ostdeutschen Stadt wirklich ans Herz legen, daß Stadtmarketing das ist, was wir brauchen – und das professionell! Die Städte sollten sich mit dem Handel, mit allen Handwerkern und
auch mit der Industrie zusammen überlegen, wie wir das finanzieren können, wie
wir das professionell herüber bringen können, was wir eigentlich sind und was wir
darstellen. Wo ist der Freizeitwert, wenn wir ihn denn überhaupt haben? Was
bieten wir den Besuchern, welche Zentralität können wir damit schaffen? Das ist
das ganz Wesentliche! Das steckt noch zu sehr in den Kinderschuhen. Und ich
wünsche mir eigentlich, daß jede Stadt in Ostdeutschland noch im Jahre 2000 zu
der Idee kommt, ein Stadtmarketing einzusetzen. Vielen Dank.

Ulrich Blum:

Ja, sehr geehrte Damen und Herren, ich bedanke mich ganz herzlich bei den Podiumsteilnehmern für die Diskussion und nochmals bei Herrn Wensauer für den Vortrag.

Teil II

Wissenschaftlicher Teil

Standort Deutschland – langfristige Standortschwächen müssen schnell behoben werden

Thomas Gries[1]*:*

1 Ausgangslage

Die aktuell relativ günstige Weltkonjunktur und der Exporterfolg der vergangenen Jahre wird als Hinweis dafür gedeutet, daß sich die internationale Wettbewerbsfähigkeit Deutschlands inzwischen deutlich verbessert hat. Diese Interpretation verkennt die Langfristigkeit des Problems. Die internationale Wettbewerbsfähigkeit eines Landes wird von dessen langfristigen Potentialen bestimmt. Sie wird über lange Zeiträume aufgebaut und wird – wenn sie sich verschlechtert – auch nur schleichend zurückgehen. Wird eine langfristige Strategieentwicklung verpaßt, kann Deutschland mit ehemals hoher Wettbewerbsfähigkeit sicherlich noch einige Zeit von seiner Substanz leben. Bei Abschwächung der kurzfristig günstigen Weltkonjunktur werden jedoch die nach wie vor vorhandenen Probleme wieder um so schmerzhafter sichtbar.

Verheerend ist daher, daß die politische Diskussion zum Standort Deutschland kaum aus einer langfristigen und gesamtgesellschaftlichen Perspektive geführt wird. Wichtige gesellschaftliche Gruppen, wie die Unternehmensverbände und Gewerkschaften, dominieren mit ihren interessengebundenen Sichtweisen die Diskussion. Auch die häufig herangezogenen Indikatoren zur scheinbaren Messung der internationalen Wettbewerbsfähigkeit wie reale Wechselkurse, Leistungsbilanzergebnisse, Direktinvestitionen oder Lohnstückkosten sind beliebig interessengebunden interpretierbar. Die Politik selbst, die eigentlich eine gesamtgesellschaftliche langfristige Perspektive einnehmen sollte, folgt, je nach ideologischem Standpunkt, der Argumentation der einen oder anderen Interessenvertretung. Die Sichtweisen der Interessengruppen spiegeln zwar wichtige Elemente der internationalen Wettbewerbsfähigkeit Deutschlands wider, es sind jedoch immer nur Teilaspekte, die den Teilzielen der Interessengruppen dienen.

---

[1] Prof. Dr. Thomas Gries, Universität Gesamthochschule Paderborn, Fachbereich 5 – Wirtschaftswissenschaften – Volkswirtschaftslehre – Internationale Wirtschaftsbeziehungen, Träger des Otto-Beisheim-Förderpreises 1999 für Freie Wissenschaftliche Arbeiten

Das wirtschaftspolitische Problem lautet: Wie sollen in Deutschland, dessen Unternehmen im internationalen Wettbewerb erfolgreich sein müssen, die institutionellen Arrangements und Standortfaktoren gestaltet werden, damit funktionierende Märkte ein Höchstmaß an Wohlstand erzeugen? Wie können Vollbeschäftigung und ein hohes Lohn- und Einkommensniveau, eine gerechte Einkommensstruktur und der Erhalt kultureller und gesellschaftlicher Werte durch richtig gesetzte Rahmenbedingungen ermöglicht werden? Die Teilziele der Interessengruppen wie die Verbesserung der Gewinnlage der Unternehmen oder die Lohnsituation der Beschäftigten greifen zu kurz.

Um das Standort-Deutschland-Problem zu lösen, müssen die Funktionsweisen des internationalen Wettbewerbs und seine dynamischen Veränderungen beachtet werden. Die Mechanismen des globalisierten Wettbewerbs führen aus wirtschaftstheoretischer, sowie empirischer Sicht für Deutschland zu einem sehr einfachen Ergebnis: Deutsche Unternehmen können im Preiswettbewerb internationale Wettbewerbsvorteile nur bei technologie- und humankapitalintensiven Produkten und Branchen realisieren. Auch im Innovationswettbewerb, der charakteristisch für den Wettbewerb zwischen den Industrieländern ist, können nur erstklassige technologische Fähigkeiten in Verbindung mit qualifiziertem Humankapital[2] die noch bestehenden Wettbewerbsvorteile sichern. Durch die rasanten Aufholprozesse der Schwellenländer Asiens und Lateinamerikas (Abbildung 1) und deren massiven Investitionen in ihre geistige und physische Infrastruktur werden nicht nur die bestehenden Wettbewerbsvorteile deutscher Unternehmen auch in humankapitalintensiven Bereichen kleiner, sondern der Innovationswettbewerb wird ebenfalls durch beschleunigte Innovationszyklen härter.

---

[2] Qualifiziertes Humankapital bedeutet eine hervorragende Bildung und Ausbildung in allen erforderlichen Differenzierungen. Das heißt, Humankapital steht für die Fähigkeit der Menschen, die vorhandene Technik effizient einzusetzen und neue Technologien zu entwickeln.

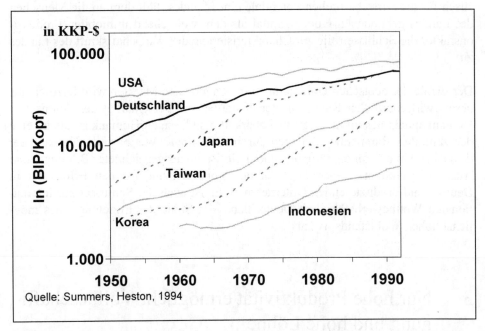

Abbildung 1: Internationale Wachstums- und Aufholprozesse; Entwicklung des Bruttoinlandspro-
duktes/Kopf: Die Graphik zeigt den Aufholprozeß des globalen Wachstums. In der ersten Phase
wachsen die Länder von anfangs niedrigem Niveau sehr schnell. Dadurch entsteht der Eindruck,
diese Länder könnten die vom Niveau her führenden USA in voraussehbarer Zeit überholen. Da
sich der Aufholprozeß in der zweiten Phase jedoch verlangsamt, gleicht sich das langfristige Niveau nur dem US-Amerikanischen an. Während in den 50er und 60er Jahren die aufholenden Länder die europäischen Länder waren, waren dieses in den 70er und 80er Jahren vor allem die asiati-
schen Länder.

2 Exzellentes Humankapital ist Voraussetzung für die Innovationskraft Deutschlands

In der oben charakterisierten Wettbewerbssituation ist damit der Erhalt des Vorsprungs in der Erzeugungsfähigkeit von und des Umgangs mit den neuesten Technologien zentraler Wettbewerbsfaktor. Voraussetzung – sowohl für die Innovationskraft Deutschlands als auch für die genauso wichtige Fähigkeit des Umgangs
mit neuester Technologie – ist exzellentes Humankapital, also eine hervorragende
Bildung und Ausbildung, in allen erforderlichen Differenzierungen. In einer Welt,
in der Realkapital international absolut mobil ist und damit nicht mehr charakteri-

stisch für die wirtschaftlichen Potentiale eines Landes, fällt dem an die Menschen des Landes gebundenen Humankapital als dem weitgehend immobilen Produktionsfaktor die Schlüsselrolle zur Charakterisierung der Wirtschaftskraft des Landes zu.

Der Erfolg der deutschen Unternehmen in den globalen Märkten wird letztlich aus gesamtwirtschaftlicher Sicht von der Quantität und der Qualität des heimischen Humankapitals bestimmt. Die Verfügbarkeit erstklassigen Humankapitals ist eine der zentralen Rahmenbedingungen für internationale Wettbewerbsfähigkeit der deutschen Unternehmen. Grundlegend dafür ist ein ausgezeichnetes Bildungs- und Ausbildungssystem. Dieses ist nicht nur Voraussetzung für den Erfolg der in Deutschland produzierenden Unternehmen. Es ist auch der Schlüssel zur internationalen Wettbewerbsfähigkeit Deutschlands im Sinne der Erzielung eines möglichst hohen Wohlstandsniveaus.

3   Nur hohe Produktivität ermöglicht Vollbeschäftigung und hohe Löhne

Wohlstand entsteht durch Wettbewerbsfähigkeit, Vollbeschäftigung und ein hohes Lohnniveau, denn ca. 90% der Erwerbstätigen erzielen ihr Einkommen als abhängig Beschäftigte. Ein niedriges Lohnniveau bedeutet daher direkt einen Wohlstandsrückgang der großen Masse der Bevölkerung. Wettbewerbsfähigkeit und hohe Lohneinkommen lassen sich jedoch nur durch eine entsprechende Produktivität erzielen. Vor allem die Arbeitslosigkeit ist ein direktes Ergebnis mangelnder Produktivität. Andauernde Unterbeschäftigung heißt, daß die Produktivität der Arbeitslosen nicht ausreicht, um die daraus entstehenden Güter international verkaufen zu können. Arbeitslosigkeit und der daraus entstehende Lohndruck ist also nicht das Problem der nicht wettbewerbsfähigen deutschen Unternehmen – wie häufig argumentiert wird – es ist das Problem der zum Teil nicht wettbewerbsfähigen deutschen Arbeitskräfte. Die meisten öffentlich diskutierten Anpassungsstrategien zur Lösung der Beschäftigungsprobleme basieren auf einem einfachen Preismechanismus. Demnach, so die gängige Argumentation, wird die Einstellung zusätzlicher Arbeitskräfte dadurch verhindert, daß die zu zahlenden Löhne höher sind als deren erzielbare Produktivität. Neueinstellungen finden deshalb nicht statt. Die Empfehlung dieses Ansatzes ist daher eine Lohnsenkung, um Arbeitskräfte auch mit niedrigerer Produktivität für die Arbeitgeber wieder attraktiv zu machen. Dieser Vorschlag entspricht der klassischen Lösung eines Marktungleichgewichtes, indem die Löhne an die Produktivität der Beschäftigten angepaßt werden. Die Preise (in diesem Fall die Löhne) müssen sich solange anpassen, bis ein Marktausgleich erzielt ist.

Aber auch eine andere Strategie führt zu einem Marktgleichgewicht und zu weniger Arbeitslosigkeit. Diese andere Strategie nimmt die Produktivität nicht als gegeben hin, sondern sieht sie als beeinflußbar. Damit wird eine Lohnsenkung unnötig, wenn stattdessen die Produktivität erhöht wird. Entspricht, bzw. übersteigt die Produktivität der Arbeitslosen die gegebenen Löhne, werden diese für die Unternehmen wieder interessant. Eine Produktivitätserhöhung kann aber nur dann entstehen, wenn sich das Humankapital der bisher Arbeitslosen erhöht. Soll sich die potentielle Produktivität der Arbeitsuchenden erhöhen, und somit bei den gegebenen Löhnen zu Einstellungen führen, sind Investitionen in deren Humankapital unumgänglich.

Mit dieser Argumentation wird erneut deutlich, wie bedeutend die Humankapitalbildung nicht nur für den Abbau der Arbeitslosigkeit ist, sondern auch für die Erzielung eines hohen Einkommensniveaus. Humankapitalbildung führt zu einer höheren Produktivität, die wiederum mehr Beschäftigung und gleichzeitig höhere Einkommen ermöglicht. Humankapitalbildung ist eine Voraussetzung für eine Verbesserung der internationalen Wettbewerbsfähigkeit der Arbeit, insbesondere da die deutschen Löhne im internationalen Vergleich hoch sind.

Eine Anhebung der Produktivität der Arbeit in allen Segmenten des Arbeitsmarktes und eine Anpassung an die erforderlichen Strukturen ist daher eine Lösung, die nicht nur langfristig zur Vollbeschäftigung führen wird, sondern zusätzlich sogar ein hohes Lohn- und Einkommensniveau sichern kann. Wie bei den Unternehmen ist auch bei der internationalen Wettbewerbsfähigkeit der Arbeit das Humankapital der Menschen Schlüssel zur Produktivitätssteigerung und damit zu mehr Wettbewerbsfähigkeit. Der Struktur nach richtig und gut ausgebildete Arbeitskräfte besitzen die produktiven Fähigkeiten, um in innovativen Unternehmen Produkte zu erstellen, die nicht nur Absatz auf dem Weltmarkt finden, sondern zudem auch hohe Preise erzielen. Humankapital erzielt also durch hohe Produktivität eine hohe Wettbewerbsfähigkeit im gesamtgesellschaftlichen Sinn.

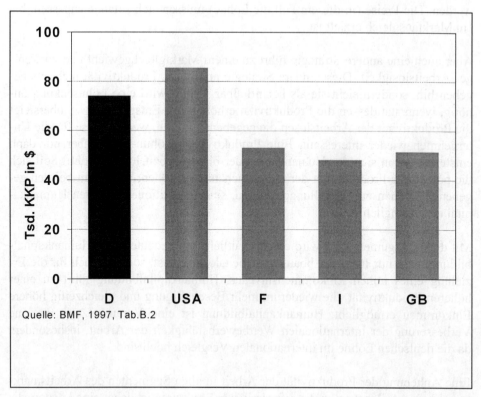

Quelle: BMF, 1997, Tab.B.2

Abbildung 2: Durchschnittliche Humankapitalausstattung eines 25-64jährigen im internationalen Vergleich (gemessen in Kaufkraftparitäten-$ (KKP in $)): Die durchschnittliche Humankapitalausstattung deutscher Arbeitskräfte ist derzeit noch gut. Der Wohlstand in Deutschland wird im wesentlichen durch diese hohe Humankapitalausstattung ermöglicht.

4   Investitionen im Bildungs- und Ausbildungsbereich

Erstklassiges Humankapital mit den daraus resultierenden Produktiv- und Innovationsfähigkeiten der Menschen ist aus gesamtwirtschaftlicher langfristiger Sicht Standortfaktor Nummer 1 eines Landes. Es ist daher um so dramatischer, daß bei Auswertung des internationalen empirischen Materials zu Humankapital und zur Technologiefähigkeit der OECD-Länder Deutschland ein erschreckendes Bild abgibt. Deutschland hat zwar traditionell eine gute Ausgangsposition (Abbildung 2) – sowohl in den geschätzten Humankapitalbeständen als auch in der technologischen Leistungsfähigkeit –, die Entwicklung der jüngeren Vergangenheit ist jedoch dramatisch. Fehlende Investitionen in das Bildungs- und Ausbildungssystem zeigen deutlich, daß Deutschland von seiner Substanz zehrt.

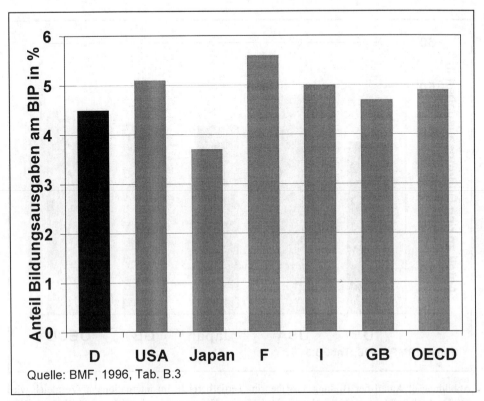

Abbildung 3: Anteil der Bildungsausgaben im internationalen Vergleich, bezogen auf das Jahr 1993: Auch bei den gesamten Bildungsausgaben nimmt Deutschland im internationalen Vergleich eine schlechte Position ein. Dies ist um so gravierender, als die Humankapitalausstattung zentraler Faktor für Deutschlands internationale Wettbewerbsfähigkeit ist.

Mit einem Anteil der Bildungsausgaben von knapp 4,5% des BIP liegt Deutschland klar hinter den USA mit 5,1% oder Frankreich mit 5,6%. Gleiches gilt auch für den Vergleich mit Italien und Großbritannien. Deutschland kann nicht einmal mit dem Durchschnitt der anderen Industrieländer mithalten. Im internationalen Vergleich liegt Deutschland mit dieser schwachen Bildungsinvestitionstätigkeit klar unter dem Durchschnitt der OECD-Länder (Abbildung 3).

Die Bedeutung von Humankapital wird von der Politik nicht erkannt. Die Politik sieht daher auch keinen Anlaß, die wesentlichen Zukunftsstrategien an diesem

Faktor auszurichten. Deutschland lebt von der Substanz des Bildungs- und Ausbildungssystems und hat großes Glück, daß dieses Bildungs- und Ausbildungssystem vor 40 Jahren einmal zukunftsweisend war. Eine zukunftsweisende Strategieentwicklung ist momentan nicht zu erkennen.

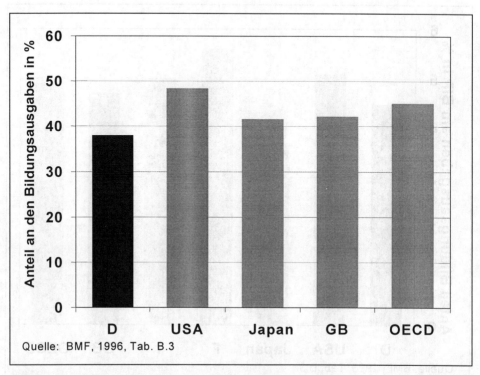

Quelle: BMF, 1996, Tab. B.3

Abbildung 4: Anteil der Bildungsausgaben im Tertiärbereich: Im internationalen Vergleich wird
das Hochschulsystem in Deutschland vernachlässigt. Dieses zeigt sich an dem Ausgabenanteil für
das Hochschulsystem, welcher deutlich unter dem internationalen Durchschnitt liegt. In Deutschland werden nur etwa 40% der gesamten Bildungsausgaben in den Tertiärbereich investiert, während in den USA dieser Anteil fast 50 % beträgt.

Die Investionsschwäche gilt nicht nur, aber vor allem in Bereichen, die für die
wichtige Innovationsfähigkeit entscheidende Bedeutung haben – wie den Hochschulen. Hier nimmt Deutschland im OECD-Vergleich hintere Plätze ein. Am
Ausgabenanteil für das Hochschulsystem zeigt sich, daß Deutschland deutlich
unter dem internationalen Durchschnitt liegt. In Deutschland werden nur etwa
40% der gesamten Bildungsausgaben in den Tertiärbereich investiert, während in
den USA dieser Anteil fast 50 % beträgt (Abbildung 4).

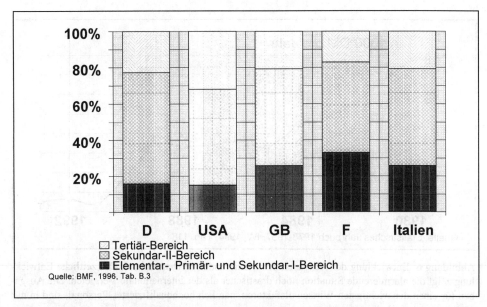

Abbildung 5: Anteile von Absolventen in verschiedenen Ausbildungsniveaus: Der Anteil im Se-
kundar- und Tertiärbereich zusammen ist in den USA und Deutschland nahezu gleich groß. Jedoch
werden in Deutschland nur ca. 20% im Tertiärbereich ausgebildet, während dieser Anteil in den
USA bei über 30% liegt.

Neben den gesunkenen Bildungsausgaben geben auch die Absolventenzahlen eine
Vernachlässigung des Tertiärbereichs in Deutschland wieder. Wie in Abbildung 5
erkennbar, wird in den USA mit über 30% aller Ausgebildeten im Tertiärbereich
wesentlich mehr Wert auf ein hohes Ausbildungsniveau gelegt als in Deutschland,
wo der Anteil nur bei knapp über 20% liegt. Der Anteil im Sekundar- und Tertiärbereich zusammen ist jedoch in beiden Ländern nahezu gleich groß. Der Unterschied zwischen Deutschland und den USA ist also im wesentlichen die höhere
Qualifikation einer relativ breiten Bevölkerungsschicht in den USA. Bei diesem
Vergleich darf allerdings nicht vernachlässigt werden, daß die amerikanische Aus-
bildungsdauer im Tertiärbereich mit 3 ½ Jahren etwa halb so lang ist, wie die in
Deutschland mit ca. 6 ½ Jahren. Entsprechend ließe sich annehmen, daß das
durchschnittliche Niveau des Tertiärbereichs in Deutschland etwas höher liegt,
wobei aber auch gleichzeitig die Studienintensität in Deutschland pro Jahr deutlich geringer ist.

Auch im Zeitverlauf der letzten 20 Jahre hat die wissenschaftliche Ausbildung
immer mehr an Bedeutung verloren. Abbildung 6 zeigt den drastischen Rückgang
der Ausgaben für die Hochschulen pro Studierenden: In nur 13 Jahren haben sich
die Ausgaben fast halbiert.

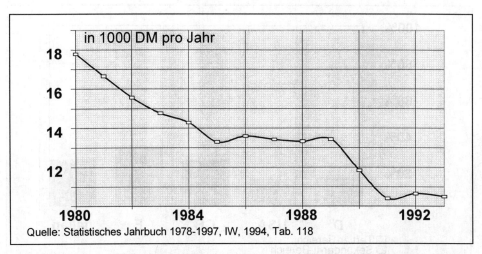

Abbildung 6: Entwicklung der Ausgaben pro Studierenden in Deutschland: Die zeitliche Entwicklung zeigt die alarmierende Situation noch drastischer als der internationale Vergleich. Die Ausgaben für einen der wichtigsten Wirtschaftsfaktoren, nämlich hochqualifiziertes Personal, sind in nur
13 Jahren nahezu halbiert worden.

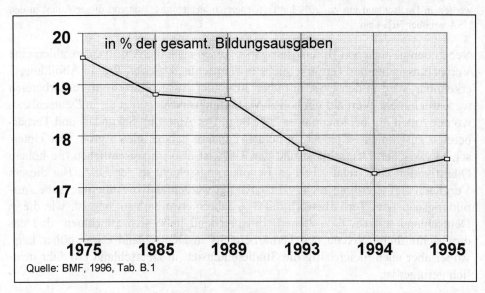

Abbildung 7: Bedeutung des Hochschulsystems im Vergleich zu anderen Bildungsbereichen: Der
Anteil des Hochschulsystems an den gesamten Bildungsausgaben ist von 19,5% auf 17,5%
gesunken. Diese Entwicklung verdeutlicht die politische Vernachlässigung der Ausbildung des
Forschungsnachwuchses.

Auch bei der Betrachtung der Ausgabenstruktur wird deutlich, daß das Hochschulsystem mit seiner wissenschaftlichen Ausbildung relativ zum allgemeinen Schulsystem immer stärker vernachlässigt wurde. Betrug der Ausgabenanteil für Hochschulen 1975 noch 19,5%, so ist er bis 1995 schon auf 17,5% geschrumpft (Abbildung 7).

5 Entkopplung des Bildungssystems von den wirtschaftlichen Erfordernissen

Hinzu kommt die nicht erkennbare Reformfähigkeit des Bildungssystems. Struktur und Inhalte unseres Bildungssystems sind nicht kontinuierlich den sich verändernden wirtschaftlichen Anforderungen angepaßt worden. Dies wird bereits an den Schulen mehr als deutlich. Unabhängig vom Schultyp hat der zukunftsorientierte Umgang mit modernen Informationstechnologien noch kaum Einzug in die Klassenzimmer gefunden. Die Internet Host Intensität der USA ist 4,5 mal höher und die der Niederlande mehr als doppelt so hoch wie in Deutschland. Für Deutschland als Dienstleistungswirtschaft, die wir schon jetzt in den globalen Märkten sind, wird die universelle Kommunikationsfähigkeit durch Informationstechnologien und Mehrsprachigkeit einen ähnlich grundlegenden Stellenwert für den wirtschaftlichen Erfolg einnehmen, wie zur letzten Jahrhundertwende die Alphabetisierung. Die mangelnde Investitionsbereitschaft des Staates in eine flächendeckende Ausstattung der wichtigsten Schultypen mit modernen Informationstechnologien – und vor allem mit den dazugehörigen Lehrkräften – hat die Wettbewerbsfähigkeit Deutschlands schon jetzt wesentlich geschwächt.

Die Entkopplung des Bildungs- und Ausbildungssystems von den wirtschaftlichen Erfordernissen ist aber nicht nur in den Schulen deutlich erkennbar. Auch das Ausbildungssystem genügt den Anforderungen nicht. Während Deutschland am Ende dieses Jahrhunderts mit einem Anteil von fast 70% aller Arbeitsplätze in diesem Bereich ein Dienstleistungsland ist, hat die Ausbildung immer noch die Struktur eines klassischen Industrielandes wie zu Beginn des Jahrhunderts. Mit ca. 60% aller Ausbildungen in Fertigungsberufen und nur 35% in Dienstleistungsberufen drehen sich die Verhältnisse von Angebots- und Bedarfsstruktur geradezu um. Der „Mismatch" in der Struktur programmiert schon während der Ausbildung zukünftige strukturelle Arbeitslosigkeit vor. Diese Fehlentwicklung wird noch drastischer bei männlichen Auszubildenden. Ganze 15% der männlichen Auszubildenden erwerben Abschlüsse in Dienstleistungsberufen. Das Resultat ist erhöhter Lohndruck in den Fertigungsberufen mit sinkenden Einkommen – oder der

Weg direkt in die Arbeitslosigkeit. Während das Ausbildungssystem eigentlich Motor für zukunftsweisende Qualifikationen in zukünftigen Märkten sein sollte, ist es in Deutschland heute durch das Fehlen eines vorausschauenden bildungspolitischen Managements nicht einmal mehr in der Lage, den Anforderungen bereits lange vollzogener Entwicklungen der Märkte nachzukommen.

6   Fehlen eines berufsbegleitenden Ausbildungssystems

Die Mängel des Ausbildungssystems werden durch das Fehlen eines systematischen berufsbegleitenden Bildungssystems nach der Ausbildung noch verstärkt. Die Arbeitskräfte haben kaum Chancen, sich an die technischen Neuerungen anzupassen. Im privaten Sektor wurde die Notwendigkeit zur berufsbegleitenden Weiterbildung schon immer gesehen, deshalb haben viele der großen Unternehmen Systeme zur Mitarbeiterfortbildung eingeführt. Über 70% der Beschäftigten sind jedoch in kleinen und mittelständischen Unternehmen (unter 1000 Beschäftigten) tätig, welche mit solchen hauseigenen Bildungssystemen überfordert sind. Obwohl auch für diese Beschäftigten ein dringender Bedarf für Weiterbildungen in den neuen Technologien besteht, fehlen dem deutschen Bildungssystem sowohl die Organisation als auch die Ressourcen, dem Fort- und Weiterbildungsbedarf systematisch nachzukommen. Der Forderung nach „lebenslangem Lernen" wird durch das Fehlen eines systematisch organisierten Weiterbildungssystems nicht entsprochen.

Welche Wirkung das Fehlen eines solchen Systems bereits heute auf den Arbeitsmarkt hat, ist an der spezifischen Arbeitslosigkeit bzw. Arbeitsmarktteilnahme der verschiedenen Altersjahrgänge der Erwerbspersonen abzulesen. Der Beschäftigungsanteil, der bei den 45- bis 50jährigen Männern noch bei 90% liegt, sinkt bei den 55- bis 60jährigen auf ca. 70% und bei den 60- bis 65jährigen sogar unter 30%. In anderen Worten, schon ab 55 Jahren verabschieden sich mit steigender Tendenz, aufgrund von gesundheitlicher oder technologischer Überforderung, große Teile der Erwerbstätigen aus dem Arbeitsprozeß in die Arbeitslosigkeit oder in die sozialen Sicherungssysteme. Die stark alternde deutsche Bevölkerungsstruktur erlaubt kein Fortschreiten dieser Entwicklung, da andernfalls die sozialen Sicherungssysteme in einigen Jahren zerbersten werden. Die Wettbewerbsfähigkeit auch der älteren Arbeitskräfte läßt sich nur durch ein systematisches berufsbegleitendes Bildungssystem aufrechterhalten. Eine solches Bildungssystem kann das frühe Ausscheiden in die Sozialsysteme bremsen und wäre damit sowohl für die Betroffenen besser, als auch für die Gesellschaft kostengünstiger.

Auf die ständige Veränderung der Anforderungsprofile muß mit der Entwicklung neuer Bildungsstrategien reagiert werden. Wenn nicht in Kürze entscheidende Reformen eingeleitet werden, ist der Standort Deutschland tatsächlich stark gefährdet. Die Strategien, die vor 40 Jahren entwickelt wurden und noch zu dem heutigen – faktisch vorhandenen – Erfolg beitragen, müssen reformiert werden, damit auch in Zukunft ein ausreichendes Humankapitalniveau und die erforderliche Humankapitalstruktur in Deutschland vorliegt. Die hohe Wettbewerbsfähigkeit und damit das hohe Wohlstandsniveau des Standortes Deutschland kann nur so auch für die Zukunft Bestand haben.

Trotz seiner Schlüsselfunktion spielt der zentrale Standortfaktor Humankapital in der öffentlichen Diskussion wie in der Politikgestaltung von Bund und Ländern praktisch keine Rolle. Die in der öffentlichen Diskussion als wichtig wahrgenommenen Prozentpunkteveränderungen von Sozialabgaben oder Grenzsteuersätzen sind für die langfristige Wettbewerbsposition Deutschlands, verglichen mit den Defiziten bei Humankapital- und Forschungsinvestitionen, nahezu unbedeutend. Dieses Versäumnis wird sich nicht kurz- aber mittelfristig verheerend auf die wirtschaftliche Situation in Deutschland auswirken.

7   Rückgang der Forschungsaktivitäten beim Staat

Das Engagement des Staates für F&E-Aktivitäten und Wissenschaftsförderung ist ebenfalls deutlich zurückgegangen. Im Universitätssystem und in den quasi staatlichen Forschungsinstitutionen erwerben und entwickeln die Wissenschaftler die Kenntnisse und Methodiken, die später durch den Wechsel in die private Wirtschaft den Unternehmen zur Verfügung stehen. Die wissenschaftlichen Fähigkeiten des öffentlichen Forschungssystems sind der „Rohstoff" für die privaten F&E-Aktivitäten.

Abbildung 8 deckt den Rückgang des staatlichen Anteils der Ausgaben für Forschungs- und Entwicklungstätigkeiten gegenüber den Unternehmensausgaben für diese Aktivitäten in den letzten 20 Jahren deutlich auf. Dies ist besonders schwerwiegend, da staatliche Forschungsaktivitäten als Grundlagenforschung häufig komplementär zur angewandten Forschungs- und Entwicklungstätigkeit der Unternehmen sind. Wenn diese staatliche Grundlagenforschung begrenzt ist, verkleinert sich die Basis für die angewandte Forschungstätigkeit der Unternehmen und damit deren potentieller Erfolg. Noch wichtiger ist aber, daß die private Wirtschaft auf den Pool der staatlich ausgebildeten und forschungserfahrenen Wissenschaftler zurückgreifen kann. Innovationstätigkeiten in der Spitzentechnologie werden häufig von Personen angetrieben, die Forschungserfahrungen im Universitätssystem oder in den quasi öffentlichen Forschungsinstituten (z. B. Max-Planck-Gesellschaft oder Frauenhofer Institute) sammeln konnten. Die Qualität und Quantität der öffentlichen Forschung wird jedoch direkt von der finanziellen Ausstattung der Universitäten und Forschungsinstitutionen beeinflußt. Doch genau diese finanzielle Ausstattung ist in Deutschland deutlich schlechter als in den USA.

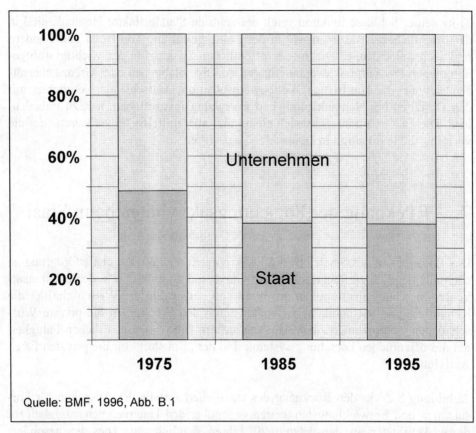

Quelle: BMF, 1996, Abb. B.1

Abbildung 8: Ausgaben für Forschungsaktivitäten von Staat und Unternehmen: 1975 hat der Staat etwa die Hälfte der Forschungsinvestitionen beigetragen. Bis 1995 ist dieser staatliche Anteil unter 40% gefallen. Damit läßt sich nicht mehr behaupten, daß der Staat sich angemessen an den Zukunftsinvestitionen „Forschung" beteiligt.

8 Rückgang der Forschungsaktivitäten bei den Unternehmen

Nicht nur der Staat hat seine Forschungsaufgaben vernachlässigt, auch die Unternehmen sind dabei, ihre Forschungsaktivitäten einzuschränken. Abbildung 9 zeigt den massiven Rückgang der Forschungsaktivitäten deutscher Unternehmen im internationalen Vergleich. Der in den 80er Jahren entstandene Vorsprung gegenüber den USA und Japan ist seit den 90er Jahren einer Drittrangigkeit gewichen. Inzwischen machen sowohl amerikanische als auch japanische Unternehmen größere Forschungs- und Entwicklungsanstrengungen als deutsche Unternehmen.

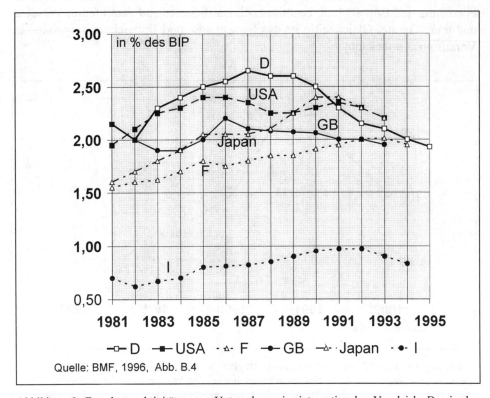

Abbildung 9: Forschungsaktivitäten von Unternehmen im internationalen Vergleich: Der in den 80er Jahren noch vorhandene Vorsprung Deutschlands ist seit den 90er Jahren einer Drittrangigkeit gewichen. Deutsche Unternehmen erreichen nicht mehr die Forschungs- und Entwicklungsanstrengungen amerikanischer und japanischer Unternehmen.

Zusätzlich gibt es seit Beginn der 90er Jahre eine allgemeine Investitionsschwäche bei Unternehmen, die in forschungs- und entwicklungsintensiven Branchen tätig sind. Dies bewirkt eine Verlangsamung der technologischen Erneuerung, da nur durch Neuinvestitionen die in den Kapitalgütern eingebauten neuen Technologien in den Produktionsprozeß gelangen. Abbildung 10 zeigt diesen massiven Rückgang der Investitionstätigkeit in F&E-intensiven Unternehmen.

Eine Umfrage nach den Gründen dieser Innovationszurückhaltung ergab folgendes Bild: Die wichtigsten Hemmnisse für die Durchführung von Innovationen sind (i) die sehr hohen Innovationskosten bei gleichzeitig fehlendem Eigenkapital, (ii) die Angst vor schneller Imitation bei langen Amortisationszeiten und (iii) die allgemeinen hohen Risiken, die mit Innovationsinvestitionen verbunden sind. Diese drei Aspekte ergeben genau die typischen Merkmale von Innovationsinvestitionen. Forschung und Entwicklung benötigt hochqualifiziertes und damit teures Personal und teure Geräte. Gleichzeitig ist das Forschungs- und Entwicklungsergebnis im Voraus noch unbekannt.

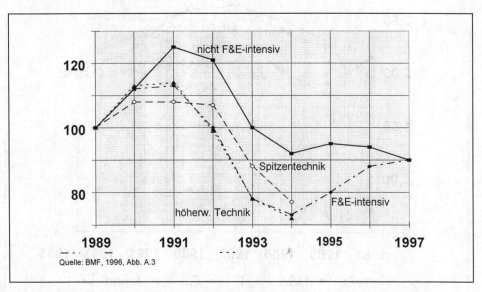

Quelle: BMF, 1996, Abb. A.3

Abbildung 10: Entwicklung der Investitionstätigkeit in technologieintensiven Branchen: Neue Technologien können nur durch Neuinvestitionen in die Produktionsprozesse eingebunden werden. Daher folgt aus einem massiven Rückgang der Investitionstätigkeit technologieintensiver Branchen eine Verlangsamung des Innovationstempos.

Zu diesem hohen sogenannten Realisationsrisiko gesellt sich ein hohes Marktrisiko, daß die entstandene Erfindung tatsächlich auf dem Markt erfolgreich ist. Für solche hohen und riskanten Investitionsausgaben ist die Fremdkapitalfinanzierung ungeeignet, da mit ihr Verpflichtungen eingegangen werden, die bei einem möglichen Mißerfolg nicht eingehalten werden können. Daher werden Forschungsinvestitionen überwiegend aus Eigenkapital und damit aus dem Gewinn durchgeführt. Die erzielten Gewinne aus den Innovationstätigkeiten der Vergangenheit werden durch den verstärkten Innovationswettbewerb auf den globalen Märkten jedoch immer kleiner. Dem Management erwächst hieraus ein massiver Interessenkonflikt. Dieser mündet in zwei Strategiealternativen:

Die erste Strategie ist an der langfristigen Unternehmenssubstanz orientiert. Bei dieser Strategie stellt sich das Management aktiv dem verschärften Innovationswettbewerb. Die vorhandenen Eigenkapitalmittel aus den Gewinnen werden genutzt, um den technologischen Kapitalstock des Unternehmens auszubauen. Denn nur der damit zu erreichende technologische Vorsprung sichert auch in Zukunft die Gewinnmargen und die Substanz des Unternehmens. Der Shareholder-value, auf den das Management achten muß, wird im langfristigen Sinne maximiert. Der langfristige Wert des Unternehmens steigt aufgrund der langfristigen Sicherung der technologischen Kompetenz und des technologischen Vorsprungs des Unternehmens. Langfristige Wertsicherung der Unternehmenssubstanz wird kurzfristigen Gewinnausschüttungen vorgezogen.

Die zweite Strategie nutzt kurzfristige Gewinnausschüttung, um den Shareholder zu bedienen. Dieses geschieht jedoch auf Kosten der langfristigen technologischen Substanzsicherung des Unternehmens: Gewinne, die aus den Technologieinvestitionen der Vergangenheit resultieren, werden nicht als Eigenkapital in adäquatem Maße in die technologische Substanzsicherung des Unternehmens investiert. Der Technologiekapitalstock des Unternehmens wird daher abgeschrieben, ohne daß hinreichende Bruttoinvestitionen den substantiellen Wert des Kapitalstocks erhalten. Damit sind zwar kurzfristig hohe Ausschüttungen an die Shareholder möglich, diese werden letztendlich jedoch nur durch die Auflösung des technologischen Kapitalstocks und damit des Unternehmenswertes finanziert.

Welche dieser Strategien verfolgt wird, liegt im wesentlichen im Entscheidungsspielraum des Managements. Das daraus potentiell entstehende Problem ist in der ökonomischen Theorie als principal-agent-Problem bekannt. Das principal-agent-Problem läßt sich vereinfacht in der folgenden Weise darstellen: Der eigentliche „Souverän" im wirtschaftlichen Geschehen ist der Eigentümer eines Unternehmens oder bei großen Unternehmen der Kapitaleigner, also beispielsweise der Aktionär. Er bestimmt alles, was im Unternehmen geschieht nach seinem Interesse (Grundidee des Kapitalismus). In heutigen Unternehmen übergeben die Eigentümer jedoch die Unternehmensführung an Manager. Es entsteht eine personelle Trennung zwischen Unternehmenseigner (dem eigentlichen Souverän) und dem mit der Führung des Unternehmens beauftragten Management. Die angestellten Manager sollen im Interesse der Eigentümer die Geschicke des Unternehmens lenken. Im Idealfall kommen sie dieser Verpflichtung bei, so daß sich keine Konsequenzen aus der Trennung der Managementfunktion von den Eigentümern ergeben. Dies ist die übliche Vorstellung, die auch bei öffentlichen Diskussionen über die Unternehmen und den Standort Deutschland vorherrscht. Es wird unterstellt, daß das Management tatsächlich die Interessen des Unternehmens und letztlich der Unternehmenseigner verfolgt.

Diese Vorstellung ist jedoch eine Utopie. Unterschiedliche Personen haben unterschiedliche Interessen, und diese eigenen Interessen werden selbstverständlich auch verfolgt. Damit ist es also auch eine Utopie anzunehmen, daß ein Management mit dem Eigentümer identische Interessen hat, es sei denn, beides sind dieselben Personen. Das Management hat eigene Interessen und wird diese auch verfolgen. Es kommt also zu einem Interessenskonflikt zwischen dem principal (Unternehmenseigner) und dem agent (Management). Dem Unternehmenseigentümer ist dieser Konflikt auch bewußt, und er versucht, durch entsprechende Kontrollinstrumente, das Management und seine Aktivitäten zu kontrollieren bzw. schafft Anreize, damit das Management in seinem Interesse handelt. Die große Informationsasymmetrie zwischen dem Management und dem Eigentümer verhindert jedoch eine perfekte Aufsicht. Das Management verfügt über sämtliche Informationen des Unternehmens, die für den Eigentümer wichtig wären. Des weiteren kann das Management die Informationen für den Eigentümer so filtern und gestalten, daß dessen Bild über die Unternehmenssituation im Sinne des Managements ausfällt. Daher liegt die eigentliche Macht der Unternehmensgestaltung und der Wahl von Unternehmensstrategien beim Management. Und dieses handelt – wie bereits dargestellt – nach eigenen Interessen.

9   Deutschland ist Umverteilungs- statt Investitionsstaat

Zusätzlich zu den Versäumnissen bei der zentralen Investitionstätigkeit in Humankapital und Innovationskraft nimmt der Staat seine wesentlichen allokativen und investiven Aufgaben nicht mehr ausreichend wahr. Machten noch vor 25 Jahren Investitionen in die geistige und physische Infrastruktur einen großen Teil der Ausgaben aus, so hat sich heute dieser investive Ausgabenteil ganz deutlich zu Gunsten des Umverteilungsanteils an den Staatsaktivitäten verändert (Abbildung 11).

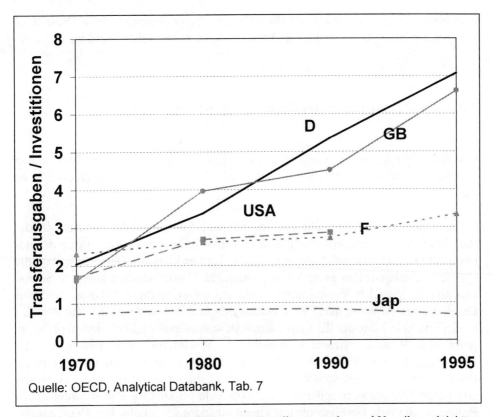

Quelle: OECD, Analytical Databank, Tab. 7

Abbildung 11: Entwicklung des Verhältnisses von Verteilungsausgaben und Verteilungsaktivitäten zu Investitionsausgaben des deutschen Staates: Die extreme Zunahme der Verteilungsaktivitäten in Deutschland geht zu Lasten der Investitionstätigkeit. Es ist zu befürchten, daß die Investitionen nicht mehr ausreichend sind und Deutschland somit seine Substanz angreift.

Ohne Fragen der Gerechtigkeit solcher Verteilungsaktivitäten zu tangieren, läßt sich aus der Effizienzsicht des Ökonomen erkennen, daß viele dieser Umverteilungsmaßnahmen bei frühzeitiger und ausreichender Investitionstätigkeit des Staates nicht notwendig wären. Die Struktur des staatlichen Transfersystems und vor allem des Grundsicherungssystems ist aus der Zeit, in der ihre Inanspruchnahme ein individueller vorübergehender Notfall war. Heute ist die Grundsicherung kein eigentliches Versicherungssystem mehr im Sinne der Absicherung bei unerwarteten Schicksalsschlägen. Durch fehlende individuelle und öffentliche Humankapitalinvestitionen und das Fehlen eines effizienzorientierten Anreizsystems ist aus dem ursprünglichen Versicherungssystem ein dauerhaftes Grundversorgungssystem für ganze Bevölkerungsgruppen geworden. Diese Situation ist dringend reformbedürftig. Aber auch die Reform der Sozialsysteme muß nicht ihr Abbau sein, wie vielfach als einziger Weg propagiert. Es muß – bei welchem Niveau auch immer – vor allem um die Effizienz dieser Systeme gehen. Diese wird hauptsächlich durch entsprechende Anreizsysteme gewährleistet werden.

10   Ineffiziente bürokratische Strukturen

Überholte bürokratische Strukturen im Verwaltungs- und Sozialsystem stellen eine weitere Belastung für die internationale Wettbewerbsfähigkeit Deutschlands dar.

Effizienzorientierung ist nicht nur im privaten Sektor, sondern ebenso in der staatlichen Verwaltung erforderlich. Dies würde jedoch einer Revolution des administrativen Sektors gleichkommen. Dabei sind es nicht die Beamten selbst, die Effizienz ablehnen. Das extrem von juristischen Denkstrukturen geprägte Selbstverständnis deutscher Verwaltungen stellt ein schier unüberwindbares Hindernis für effizientes Arbeiten dar. Der deutsche Bürokrat ist ein Verwalter, ein Ausführender und kein Manager. Er führt einmal Beschlossenes dezidiert durch, ob in der praktischen Realität effizient oder nicht. Die Spielräume zu flexibler effizienter Gestaltung der inhaltlichen Vorgaben des Gesetzgebers werden nicht gegeben. Dafür werden die Vorgaben des Gesetzgebers immer detaillierter, da er glaubt, alle Möglichkeiten vorwegdenken und vorregeln zu können. Die weitreichenden Probleme, die eine Gesellschaft mit einem ausufernden juristischen Regelungssystem hat, spiegeln sich in der drastischen Zunahme von Prozessen wider (Abbildung 12). Mehr Kompetenzen, aber auch Verantwortung und Rechenschaftspflicht für eigenverantwortliche Entscheidungen sollten statt dessen den administrativen Organisationen durch den Gesetzgeber eingeräumt werden, um die Abläufe und Einzelentscheidungen effizienter zu gestalten.

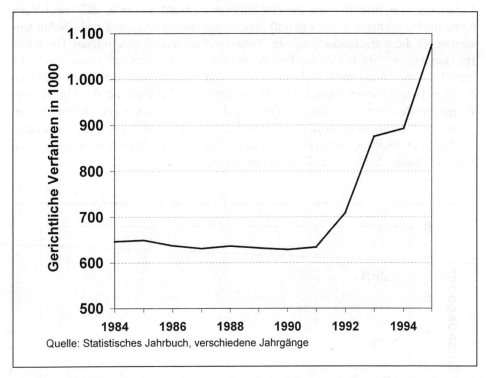

Abbildung 12: Verfahren an deutschen Verwaltungs-, Sozial- und Arbeitsgerichten: Die drastische Zunahme von Prozessen spiegelt das ausufernde juristische Regelungssystem wider. Eine sinnvollere Alternative zu dieser Prozeßlawine ist ein anreizkompatibler ökonomisch orientierter Regelungsmechanismus.

11 Staatsversagen bei intergenerationalen Verteilungsaufgaben

Aber nicht nur die Allokativaufgaben sind durch den Staat in der Vergangenheit zunehmend schlechter wahrgenommen worden. Auch die Verteilungsaufgaben zwischen den Generationen werden nicht zufriedenstellend erfüllt. Nicht nur der Mangel an geistigen und physischen Infrastrukturinvestitionen läßt bereits die jetzige Generation von der früher aufgebauten Substanz leben und entzieht der zukünftigen Generation die wirtschaftlichen Potentiale. Der gleichzeitige Anstieg der öffentlichen Verschuldung und die daraus resultierenden Zinszahlungen belasten die nachfolgende Generation zusätzlich. Das in Abbildung 13 dargestellte

Verhältnis von Investitionen zu Zinszahlungen macht deutlich, daß wir bereits heute immer weniger in die Zukunft investieren und dafür immer mehr Schuldendienste für die Verschuldung aus der Vergangenheit aufbringen müssen. Die nächste Generation wird bei dieser Politik nicht nur ihrer wirtschaftlichen Potentiale beraubt, sondern sie wird auch die von uns geerbten Verbindlichkeiten bedienen müssen. Hinzu kommt ein riesiges demographisches Problem für das Umlageverfahren der Rentenversicherungen, das sich ebenfalls zu Lasten der nächsten Generation entwickeln kann. Alle drei Elemente bedeuten eine gigantische Lastenaufbürdung der nächsten Generation, die sich heute – da die Weichen hierfür gestellt werden – kaum dagegen zur Wehr setzen kann.

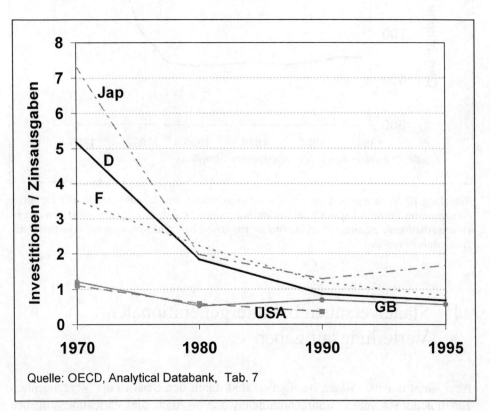

Quelle: OECD, Analytical Databank, Tab. 7

Abbildung 13: Verhältnis der öffentlichen Investitionen zu den Zinsausgaben: Während 1970 die Investitionsausgaben des Staates dessen Zinsausgaben um den Faktor 5 übertrafen, sind inzwischen die Investitionsausgaben unter die Zinsausgaben gesunken. Zukünftige Generationen werden diese Doppelbelastung der zu niedrigen Investitionen und zu hohen Schulden tragen müssen.

Soll die Wettbewerbsfähigkeit Deutschlands nachhaltig verbessert werden, und dies ist zum Erhalt des vorhandenen Wohlstandsniveaus dringend erforderlich, muß eine umfassende Strategiedebatte zu den wirklich wichtigen Standortfaktoren geführt werden. Eine langfristig angelegte Strategie muß das Flickwerk an interessenorientierter Wirtschaftspolitik ersetzen.

Literaturverzeichnis

BMBF, Bundesministerium für Bildung und Forschung, 1996, Zur technologischen Leistungsfähigkeit Deutschlands, Bonn.

Gries, T., Internationale Wettbewerbsfähigkeit – eine Fallstudie für Deutschland, Gabler Verlag, 1998.

OECD, Analytical Databank, OECD, Paris, Internetdaten.

Statistisches Jahrbuch, 1978 – 1997, Statistisches Jahrbuch für die Bundesrepublik Deutschland, Statistisches Bundesamt, Wiesbaden.

Ökonomische Theorie der internationalen Wettbewerbsfähigkeit von Volkswirtschaften

Richard Reichel[1] :

1   Wirtschaftspolitische Bedeutung

Die „internationale Wettbewerbsfähigkeit" einer Volkswirtschaft gehört zu den umstrittenen und schillernden Begriffen der ökonomischen Wissenschaft und umfaßt eine Vielzahl (sich teilweise widersprechender) Konzepte und Ansätze, deren theoretische Stichhaltigkeit und empirische Aussagekraft keinesfalls erschöpfend diskutiert wurde. Obwohl der Begriff augenscheinlich dem Gebiet der Außenwirtschaft bzw. der Außenhandelstheorie zuzuordnen ist, fand sich in einschlägigen Lehrbüchern zur realen oder monetären Theorie lange Zeit kein Hinweis auf eine theoretische Fundierung alternativer Konzepte der makroökonomischen internationalen Wettbewerbsfähigkeit. In theorieorientierten Beiträgen der ökonomischen Wissenschaft herrschte ebenfalls ein auffallendes Desinteresse, so daß sich bis in die 90er Jahre hinein die Diskussion meist auf empirischer bzw. wirtschaftspolitischer Ebene abspielte. In diesem Bereich wurde denn auch eine kaum mehr überblickbare Flut von Aufsätzen, Gutachten, Forschungsprojekten und politischen Stellungnahmen veröffentlicht, wobei der Begriff der internationalen Wettbewerbsfähigkeit so unterschiedlich verwendet wurde, daß eine Forschergruppe des Deutschen Instituts für Wirtschaftsforschung (DIW) von einer „babylonischen Begriffsverwirrung" sprach.

---

[1]   Richard Reichel, Wissenschaftlicher Assistent am Lehrstuhl für VWL, insb. Internationale Wirtschaftsbeziehungen, Friedrich-Alexander-Universität Erlangen-Nürnberg, Träger des Otto-Beisheim-Förderpreises 1999 für Habilitationen

2   Politische Aktualität

Insbesondere auf der Ebene der (deutschen) Politik lassen sich mehrere "Wellen" der Beschäftigung mit dem Thema erkennen, die sich in der Vergangenheit meist an Leistungsbilanzproblemen oder einem unterdurchschnittlichen Wirtschaftswachstum festmachen lassen. In der jüngsten Zeit ist in Deutschland im Zuge der Globalisierungsdiskussion die Sorge um den Export von Arbeitsplätzen durch verstärkte Direktinvestitionen heimischer Unternehmen im Ausland hinzugekommen. Zwar wurde dieses Problem bereits früher diskutiert, angesichts der sich tendenziell verschlechternden Arbeitsmarktlage hat es aber an politischer Virulenz und dauerhafter Aktualität gewonnen. Die Frage nach der internationalen Wettbewerbsfähigkeit Deutschlands wird inzwischen sogar auf der höchsten Ebene der Politik angesprochen. So äußerte auch der damalige Bundespräsident Roman Herzog seine Besorgnis über das Zurückfallen Deutschlands im internationalen Standortwettbewerb.

War die Sorge um den Erhalt der internationalen Wettbewerbsfähigkeit in den 70er und 80er Jahren ein primär deutsches Phänomen, so finden sich heute vor dem Hintergrund zunehmender internationaler Standortkonkurrenz auch vermehrt Beiträge aus dem angelsächsischen Sprachraum. Zwei weitere Faktoren sind erwähnenswert: Zum einen findet die Analyse zunehmend auch im Bereich der Außenhandelstheorie statt, zum anderen hat das Problem nunmehr auch Eingang in die Lehrbuchliteratur gefunden, in welcher einige der in der empirischen Forschung schon länger verwendeten Ansätze vorgestellt werden. International hat die Frage nach den Indikatoren und Determinanten der „national competitiveness" inzwischen eine solche Bedeutung erlangt, daß einige Autoren bereits den Begriff der „competitiveness policy" verwenden, einen Ausdruck der – wörtlich mit „Wettbewerbsfähigkeitspolitik" übersetzt – nicht mit den Begriffen „Wettbewerbspolitik" oder "Standortpolitik" verwechselt werden sollte, sondern der alle Maßnahmen zur Förderung der internationalen Konkurrenzfähigkeit beschreibt, seien sie industrie- oder ordnungspolitischer Natur. Aus diesem Grund verwundert es nicht, daß sich auch die Kommission der Europäischen Gemeinschaft des Themas angenommen und im Jahr 1993 ein Weißbuch mit dem Titel "Wachstum, Wettbewerbsfähigkeit, Beschäftigung" veröffentlicht hat. Hier wurde eine Bestandsaufnahme der relativen Konkurrenzfähigkeit der Union im Vergleich zu den USA und zu Japan vorgenommen und Maßnahmen zur Wiedergewinnung verlorengegangener Wettbewerbsvorteile vorgeschlagen. Allerdings vermißt man in den Ausführungen eine klare Definition dessen, was unter „Wettbewerbsfähigkeit" verstanden werden soll. Die Kommission versuchte, das Problem durch Hinzuziehung einer Anzahl von Indikatoren wie der Außenhandelsleistung, der Entwicklung der Arbeitsproduktivität oder der Zunahme der FuE-Investitionen zu lösen. Hierbei handelt es sich zwar um Indikatoren, die mit der Wettbewerbsfähigkeit in Beziehung stehen dürften, warum aber gerade diese Kriterien ausgewählt wurden, bleibt unklar.

3   Begriff und Definition

Damit stellt sich die Frage, was denn unter „internationaler Wettbewerbsfähigkeit" verstanden werden soll bzw. wie sie gemessen werden kann. Die Vorschläge in der Literatur sind hierzu zahlreich. Sie reichen von einer Totalablehnung des Konzepts bis hin zu Operationalisierungsvorschlägen, die kaum mehr die volkswirtschaftliche, sondern eher die branchenspezifische Wettbewerbsfähigkeit im Blick haben. Eine Totalablehnung wird meist mit dem Verweis begründet, wonach eine Volkswirtschaft nicht wie ein Unternehmen als Folge mangelnder Wettbewerbsfähigkeit in Konkurs gehen könne. Dieses Argument klingt zwar zunächst plausibel, ist aber dennoch unzutreffend. Sicherlich kann eine Volkswirtschaft nicht wie ein Unternehmen „vom Markt verschwinden", sie kann aber zum einen theoretisch international zahlungsunfähig werden, zum anderen können Prozesse gesamtwirtschaftlicher Verarmung stattfinden, die durchaus mit dem Konkurs eines Unternehmens verglichen werden können. Beispiele „kollektiver" Verarmungsprozesse gibt es zuhauf, sowohl bei reichen Ländern (Argentinien, Großbritannien) als auch bei Entwicklungsländern (Schwarzafrika).

Solche Verarmungsprozesse können einerseits binnenwirtschaftliche, andererseits außenwirtschaftliche Ursachen haben. Außenwirtschaftliche Ursachen liegen dann vor, wenn Spezialisierungsvorteile durch Handel nur unzureichend (oder gar nicht) realisiert werden können. Zwar kann durch eine Teilnahme am internationalen Austausch keine absolute Verarmung begründet werden, möglich bleibt aber (im Vergleich zu den Handelspartnern) eine relative Verarmung, wenn die Tauschgewinne primär den Handelspartnern zugute kommen. Eine solche Entwicklung ist gleichbedeutend mit einer Verschlechterung der Terms of Trade, also dem internationalen Preisverhältnis. Ceteris paribus steigt ein Land dann in der internationalen Einkommenshierarchie ab.

Die Konzepte branchenspezifischer Wettbewerbsfähigkeit, die versuchen, ex post die komparativen Kostenvorteile bestimmter Branchen aufzudecken, sind demgegenüber wenig geeignet, solche Prozesse zu erfassen. Man kann damit zwar ermitteln, welche heimischen Branchen international wettbewerbsfähig sind, ob und inwieweit diese zur Wohlstandsmehrung im Inland beitragen, ist aber nicht feststellbar.

Ähnlich verhält es sich mit der Leistungsbilanz als häufig verwendetem Indikator der Wettbewerbsfähigkeit. Eine generelle Aussage bezüglich der Wohlfahrtswirkungen ist auch hier nicht möglich.

Unter der „internationalen Wettbewerbsfähigkeit" einer Volkswirtschaft sollte deshalb sinnvollerweise deren Fähigkeit verstanden werden, ein im Vergleich zu den Handelspartnern steigendes Pro-Kopf-Einkommen zu erwirtschaften und dabei die positiven Wohlfahrtswirkungen des internationalen Handels so zu nutzen, daß eine Verbesserung des realen Austauschverhältnisses oder zumindest dessen zeitliche Konstanz erreicht wird. Ein solches Konzept ist einer theoretischen Analyse zugänglich und empirisch operationalisierbar.

4 Erkenntnisse der Wachstumstheorie

Die wachstumstheoretische Literatur der vergangenen Jahrzehnte hat dabei die wesentlichen Determinanten einer positiven Entwicklung des realen Pro-Kopf-Einkommens primär für geschlossene Volkswirtschaften aufgezeigt und einer empirischen Überprüfung zugänglich gemacht. Als wichtige Determinanten eines schnellen Wachstums können zunächst Investitionen in Sach- und Humankapital sowie ein zu Beginn des Wachstumsprozesses niedriges Einkommensniveau angeführt werden. Diese Folgerung ergibt sich aus den theoretischen Modellen sowohl der traditionellen neoklassischen, als auch der sogenannten neuen Wachstumstheorie.

Allerdings bewirken diese Faktoren kein automatisches Aufschließen ärmerer Länder. Ebensowenig sind hierdurch Überholprozesse und Wechsel der ökonomischen Führungspositionen zu erklären. Hinzutreten muß eine Wirtschaftspolitik, die eine hohe Produktivität der Investitionen gewährleistet und die Ausschöpfung von „catching-up"-Potentialen ermöglicht. Eine solche nationale Wirtschafts- bzw. Standortpolitik zeichnet sich durch stabile makroökonomische und institutionelle Rahmenbedingungen, einen kleinen, aber effizienten öffentlichen Sektor und ein niedriges Interventionsniveau aus. Hinzutreten muß eine Strategie der außenwirtschaftlichen Öffnung, die eine höhere Wettbewerbsintensität sowie richtige Preissignale und eine daraus resultierende effiziente Faktorallokation bewirkt. Ferner erleichert eine offene Wirtschaft die Übernahme und Durchsetzung von technischem Fortschritt durch internationalen Kapitalverkehr.

5   Leistungsbilanzen und Direktinvestitionssalden

Bereits aus diesem Grund ist die Aussagefähigkeit einzelner, in der Literatur verbreiteter Indikatoren der internationalen makroökonomischen Wettbewerbsfähigkeit eines Landes als eher gering einzuschätzen. Sowohl der Leistungsbilanzsaldo als auch der Saldo der Bilanz der Direktinvestitionen können im Hinblick auf unsere Definition von Wettbewerbsfähigkeit nicht eindeutig interpretiert werden. Vielmehr ist eine Analyse des Einzelfalles erforderlich. So können beispielsweise Leistungsbilanzdefizite bei kapitalarmen Ländern sowohl ein Zeichen für Wettbewerbsstärke als auch für Wettbewerbsschwäche sein. Positiv zu bewerten sind sie dann, wenn sie durch eine hohe Grenzproduktivität des Kapitals im Inland hervorgerufen werden, während ein zeitlich vorgezogener Konsum nichts zur Verbesserung der gegenwärtigen und zukünftigen Einkommensposition beiträgt. Ebenso sind Leistungsbilanzüberschüsse bzw. negative Salden der Direktinvestitionen bei kapitalreichen Ländern kein generell negatives Indiz für die Wettbewerbsposition. Ein Problem entsteht erst dann, wenn eine solche Konstellation durch ungünstige Investitionsbedingungen im Inland hervorgerufen wurde. In diesem Fall dient der Kapitalexport als Ventil und die heimischen Investitionen bleiben hinter den potentiell möglichen Investitionen zurück. Allerdings führt Kapitalverkehr unter diesen Bedingungen immer noch zu einer langfristigen Verbesserung des Pro-Kopf-Sozialprodukts, wenngleich nicht relativ zum Ausland.

6   Sektorspezifische Analysen

Ähnlich ambivalent sind die in der Literatur häufig verwendeten Indikatoren, die auf der Analyse komparativer Kostenvorteile bzw. der Entwicklung von Weltmarktanteilen basieren. Die RCA (revealed comparative advantage) -Analyse untersucht hierzu die branchenspezifischen Export-Import-Salden und setzt sie in Beziehung zu den gesamtwirtschaftlichen Export-Import-Salden. Ist beispielsweise ein Land Nettoexporteur bei einem gewissen Gut oder einer Gütergruppe und ist der Nettoexportsaldo größer als der gesamtwirtschaftliche Exportsaldo, so schließt man hieraus auf einen komparativen Kosten- und damit Wettbewerbsvorteil. Dies muß nun nicht ein komparativer Kostenvorteil im Sinne Ricardos sein, vielmehr können auch andere Faktoren (Güterqualität, Service, Lieferfristen) für die überdurchschnittliche Exportposition verantwortlich sein.

RCA-Analysen vermögen zwar die branchenspezifischen Spezialisierungsmuster von Volkswirtschaften recht gut zu beschreiben, Aussagen über die relative Einkommensposition bzw. die Ausnutzung von Handelsvorteilen lassen sich mit diesem Instrumentarium aber nicht machen, wenngleich dies durch die ländervergleichende Betrachtung von RCA-Koeffizienten bei Hochtechnologiebranchen immer wieder suggeriert wird. Der Grund für dieses Versagen liegt in der bei industriell fortgeschrittenen Ländern zunehmenden Bedeutung des intraindustriellen Handels, die zu einer „Abflachung" der Spezialisierungsmuster führt. Lediglich für die Analyse branchenspezifischer Entwicklungen ist die RCA-Methodik von gewissem Wert. Generell problematisch bleibt aber immer die Auswahl eines geeigneten RCA-Indikators, da die vorliegenden Varianten sowohl Vor- als auch Nachteile aufweisen.

7   Marktanteilsanalysen

Verbindungen zur internationalen Wettbewerbsfähigkeit im Sinne unserer Definition lassen sich bei der Analyse von Weltmarktanteilen schon eher herstellen. Diese wird üblicherweise im Rahmen der sogenannten CMS (constant market share) -Analyse vorgenommen. Hierbei werden die gesamten (also zunächst nicht die branchenspezifischen) Exporte eines Landes in eine Beziehung zum Wachstum des Welthandels bzw. der Weltexporte gesetzt. Wachsen die heimischen Exporte langsamer als die Weltexporte, so wird dies als Verschlechterung der internationalen Wettbewerbsfähigkeit interpretiert, wenngleich über die Ursachen noch nichts gesagt ist. Spezielle Varianten der CMS-Analyse vergleichen darüberhinaus das heimische Exportwachstum mit dem regional- oder branchenspezifischen Weltexportwachstum. Auf diese Weise kann festgestellt werden, ob ein Land beim Export in besonders dynamische Regionen oder bei besonders dynamischen Produktgruppen erfolgreich war. CMS-Analysen weisen immer auch einen sogenannten Residualeffekt (den Wettbewerbseffekt) aus, der die Wettbewerbsfähigkeit im engen Sinne messen soll und der sich nach Herausrechnung des Güter- bzw. des Regionaleffektes ergibt. Dieser Interpretation ist aber nur eingeschränkt zuzustimmen, da die Fähigkeit, sowohl in dynamischen Branchen als auch in dynamischen Regionen präsent zu sein, bereits ein Zeichen für Wettbewerbsfähigkeit darstellt. Ein Vorteil der CMS-Analyse liegt allerdings darin, daß empirisch eine Verbindung zur relativen Einkommensposition eines Landes hergestellt werden kann. Insbesondere bei der ausgereiftesten Variante der CMS-Methode ist dies der Fall. Hier läßt sich empirisch eine positive Beziehung zwischen der Entwicklung der relativen Einkommensposition eines Landes und der Entwicklung der Exportmarktanteile feststellen.

Letztere kann wiederum primär auf die Flexibilität eines Landes bei der Erschließung schnell wachsender Märkte sowie den „Wettbewerbseffekt" als Residualgröße zurückgeführt werden. Allerdings bleibt die CMS-Methodik rein deskriptiv und gibt wenig Aufschluß über die zugrundeliegenden Wirkungsmechanismen. Überdies existieren auch in der ausgefeiltesten Variante, der 5-stufigen CMS-Analyse noch ungelöste methodische Probleme. Nachteilig ist auch der hohe Aufwand bei der Durchführung solcher Analysen, wobei für zahlreiche, insbesondere ärmere Länder die Datenlage ungenügend ist. All dies spricht gegen eine universelle Verwendung der CMS-Methodik zur Erfassung der Wettbewerbsposition.

8   Globalindikatoren

Einen anderen Ansatz verfolgen die in jüngster Zeit zahlreicher verwendeten Globalindikatoren, wie sie beispielsweise vom „World Economic Forum" (WEF) in Genf oder dem „International Institute for Management Development" (IMD) in Davos präsentiert werden. Hier geht es um die empirische Messung der Wettbewerbfähigkeit einzelner Volkswirtschaften, wobei zahlreiche Einzelindikatoren zu einem Gesamtindex verdichtet werden. So greift beispielsweise das IMD auf die Teilindikatoren „Binnenwirtschaft", „Internationalisierung", „Staatstätigkeit", „Finanzsektor", „Infrastruktur", „Management", „Wissenschaftliche und technologische Kapazität" und „Bevölkerungspotential" zurück, wobei diesen Teilindikatoren eine große Anzahl von Einzelindikatoren zugrundeliegt. Die Einzel- und Teilindikatoren werden durch Standardisierung vergleichbar gemacht und zu einem Gesamtindex aggregiert. Globalindikatoren dieses Typs haben in der ökonomischen Wissenschaft keinen guten Ruf, da ihnen das Fehlen eines konsistenten Theorierahmens vorgeworfen wird („measurement without theory"). Darüberhinaus taucht regelmäßig das Problem einer Vermischung von Erfolgsindikatoren (wie beispielsweise der Produktivitätsentwicklung oder Arbeitslosigkeit) und Determinantenindikatoren (wie beispielsweise die Infrastruktur) auf. Auch sind manche Indikatoren von zweifelhaftem Nutzen (Höhe des gesamten Sozialprodukts; Höhe der Wohnungsmieten). Insofern ist die Kritik an diesen Maßen, die sich primär als Indikatoren für das Wachstumspotential verstehen, partiell durchaus berechtigt.

Auch steht die Frage nach den Wirkungen des Außenhandels auf die heimische Wohlstandsposition nicht im Zentrum der Analyse. Trotzdem muß die Frage nach dem Sinn solcher Globalindikatoren letztlich empirisch beantwortet werden.

Auf der Basis empirischer ex post-Untersuchungen stellt sich ihre prinzipielle Zweckmäßigkeit denn auch heraus, wenngleich sowohl aus statistisch-methodischer als auch aus wirtschaftstheoretischer Sicht gewisse Vorbehalte angezeigt sind. Zieht man die Indikatoren des WEF und des IMD heran und untersucht, ob diese im Rahmen üblicher Wachstumsregressionen einen zusätzlichen Erklärungsbeitrag liefern, so muß diese Frage bejaht werden. Beide Indikatoren können als sinnvolle Prognoseinstrumente für zukünftige Wachstumspotentiale angesehen werden. Damit entsprechen sie auch der eingangs vorgestellten Definition von internationaler Wettbewerbsfähigkeit. Zwar steht die relative Einkommensposition nicht im Zentrum der Analyse, die Wachstumsraten des Sozialprodukts bestimmen diese aber primär.

9 Reale Wechselkurse

Eine ambivalente Rolle spielt der reale Wechselkurs bzw. das reale Austauschverhältnis, das in den meisten Analysen als exogene Determinante der preislichen Wettbewerbsfähigkeit der handelbaren Güter einer Volkswirtschaft betrachtet wird. Je höher der Außenwert einer Währung, als desto weniger wettbewerbsfähig werden demnach die heimischen Exporte angesehen.

Eine solche Sichtweise erweist sich indes als stark verkürzt, da sich erfolgreich aufholende Ökonomien meist durch einen steigenden realen Außenwert ihrer Währungen auszeichnen (beispielsweise Westdeutschland nach 1948). Dies ist gleichbedeutend mit zunehmenden Handelsgewinnen, die im Zuge des Aufholprozesses auftreten und diesen unterstützen. Dauerhafte Änderungen des realen Außenwerts sind aber mit der Theorie der Kaufkraftparität unvereinbar. Aus diesem Grund ist eine theoretische Analyse möglicher langfristiger Abweichungen von der Kaufkraftparität erforderlich. Es läßt sich zeigen, daß sowohl Produktinnovationen als auch allgemeine Produktivitätssteigerungen im Sektor der handelbaren Güter zu einer tendenziellen Verbesserung des realen Austauschverhältnisses führen. Diese wiederum führen auch zu einem höheren Pro-Kopf-Einkommen.

Empirische Untersuchungen am Beispiel des realen Außenwertes der Deutschen Mark zeigen, daß die theoretische gefundenen Determinanten und Proxi-Variablen einen signifikanten Erklärungsbeitrag leisten. Allerdings müssen bei der Analyse die verzerrenden Wirkungen der Staatstätigkeit im In- und Ausland berücksichtigt werden, die die angebotsseitigen Determinanten des realen Wechselkurses (technologische Innovationen, Produktivitätsgewinne) überlagern.

Solche Verzerrungen entstehen dadurch, daß sich die Staatsnachfrage primär auf den Sektor nichthandelbarer Güter konzentriert. Steigt die Staatsquote im Inland schneller als im Ausland, so kommt es zu einer relativ stärker wachsenden Nachfrage nach nontradables und in deren Folge zu relativen Preissteigerungen in diesem Sektor. Da die nichthandelbaren Güter (mit einem relativ hohen Gewicht) in den Preisindex eingehen, der der Berechnung des relativen Austauschverhältnisses zugrundeliegt, steigt der heimische Index schneller als der ausländische. Dies führt ceteris paribus zu einer Aufwertung der heimischen Währung, ohne daß diese durch technologische Innovationen herbeigeführt worden wäre. Verzerrungen dieser Art können keinesfalls im Sinne einer verbesserten internationalen Wettbewerbsfähigkeit interpretiert werden. Vielmehr ist das Gegenteil der Fall, weil die preisliche Wettbewerbsfähigkeit der Exporte vermindert wird, ohne daß dies durch eine höhere Produktqualität ausgeglichen werden würde.

Bereinigt man die empirischen Schätzungen um diese Verzerrungen, so ergibt sich der „angebotsdeterminierte reale Wechselkurs" als endogener Indikator der internationalen makroökonomischen Wettbewerbsfähigkeit einer Volkswirtschaft. Eine längerfristige reale Aufwertung ist danach ein Kennzeichen einer wettbewerbsstarken Wirtschaft. In der kurzen Frist bestimmt der reale Außenwert der Währung zwar die statische preisliche Wettbewerbsfähigkeit der Ex- und Importe, er sorgt aber auch für eine permanente Anpassung der Außenhandelsstruktur an die von den produktivsten Sektoren vorgegebenen dynamischen Vorteile. Internationale Wettbewerbsfähigkeit schlägt sich also in einem permanenten „upgrading"-Prozeß im tradables-Sektor nieder. Umgekehrt ist im Konzept des „angebotsdeterminierten realen Wechselkurses" ein Abfall des realen Außenwertes gleichbedeutend mit einer relativ unterdurchschnittlichen Produktivitätsentwicklung und immer geringer werdenden Vorteilen aus der Teilnahme am internationalen Handel. Langfristig führt mangelnde Wettbewerbsfähigkeit damit zur relativen Verarmung eines Landes (Prebisch-Singer-These), ohne daß deswegen aber absolute Nachteile aus dem internationalen Handel resultieren würden. Im Sinne unserer Definition erweist sich der „angebotsdeterminierte reale Wechselkurs" deshalb als der geeignete „catch all"-Indikator der gesamtwirtschaftlichen Wettbewerbsfähigkeit eines Landes.

10 Aufholprozesse und reale Wechselkurse

Anschließend an diesen Befund stellt sich weiter die Frage, ob es einen Zusammenhang zwischen der „Aufholstrategie" eines Landes und der Entwicklung des realen Austauschverhältnisses gibt. Hierzu werden zwei „Aufholstrategien" unterschieden. Eine Möglichkeit besteht in der Imitation von technologischem Wissen, das bereits im Ausland verfügbar ist (nachholende Entwicklung). Insbesondere für Entwicklungs- und Schwellenländer im Aufholprozeß dürfte dies die häufigste Form technologischer Innovation sein, wobei die Ausbildung von Fachkräften im Ausland bzw. der Technologieimport durch Direktinvestitionen ausländischer Unternehmen eine entscheidende Rolle spielt.

Die andere Möglichkeit stellt auf die Erlangung der technologischen Führerschaft selbst ab. Eine solche Strategie kann sowohl bei technologisch ohnehin führenden Ländern verfolgt werden, aber auch bei noch relativ rückständigen Ländern, wenngleich dies hier nicht häufig und an bestimmte Bedingungen gebunden ist.

Die Strategie der Technologieführerschaft läßt sich im Rahmen eines „leapfrogging"-Modells diskutieren, wobei „leapfrogging" mit „Bockspringen" übersetzt werden kann und auf technologische Überholprozesse hinweist. Die Implikationen des „leap-frogging"-Modells lassen sich wie folgt zusammenfassen:

Ein Wechsel in der ökonomischen Führerschaft findet immer dann statt, wenn

- der anfängliche Rückstand beim Lohnniveau des Nachzüglers relativ groß ist, die neue Technologiegeneration im Vergleich zur alten anfänglich relativ unproduktiv erscheint, da Lerneffekte noch fehlen,

- Erfahrungen mit alten Technologien nicht auf neue übertragen werden können und

- die Produktivitätspotentiale der neuen Technologien hinreichend groß sind.

Dann ist ein Wechsel in der internationalen ökonomischen Einkommenshierarchie einerseits mit einem Aufholen bei Reallöhnen und Pro-Kopf-Einkommen, andererseits mit einer Verbesserung des realen Austauschverhältnisses, also des realen Wechselkurses des aufholenden bzw. überholenden Landes verbunden. Diese Implikation korrespondiert wiederum mit der eingangs formulierten Definiton von internationaler Wettbewerbsfähigkeit und zeigt, daß eine Verbesserung des realen

Tauschverhältnisses auch hier als endogener Indikator gewachsener Wettbewerbs-fähigkeit interpretiert werden muß.

Als Beispiel eines solchen Überholprozesses durch Technologieführerschaft kann die ökonomische Entwicklung Deutschlands vom letzten Viertel des 19. Jahrhunderts bis zum Ersten Weltkrieg dienen, wenn England als Vergleichsmaßstab herangezogen wird. Bestand die erste Phase der industriellen Revolution (bis ca. 1870) noch in der Imitation der Güter und Technologien der englischen industriellen Revolution (Kohle, Eisenverarbeitung, Eisenbahn, Textilindustrie), so wurde der deutsche Aufschwung ab den 1880er Jahren von den Sektoren Elektrotechnik und Chemie bestimmt. Diese Technologien wurden im damaligen deutschen Reich aber wesentlich schneller eingeführt als bei den europäischen Kokurrenten. Nach den Implikationen des „leapfrogging"-Modells würde man eine Verbesserung der relativen Einkommensposition Deutschlands, verbunden mit einer Verbesserung des realen Austauschverhältnisses erwarten. Genau dieses Ergebnis ist empirisch auch nachweisbar, war doch die Verbesserung der Relativeinkommensposition mit einer realen Aufwertung der Mark gegenüber dem Pfund verbunden.

Ein ähnliches Resultat ergibt sich auch, wenn ein anfangs rückständiges Land eine reine Imitationsstrategie verfolgt. Werden dynamische komparative Vorteile in jenen Sektoren geschaffen, die ursprünglich bei den reicheren Handelspartnern existierten, so kommt es zu einer konvergenten Einkommensentwicklung, die von einer Verbesserung der Terms of Trade begleitet wird. Finden die Innovationen hingegen in jenem Sektor statt, der ursprünglich komparative Vorteile aufwies, so lassen sich keine eindeutigen Aussagen über die Veränderung der Wettbewerbs-position mehr treffen. Ein Beispiel für erfolgreiche nachholende Entwicklung liefern die ostasiatischen „Tigerstaaten", während einige Länder Lateinamerikas und die meisten Staaten Afrikas eine solche nicht realisieren konnten. Die Folge war sowohl ein Zurückbleiben beim internationalen Relativeinkommen als auch fallende Terms of Trade (Prebisch-Singer-These).

Sowohl im „leapfrogging"-Modell als auch im Modell nachholender Entwicklung kommt es also im Fall verbesserter Wettbewerbsfähigkeit zu einer Verbesserung der relativen Einkommensposition, verbunden mit steigenden Gewinnen aus dem Außenhandel.

Dies macht deutlich, daß der reale Wechselkurs aus theoretischer Sicht ein zuverlässiger Indikator der gesamtwirtschaftlichen Wettbewerbsfähigkeit im Sinne eines endogenen Erfolgsindikators ist. Bei empirischen Analysen ist es allerdings erforderlich, seine Entwicklung um verzerrende Einflüsse der Staatstätigkeit zu bereinigen.

Architektur für Know-how-Prozesse

Kerstin Fink[1]

1   Relevanz des Know-how-Managements

Betrachtet man den zivilisatorischen Fortschritt, so ergeben sich Veränderungen in weltweiten langzeitlichen Entwicklungen. Die Ursache von Entwicklungschancen liegt in einem qualitativen Aufwärtstrend des Ressourceneinsatzes. Zu Zeiten von Ford (1863-1947) wurde die Mehrheit der arbeitenden Menschen durch die maschinelle Vorgabe von Arbeitsablauf und Arbeitstempo geprägt. Das Kontrollinstrument stellte das Fließband dar. Die Verwendung der Fließfertigung eröffnete dem Arbeiter bei der Montage nicht die Möglichkeit, das Arbeitsergebnis durch seine geistigen Fähigkeiten zu bestimmen. Das Spiel der Kräfte in der heutigen Weltwirtschaft zeigt, daß Wissen und Können entscheidende Faktoren sind. Diese werden zu erheblichen Umwälzungen in Wissenschaft, Technik und Wirtschaft führen. Die Arbeitssituation verändert sich in die Richtung, daß für Unternehmer das Wissen ihrer Mitarbeiter für den Fortbestand der Geschäftsidee unentbehrlich ist. Der persönliche Anteil der Arbeitnehmer an der Herstellung eines Produktes oder einer Dienstleistung steigt somit wesentlich. Die Herausforderung, vor der Unternehmen heute stehen, ist, das in den Köpfen der Mitarbeiter gespeicherte Know-how zu gewinnen, zu pflegen, weiterzuentwickeln und zugänglich zu machen. Die Schwierigkeit für Unternehmen liegt dabei nicht in der Verteilung von informations-basiertem Wissen mittels der Informations- und Kommunikationstechnik, sondern in der Interpretation und Verarbeitung des individuellen Wissens. Es reicht nicht aus, den Mitarbeitern nur Informationen zur Verfügung zu stellen, sondern jene müssen diese Informationen gemäß ihrer persönlichen Fähigkeiten zu Know-how weiterverarbeiten. Die Auswahl und effiziente Nutzung der Informationen zur Generierung von Know-how stellen einen kritischen Faktor dar.

Die sogenannte "post-industrial" Gesellschaft befindet sich am Beginn eines neuen Entwicklungsprozesses von der Informationsgesellschaft zur Know-how-Gesellschaft (Abbildung 1).

---

[1]   Dr. Kerstin Fink, Universitäts-Assistentin am Institut für Wirtschaftsinformatik der Leopold-Franzens-Universität Innsbruck, Trägerin des Otto-Beisheim-Förderpreises 1999 für Doktorarbeiten

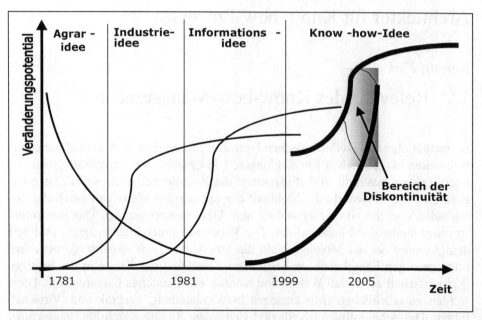

Abbildung 1: Wandel zur Know-how-Gesellschaft

Der Wissenschaftstheoretiker Kuhn prägt den Begriff des Paradigmas und geht davon aus, daß es von Zeit zu Zeit zu Diskontinuitäten kommt. Der Markt muß einen ausreichenden Reifegrad aufweisen, um eine Unterstützung für ein Paradigma zu erlangen. Dies bedeutet, der Konsument muß Druck auf den Wechsel zu einem neuen Paradigma ausüben. Derzeit ist eine veränderte Nachfragestruktur erkennbar, indem der Markt ein exponentiell gestiegenes Bedürfnis nach Methoden und Werkzeugen für Know-how-Prozesse hat. Das Informationsparadigma besitzt immer noch eine dominierende Stellung, der Trend geht allerdings in Richtung eines Know-how-Paradigmas.

Der exponentielle Anstieg des Bedarfs an Informationen zu Beginn der 90er Jahre ist auf die kommerzielle Nutzung des Internet zurückzuführen. Im Know-how-Zeitalter werden die volkswirtschaftlichen Faktoren wie Arbeit, Boden und Kapital eine geringere Rolle im Unterschied zur Ressource Know-how finden. Sveiby [Svei97] stellt im Zusammenhang mit der Know-how-Gesellschaft das Konzept der "intangible assets" vor, welche im Gegensatz zu den "tangible assets" stehen. Zur letzten Kategorie gehören das Bargeldvermögen, die schnell zugänglichen Bankkonten und die Büroräume mit der Computerausstattung. Hingegen umfassen die "intangible assets" die unsichtbaren Aktivposten eines Unternehmen, die sich aus folgenden drei Faktoren zusammensetzen:

- den Mitarbeiterfähigkeiten ("Competence of the Personnel),

- der internen Unternehmenstruktur ("Internal structure")

- der externen Unternehmensstruktur ("External structure").

Die wichtigste Kategorie der „intangible assets" nimmt die Mitarbeiterfähigkeit ein, denn ein Unternehmen existiert aufgrund seiner Know-how-Träger, weil der geschäftliche Erfolg das Resultat der individuellen Aktivitäten der Experten ist. Das implizite Wissen der Know-how-Träger ist diesen eigen und ist nicht im Besitz des Unternehmens. Deshalb erscheint es besonders relevant, das Können der Experten als eigenständige Bilanzposition auszuweisen, denn ein Know-how-Unternehmen legitimiert sich durch seine Know-how-Träger. Diese Experten setzen ihre Anstrengungen in die Entwicklung von Problemlösungen für individuelle Kundenwünsche. Unterstützend wirken interne Strukturen wie die Unternehmenskultur, Informations- und Kommunikationstechnologien oder Patente. Aufgabe der Experten ist es, Know-how-intensive Produkte oder Dienstleistungen für Kunden und Lieferanten zu entwerfen. Diese Art des unsichtbaren Aktivvermögens bezeichnet Sveiby als externe Struktur und schließt ferner das Image, die Reputation oder das Vorhandensein von Markennamen ein.

Gegenstand des Know-how-Managements ist, das in den Köpfen der Mitarbeiter vorhandene Know-how – mittels der Know-how-Architektur – zu gewinnen, um Netzwerke aufzubauen. Mit Hilfe der Methode Mind-Mapping werden die individuellen Fertigkeiten der Know-how-Träger in Know-how-Maps abgebildet. Diese Know-how-Maps werden mit anderen Mitarbeitern, Abteilungen, Teams und externen Partnern zu einem Know-how-Netz verknüpft, um eine Problemlösung für den Kunden zu erarbeiten. Das Know-how-Management hat die Aufgabe, das unternehmerische Know-how, die Know-how-Träger und die Know-how-Netze auf Änderungen zu überprüfen, um entsprechende Anpassungen und Aktualisierungen zu bewirken. Das Know-how-Management beschäftigt sich mit dem impliziten, also dem schwer formalisierbaren Wissen von Know-how-Trägern. Dieses ist von Erfahrungswissen, Kreativität und Intuition geprägt.

2   Problemstellung

Die Ressource Know-how gewinnt im Unternehmen zur Erreichung und Sicherung von Wettbewerbsvorteilen zunehmend an Bedeutung. Das Problem liegt
darin, wie ein Zugang zum Know-how der Mitarbeiter gewonnen werden kann, da
diese Experten mehr wissen als sie anderen Know-how-Trägern kommunizieren.
Davenport hat den Kern des Know-how-Managements mit dem Slogan beschrieben: "If only HP knew what HP knows" [Dave00]. Der Know-how-Ansatz stellt
das Handlungswissen des Einzelnen in den Mittelpunkt der Betrachtung, welches
er für die Lösung von Problemen einsetzt. Es kommt zu einem Paradigmawechsel,
dem Know-how-Paradigma, welches individuelle Charaktereigenschaften wie
Intuition und Kreativität in den Vordergrund stellt. Im Zusammenhang mit dem
Know-how-Management wird von folgender zentraler Fragestellung ausgegangen:

Wie kann eine Know-how-Architektur die Verbesserung von Know-how-Transfer-Prozessen gestalten und unterstützen?

Die aktuelle wissenschaftliche Literatur behandelt in ausführlicher Form die Themen Informationsmanagement [Hein99; Krcm00] und Wissensmanagement
[DaPr98; PrRR97]. Die Wirtschaftsinformatik stellt derzeit Methoden und Werkzeuge zur Unterstützung von Informationsprozessen zur Verfügung, vernachlässigt allerdings den Aspekt der Know-how-Unterstützung. Erste Ansätze zum
Thema Know-how finden sich bei [Roit96]. Die Einordnung des Know-how-Ansatzes in die Wissenschaftsdisziplin Wirtschaftsinformatik verlangt nach einer
Modifizierung der Sichtweise von Informationssystemen als Mensch-Aufgabe-
Technik-Systeme [Hein96, 14ff.; HeRo98, XIIf.].

Abbildung 2 zeigt, daß zum Erkenntnisobjekt der Wirtschaftsinformatik auch die
Ressource Know-how gehört:

- Know-how wird als höchste Lernstufe menschlichen Handelns betrachtet
  [RoFi97].

- Der Mensch muß sich in einem Lernprozeß Know-how aneignen. Das Indivi-
  duum ist der Know-how-Träger.Die Aufgabe des Einzelnen beruht auf der Lösung individueller Probleme der Kunden.

- Der Terminus Informations- und Kommunikationstechnik impliziert Einzel-
  techniken (z. B. Eingabe-, Ausgabe-, Speicher- und Transporttechnik) sowie

integrierte Techniksysteme (z. B. Internet) zur Unterstützung des Aufbaus von Know-how.

Diese vier Komponenten reichen jedoch für die Bildung des Know-how-Ansatzes nicht aus. Jede dieser Komponenten ist anderen Wissenschaftsdisziplinen zuzuordnen. Erst ihre Zusammenfassung mittels geeigneter Methoden und Werkzeuge bewirkt den Know-how-Ansatz.

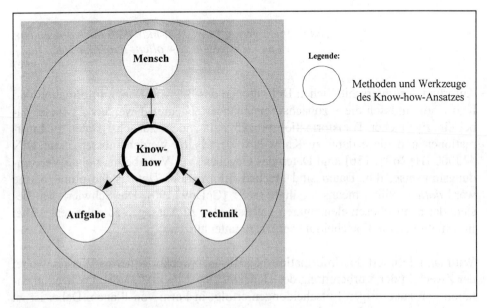

Abbildung 2: Know-how-Ansatz

Das Informationsmanagement strebt die Integration von Mensch-Aufgabe-Technik-Systemen an und legt einen besonderen Fokus auf eine technologische Unterstützung. Die Bedeutung des Menschen mit seinem Know-how wird in diesem Prozeß weniger beachtet bzw. unterschätzt. Im Rahmen des Know-how-Managements gilt es, den Menschen mit seinen Fähigkeiten und seinem impliziten Wissen in den Vordergrund zu stellen und seine Weiterentwicklung von Know-how mit geeigneten Methoden und Werkzeugen zu unterstützen. Die Prozesse des Know-how-Managements basieren auf zwei Elementen:

1. Know-how-Architektur: ein Vorgehensmodell für die Einführung eines Know-how-Unternehmens. Dies ist die *originäre* Komponente von Know-how-Prozessen. Expertenwissen wird in Form von Mind-Maps festgehalten.

2.   KNOW-HOW-MANAGER: ein Softwarewerkzeug für die Integration der 5 Prozesse der Know-how-Architektur. Dies ist die *sekundäre* Komponente für Know-how-Prozesse.

3   Know-how-Begriff

> *„Es ist nicht genug zu wissen; man muß auch anwenden;*
> *es ist nicht genug zu wollen; man muß auch tun."*
> *(Goethe)*

Aufgrund der unterschiedlichen Definitionen der Begriffe Daten, Information und Know-how müssen diese zunächst voneinander abgegrenzt werden. Es findet dabei ein zweifacher Transformationsprozeß statt, indem zunächst Daten zu Informationen und diese dann zu Know-how verarbeitet werden müssen. Laut DIN 443000 [HeRo98, 136] sind Daten das Gegebene zur Verarbeitung ohne Verwendungshinweise, d.h. Daten sind „factual information. *Data* is the plural of the word *datum*, which means a ‚single fact'" [CoDo92, 90]. Die Schwierigkeit besteht darin, aus diesen elementaren Tatbeständen zu Aussagen zu gelangen, wobei Informationen die Entscheidungsprozesse unterstützen.

Wittmann definiert den Informationsbegriff als „zweckorientiertes Wissen, wobei der Zweck in der Vorbereitung des Handelns liegt" [Witt80, 894]. Die Dokumentation von zukünftigen Entscheidungen erfolgt in Form von Plänen. Dabei ist zu berücksichtigen, daß zweckorientiertes Wissen zukunftsorientiert ist und somit eine Unvollkommenheit der Information vorliegen kann [Witt80, 897]. Heinrich/Roithmayr präzisieren den Terminus Information von Wittmann als: „handlungsbestimmendes Wissen über vergangene, gegenwärtige und zukünftige Zustände der Wirklichkeit und Vorgänge in der Wirklichkeit" [HeRo98, 263]. Allerdings hängt die Güte einer Entscheidung von den zur Verfügung stehenden Informationen ab. Durch Verdichtung und Auswertungsverfahren hat eine Person Daten zu Informationen verarbeitet, d.h. das Stadium des Vorhandenseins von unabhängig voneinander existierenden Aussagen wird verlassen und hat sich in Richtung eines informativen Wissens entwickelt. Information wird als reines Faktenwissen verstanden und ist in Anlehnung an Dreyfus [DrDr97] den Novizen eigen. In der deutschen Sprache wird dieser Ausdruck synonym mit „Wissen, daß (...)" verwendet. Beispielsweise weiß eine Person, daß man zum Tennisspielen einen Schläger benötigt, kann sich aber nicht auf frühere Erfahrungen bei der Ausführung einer Handlung stützen. Der Terminus „Wissen, daß (...)" ist gleichbedeutend mit dem Terminus Information, welche als kodifiziertes bzw. explizites Wissen

oder „explicit knowledge" betrachtet wird. Der Prozeß, aus den bestehenden Informationen die wichtigsten Informationen zu filtern und weiterzuentwickeln, ist
Gegenstand des Übergangs von der Informationsstufe zur höchsten Lernstufe
Know-how.

Der Begriff Know-how impliziert, daß Akteure ihre Fertigkeiten in eine Handlung
umsetzen können. Synonyme für den Begriff Know-how sind Können, „Wissen,
wie man etwas macht", Erfahrungswissen oder „tacit knowledge". Inhaltlich kann
Know-how wie folgt beschrieben werden [RoFi97, 504]:

- Know-how kann nur in einem Übungs- und Lernprozeß erworben werden, d.h.
  Know-how wird durch einen Prozeßcharakter determiniert.

- Der Know-how-Thematik liegt ein kognitiv-individualistischer Ansatz in dem
  Sinne zugrunde, daß Träger von Know-how Personen sind.

- Know-how ist handlungsorientiert (skill-oriented). Know-how-Träger wissen
  nicht nur, wie etwas funktioniert, sondern können ihr „Wissen, daß (...)" in
  eine Handlung umsetzen. Es entsteht ein „knowing how", welches sich durch
  automatische Handlungsabläufe auszeichnet.

- Know-how-Träger reagieren intuitiv aufgrund von früher erworbenen Erfahrungen, an die sie sich erinnern.

- Know-how beinhaltet ein implizites Wissen, da „wir mehr wissen, als wir zu
  sagen wissen" [Pola85, 14].

- Know-how weist eine qualitative Komponente auf, basierend auf dem kognitiven Ansatz.

Diese inhaltliche Beschreibung führt zur Formulierung der folgenden Definition
von Know-how: Know-how ist das implizite, auf Erfahrungen beruhende Handlungswissen einer Person. Die Unterscheidung der Begriffe Daten, Information
und Know-how kann anhand des folgenden Beispiels beschrieben werden
[CoFu96]: Daten werden über eine bestimmte Marktsituation in Form einer
Marktforschungsstudie erhoben. Die Analyse des Datenmaterials erscheint in einem Bericht, der die wesentlichen Erkenntnisse in strukturierter Form darlegt.
Diese Information kann ein Experte als Grundlage für seine Entscheidungen heranziehen und aufgrund seines Know-hows und seiner Erfahrungen interpretieren.
Unter einem Know-how-Unternehmen wird ein Unternehmen verstanden, welches
sich durch folgende fünf Eigenschaften auszeichnet [RoFi97, 504]:

1. seine Problemlösungskompetenz,

2. seine Kundenorientierung,

3. sein Potential an kreativen Know-how-Trägern,

4. seine Schnelligkeit in Bezug auf die Entwicklung innovativer Lösungen und

5. sein Grad der Vernetzung mit anderen Know-how-Trägern.

Klassische Know-how-Unternehmen sind Beratungsunternehmen, Anwaltskanzleien, Wirtschaftsprüfungsgesellschaften, Kliniken aber auch Forschungs- und Entwicklungsabteilungen in Industriebetrieben. Die Liste derjenigen Unternehmen, die Know-how-Management betreiben, reicht von Benetton, British Petroleum, Hewlett-Packard bis hin zu McDonalds.

4 Know-how-Architektur

> *„The only irreplaceable capital an organization possesses is the knowledge and ability of its people. The productivity of that capital depends on how effectively people share their competence with those who can use it."*
> *(Andrew Carnegie)*

4.1 Mind-Mapping

Der Begriff Know-how weist einen kognitiven Charakter auf, weshalb es kreativer Methoden zur Abbildung von Know-how-Prozessen bedarf. Der Know-how-Ansatz wird mittels der Methode Mind-Mapping [BuBu97] analysiert und unterstützt. Die gegenwärtigen Aufzeichnungssysteme weisen den Nachteil auf, daß sich die formale und sprachliche Gestaltung durch Sachlichkeit, Analysefähigkeit, Linearität, sowie ein hohes Abstraktionsniveau auszeichnet. Das menschliche Gehirn langweilt sich und führt somit keine Assoziationen durch. Dieser Aspekt steht allerdings im Widerspruch zur Know-how-Thematik, welche das gesamte Erfahrungswissen eines Know-how-Trägers aktiviert. Eine Struktur, welche neben Worten und Texten auch Farben, Symbole sowie Grafiken vereint, begünstigt die kommunikativen Fähigkeiten von Know-how. Nach der Theorie von Buzan beginnt ein Mind-Map mit dem Festlegen eines Zentralthemas oder einer Zentralgrafik, von der aus sich einzelne Hauptäste verzweigen, die sich wiederum in weitere Unteräste gliedern. Abbildung 3 zeigt die Funktionen der Otto-Beisheim-Stiftung in Form eines Mind-Maps. Vom Zentralthema aus verzweigen sich 9 Hauptäste, die sich in weitere Unteräste gliedern.

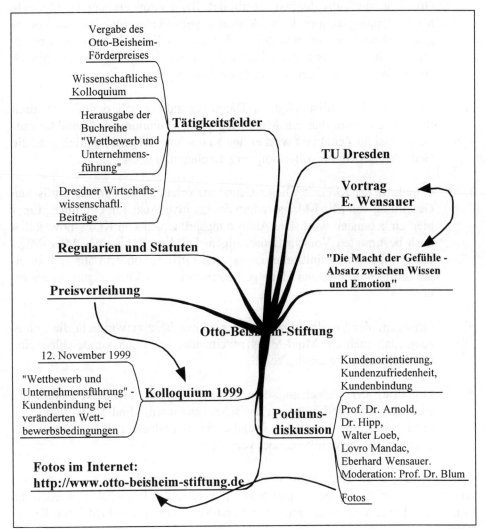

Abbildung 3: Mind-Map Otto-Beisheim-Stiftung

Damit die Erstellung der Mind-Maps nicht willkürlich erfolgt, werden Gestaltungsempfehlungen für die Vorgehensweise aufgestellt. In Analogie zu den Begriffen „Grundsätze ordnungsmäßiger Buchführung" und „Grundsätze ordnungsmäßiger Modellierung" [BeRS95] werden „Grundsätze ordnungsmäßigen Mind-Mappings (GoMiMa)" [Fink00, 87ff.] formuliert:

1. Grundsatz der Individualität. Der Grundsatz der Richtigkeit wird durch den Grundsatz der Individualität substituiert. Bei der Anwendung der Methode Mind-Mapping können keine Aussagen getroffen werden, ob das vorliegende Mind-Map sinngemäß das Wissen des Know-how-Trägers repräsentiert. Jeder Experte hat seinen eigenen Mind-Map-Stil, was sich auch aus der kognitiven Eigenart von Know-how ergibt.

2. Grundsatz der Vollständigkeit. Dieser Grundsatz soll dem Sachverhalt Rechnung tragen, daß ein Mind-Map einen evolutionären Charakter aufweist. Erst im Zeitablauf wird es den Know-how-Trägern möglich sein, die Gedankenstrukturen vollständig zu artikulieren.

3. Grundsatz der Klarheit. Dieser Grundsatz orientiert sich an der grafischen Gestaltung von Mind-Maps, indem der kreative Prozeß in Ordnungsprinzipien eingebunden wird. Die Anordnungsprinzipien von Know-how sollen nach bestimmten Vorschriften erfolgen. Die Erstellung eines Mind-Maps beginnt mit der Definition eines Zentralbegriffes, von dem aus sich strahlenförmig die einzelnen Hauptgedanken mit ihren Verzweigungen anordnen.

4. Grundsatz der Vergleichbarkeit. Dieser Grundsatz verwirklicht die Forderung, daß mehrere Mind-Maps miteinander inhaltlich vergleichbar sind (semantische Vergleichbarkeit).

5. Grundsatz der Vernetzung. Die semantische Vergleichbarkeit stellt das Einfügen von Verbindungen zwischen mehreren Mind-Maps sicher. Es entstehen Know-how-Netze, welche die individuellen Assoziationen der Know-how-Träger miteinander verknüpfen.

Die Erstellung eines Mind-Maps weist einen hohen Freiheitsgrad auf, da die persönlichen Assoziationen der Experten zu einer Kernidee festgehalten werden. Im Hinblick auf eine Vernetzung mehrerer Mind-Maps von unterschiedlichen Know-how-Trägern ist es jedoch erforderlich, daß jedes Mind-Map ein Minimum an einer einheitlichen Gestaltung beinhaltet. Sollte ein Mind-Map mehrere Kernideen zur Problemlösung vorschlagen, dann empfiehlt sich die Erstellung eines zweiten Mind-Maps, welches als Zentralthema diese innovativen Gedanken abbildet.

4.2 Grundlagen der Know-how-Architektur

Prozeß	Verwendete Methodikansätze	Prozeß-Ziele	Aufgaben
Vorstudie	Istzustandsorientierung und Sollzustandsorientierung	Grundkonzeption: Definiertes Know-how in Form eines Know-how-Portfolios	• Definition der Rolle des Know-how-Engineers • Zusammenstellung des Know-how-Projektteams • Entwurf der Grundkonzeption • Definition von Know-how-Zielen
Identifikation	Istzustandsorientierung und Sollzustandsorientierung im Rahmen der Grundkonzeption	Identifikation des Know-hows aller Know-how-Träger mittels Mind-Mapping	• Identifikation der Know-how-Träger mit ihrem Know-how • Analyse der Mind-Maps • Anpassen der Grundkonzeption
Adaption	Sollzustandsorientierung	Detaillierte und verfeinerte Mind-Maps der Know-how-Träger	• Detaillierung der Mind-Maps durch Anwendung von Kreativitätstechniken • Verfeinerung der Mind-Maps durch die Umsetzung von Text-, Video- und Tonaufzeichnungen • Interpretation der Mind-Maps und Thesaurus-Erstellung
Vernetzung	Sollzustandsorientierung	Know-how-Netze für die definierte Problemstellung	• Entwicklung von Know-how-Netzen • Problemlösung für Kunden
Implementierung	Sollzustandsorientierung	Know-how-Unternehmen bzw. aktualisierte Know-how-Unternehmen	• Transformation zu einem Know-how-Unternehmen • Aktualisierung der Know-how-Architektur

Tabelle 1: Überblick über die Know-how-Architektur

Die Know-how-Architektur wird als eine Menge von systematisch miteinander verbundenen Mind-Maps verstanden. Der Terminus Architektur nimmt eine Erklärung der Konstruktion von Know-how-Netzwerken aus umgangssprachlicher

Perspektive [Sche98, 1] vor. Dennoch beinhaltet die Know-how-Architektur Elemente eines Vorgehensmodells [HeRo98, 562], da den einzelnen Planungsschritten Handlungsanweisungen zugewiesen und teilweise Zuordnungen von Methoden und Techniken vorgenommen werden. Im Unterschied zu Business Knowledge Management Ansätzen, beispielsweise bei [BaVÖ99], die vom Geschäftsprozeß-Modell ausgehen, ist im Know-how-Management-Ansatz die Basis für die Generierung von Know-how der Mitarbeiter als Know-how-Träger. Der Know-how-Ansatz stellt nicht das dokumenten- und informationsbasierte Wissen in den Vordergrund der Betrachtung, sondern bezieht sich auf das „tacit knowledge" der Mitarbeiter, welches personenindividuell und schwer transferierbar ist. In Anlehnung an den Systemplanungsansatz von Heinrich [Hein94; Hein96] wird eine Know-how-Architektur [Fink00] konzipiert, welche aus fünf Prozessen besteht. Tabelle 1 gibt einen Überblick über die verwendeten Methodikansätze, die Ziele und die jeweiligen Aufgaben der einzelnen Prozesse.

Das Sachziel der Know-how-Planung kann wie folgt beschrieben werden: Der Kunde erteilt den Auftrag, ein Know-how-Unternehmen zu entwickeln bzw. ein bereits vorhandenes Know-how-Unternehmen auf ein höheres Niveau zu transformieren. Abbildung 4 zeigt den Know-how-Ansatz unter Berücksichtigung der Voraussetzungen und Ergebnisse.

Der gesamten Know-how-Architektur liegt ein Regelkreis zugrunde, welcher durch die dicke Pfeilrichtung symbolisiert wird (Abbildung 4). Ein Regelkreis ist ein geschlossener und dynamischer Wirkungskreis, der aus der Regelgröße und dem Regler besteht. Der Know-how-Kreislauf ist ein zirkulärer Prozeß, der zwei wesentliche Faktoren beinhaltet: Die zu regelnde Größe kommt den Know-how-Trägern (Regelgröße) gleich, und zum anderen verändert das Know-how-Management (Regler) die Experten. Im Sinne der Regelungstechnik lautet die Aufgabe, ein Know-how-Unternehmen im Zeitablauf zu verwirklichen. Dieser zugrundeliegende Soll-Wert kann durch Störgrößen beeinflußt werden, weshalb die Regelgröße erfaßt werden muß, d.h. es wird der Ist-Wert der derzeitigen Know-how-Träger gemessen. Das Know-how-Management beobachtet die Regelabweichung als Differenz zwischen Ist- und Soll-Wert und paßt je nach Ergebnis des Vergleichs die geistigen Werte der Experten dem geplanten Kurs an. Im Know-how-Kreislauf wird der Ist-Wert, welcher Ausgangsposition der Regelstrecke ist, kontinuierlich mit dem Soll-Wert verglichen. Dieser Soll-Ist-Vergleich der Know-how-Träger wirkt als Eingangsgröße auf das Know-how-Management. Obwohl der Regelkreis als ein geschlossener Wirkungskreislauf bezeichnet wird, so ist er dennoch nach außen offen, denn die Störgrößen ändern sich. Die einzelnen Prozesse wirken aufeinander und es entsteht ein vernetztes System der Know-how-Prozesse. Der Know-how-Ansatz kann nur auf der Grundlage sich ständig wiederholender Prozesse interpretiert werden, da sich Know-how und Handeln gegenseitig bedingen und ergänzen. Von jedem Kernprozeß aus besteht die Möglichkeit, einen anderen Kernprozeß zu bearbeiten. Diese Sichtweise kommt durch die in der Mitte der Architektur dargestellten unterbrochenen Linien zum Tragen (Abbildung 4). Dem vorliegenden Konzept liegt der Gedanke zugrunde, daß die Ressource Know-how Gegenstand aller Prozesse ist. Ein bereits durchlaufener Know-how-Regelkreis muß ständig auf seinen Soll- und Ist-Zustand überprüft werden. Daraus leitet sich eine Änderung des unternehmerischen Know-hows, der Know-how-Träger und der Know-how-Netzwerke ab. Nach Abschluß des Transformationsprozesses setzt die Generierung von neuem Know-how ein.

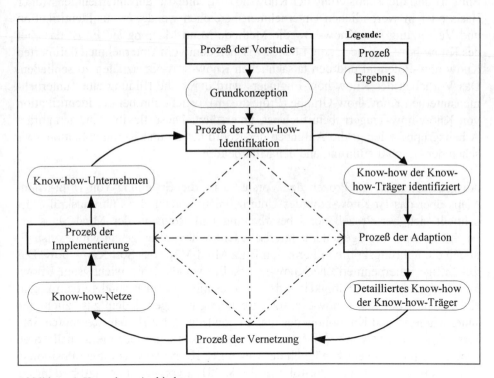

Abbildung 4: Know-how-Architektur

4.3   Prozeß der Vorstudie

Der Prozeß der Vorstudie ist maßgeblich an der Orientierung der Wettbewerbssituation von Know-how-intensiven Prozessen geprägt. Das Ziel liegt in der Beantwortung der Frage, ob sich das Unternehmen zu einem Know-how-Unternehmen entwickeln will. Dazu muß eine Person bestimmt werden, die prozeßbegleitend die Implementierung eines Know-how-Unternehmens verwirklicht. Für diese Funktion wird der Begriff Know-how-Engineer, in Anlehnung an den in der Wirtschaftsinformatik verwendeten Ansatz des Information Engineering [Mart89], eingeführt. Es fällt in den Aufgabenbereich des Know-how-Engineers, den Know-how-Ansatz im Unternehmen umzusetzen. Für die Planung, die Analyse, den Entwurf und die Realisierung der Know-how-Architektur auf unternehmensweiter Basis oder in wesentlichen Unternehmensbereichen wendet er zur Identifikation und Vernetzung von Know-how die Methode Mind-Mapping an. Es ist das Ziel des Know-how-Engineers, die Lücke zwischen dem vom Unternehmen definierten Know-how-Potential und den tatsächlichen Know-how-Kapazitäten zu schließen. Das Vorhaben des Know-how-Engineers wird durch die Bildung einer unternehmensinternen Know-how-Gruppe (Projektteam), welche ihn bei der Identifikation von Know-how-Trägern behilflich ist, unterstützt. Diese flexible und temporäre Arbeitsgruppe erledigt die Aufgaben der Koordination und Kommunikation zwischen der Geschäftsführung und den Mitarbeitern.

Ausgangssituation im Prozeß der Vorstudie ist die Erstellung von Blitz-Mind-Maps über das Ist-Know-how des Unternehmens seitens der Führungskräfte. Es schließt sich der Prozeß der Überarbeitung und Revision der Mind-Maps an. Nachdem das derzeitige unternehmerische Know-how offen gelegt wurde, visualisieren die Führungskräfte in Form von Blitz-Mind-Maps das Soll-Know-how. Das zukünftige unternehmerische Know-how sollte verstärkt die wichtigsten Know-how-Träger mit ihren Fähigkeiten darlegen. Damit wird insbesondere dem kognitiven Aspekt des Know-how-Ansatzes Rechnung getragen, indem zusätzlich zum unternehmerischen Know-how das „tacit knowledge" des Human Ressource Faktors berücksichtigt wird. Zur Entscheidungsunterstützung über die aktuelle Stellung des Unternehmens bezüglich der Ressource Know-how wird eine Positionierung in einem Know-how-Portfolio [RoFi98, 481f.] vorgenommen (Abbildung 5). Die Darstellung der Know-how-Träger und des unternehmerischen Know-how im Portfolio liefert die Grundkonzeption für das Know-how-Management.

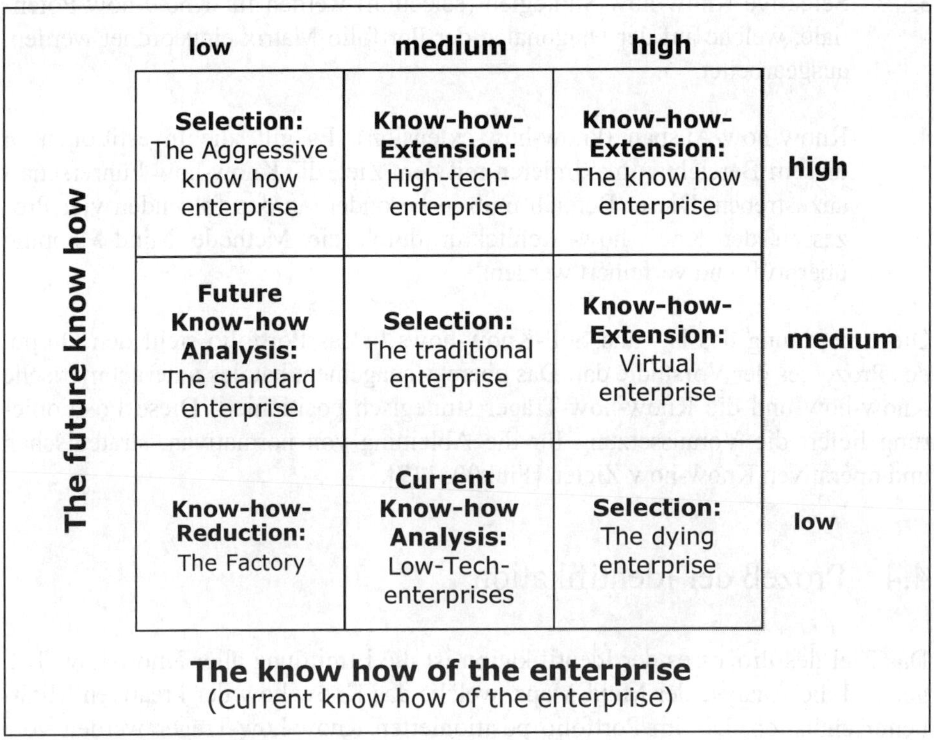

	low	medium	high	
The future know how	**Selection:** The Aggressive know how enterprise	**Know-how-Extension:** High-tech-enterprise	**Know-how-Extension:** The know how enterprise	**high**
	Future Know-how Analysis: The standard enterprise	**Selection:** The traditional enterprise	**Know-how-Extension:** Virtual enterprise	**medium**
	Know-how-Reduction: The Factory	**Current Know-how Analysis:** Low-Tech-enterprises	**Selection:** The dying enterprise	**low**

The know how of the enterprise
(Current know how of the enterprise)

Abbildung 5: Know-how-Portfolio

In der 3x3-Felder-Matrix werden das unternehmerische Know-how und die definierten Know-how-Träger eingetragen. Die Abstimmung der Rangordnung der Achsen mit der qualitativen Ausprägung der Mind-Maps wird durch die Verwendung der qualitativen Größenordnung niedrig, mittel, hoch gewährleistet. Jedem Feld im Portfolio werden strategische Optionen – Normstrategien – zugeordnet (Abbildung 5):

1. Know-how-Abbau (know-how-reduction). Strategien für diesen Bereich werden formuliert, wenn die derzeitige und zukünftige Know-how-Position niedrig ist.

2. Derzeitige/zukünftige Know-how-Analyse (current/future know-how-analysis). Die zweckmäßigste Strategie besteht einerseits darin, die Investitionen zu minimieren und einen stufenweisen Rückzug vorzubereiten oder andererseits Investitionen in den Ausbau von Know-how-Trägern zu tätigen.

3. Selektive Know-how-Strategien (selection) werden für Know-how-Potentiale, welche auf der Diagonalen der Portfolio-Matrix eingeordnet werden, ausgearbeitet.

4. Know-how-Ausbau (know-how-extension). Es gilt, die Investitionen in diesem Bereich zu maximieren mit dem Ziel, die Know-how-Führerschaft anzustreben. Dieser Bereich muß insbesondere in den folgenden vier Prozessen der Know-how-Architektur durch die Methode Mind-Mapping überprüft und verfeinert werden.

Die Einordnung des Ist- und Soll-Know-hows in das Portfolio stellt den Output des Prozesses der Vorstudie dar. Das obere Management hat das unternehmerische Know-how und die Know-how-Träger strategisch positioniert. Diese Positionierung liefert die Voraussetzung für die Ableitung von normativen, strategischen und operativen Know-how-Zielen [Fink00, 117].

4.4 Prozeß der Identifikation

Das Ziel des Prozesses der Identifikation ist die Ermittlung aller Know-how-Träger und die Analyse der Mind-Maps, welche das Know-how der kreativen Mitarbeiter enthalten. Die im Portfolio positionierten Know-how-Träger werden vom Know-how-Engineer aufgefordert, Mind-Maps über ihr Erfahrungswissen zu zeichnen. Im Unterschied zu den Blitz-Mind-Maps im Prozeß der Vorstudie weisen diese Mind-Maps einen wesentlich höheren Detaillierungsgrad auf. Die Feststellung von zusätzlichen Know-how-Trägern in den Mind-Maps führt zur Erweiterung der Bestandsliste der im Unternehmen vorhandenen Experten. In diesem Prozeß finden primär die GoMiMa Anwendung. Vom Grundsatz der Vollständigkeit und Klarheit hängt die Qualität der Mind-Maps ab. Gewinnt der Know-how-Engineer den Eindruck, daß die Mind-Maps nicht den erwünschten Detaillierungsgrad aufweisen, so muß der Vorgang der Überarbeitung und Analyse solange wiederholt werden, bis der Experte und der Know-how-Engineer gemeinsam einen Konsens über die Repräsentation der Gedankenstrukturen gefunden haben.

Unterstützend kann dabei der Know-how-Engineer Interviews mit den Know-how-Trägern führen. Dieser wird sich auf den Typus von qualitativen Forschungsmethoden [Lamn95] als zentrale Datenbasis für die detaillierte Erforschung des Know-hows konzentrieren. Bei Untersuchungen [Star97] über „knowledge intensive firms" wurde die Methode des Interviews eingesetzt und die Beobachtung gemacht, daß sich mit den Experten interessante Konversationen ergaben. In diesem Forschungsprojekt mußten nur einige Themenbereiche angesprochen werden und die Experten „would begin to extrapolate – telling me who else I should interview, what issues ought to interest me, where my assumptions seemed wrong, and how their worlds look to them" [Star97, 155]. Der Einsatz der Methode des qualitativen Interviews führt dazu, daß der Know-how-Engineer einen Einblick in die Fähigkeiten des Know-how-Trägers und über zusätzliche Know-how-Träger erhält. In Folge ist das bestehende Verzeichnis über die Know-how-Träger zu erweitern und Ergänzungen im Portfolio vorzunehmen, d.h. es muß eine Anpassung der Grundkonzeption erfolgen.

4.5   Prozeß der Adaption

Das Ziel des Prozesses der Adaption liegt in der Verfeinerung und Detaillierung der Mind-Maps. Gemäß des Grundsatzes der Vollständigkeit, der Klarheit und der Vergleichbarkeit ist es das Ziel, das intuitive Erfahrungswissen des Know-how-Trägers zu interpretieren. Dies bedeutet auch, daß Text-, Ton- und Videoaufzeichnungen, welche die Know-how-Träger in den Mind-Maps hinterlegt haben, transkripiert werden müssen.

In den Mind-Maps haben die Know-how-Träger ihr Erfahrungswissen, ihre Einstellungen und ihr „tacit knowledge" kommuniziert. Es fällt in den Aufgabenbereich des Kow-how-Engineers, zusammen mit dem Projektteam durch die Methode der qualitativen Inhaltsanalyse Rückschlüsse auf das Know-how der Experten zu ziehen. Im Kontext des qualitativen Forschungsvorhabens dient die Inhaltsanalyse („content analysis") „der Auswertung bereits erhobenen Datenmaterials, und das heißt, sie dient der Interpretation symbolisch-kommunikativ vermittelter Interaktion in einem wissenschaftlichen Diskurs" [Lamn95, 173]. Die kommunizierten Ideen der Know-how-Träger sind so vielschichtig, daß der Know-how-Engineer diese ordnen und zusammenfassen muß, um eine Datenauswertung zu bewirken. Die in den Mind-Maps dargelegten Gedanken werden in einer Datenbank abgelegt. Somit besitzt der Know-how-Engineer die Möglichkeit, in dieser Know-how-Datenbank nach dem Erfahrungswissen der Know-how-Träger zu recherchieren.

Die Wiedergewinnung von Know-how aus den dokumentierten Mind-Maps erfolgt mit Hilfe eines Thesaurus [NASA98a; NASA98b; NASA98c]. Der Thesaurus dient als grundlegendes Hilfsmittel im Rahmen des Know-how-Ansatzes zur Wiederauffindung und inhaltlichen Erschließung der Mind-Maps sowie zur Wiedergewinnung von Erkenntnissen über jede in einem Mind-Map dargelegte Komponente der Know-how-Träger. Ein Beispiel für einen von der NASA angeführten Thesaurus ist beispielsweise der Begriff "Mars mission" (Abbildung 6). Es bedeuten dabei die Abkürzungen GS = Generic Structure und RT = Related Term. Die "generic structure" repräsentiert einen Obergriff oder einen Gattungsbegriff, d.h. eine weitere und allgemeingültigere Fassung vom Begriff "Mars missions" ist beispielsweise Weltraummission ("space mission"). Außerdem werden zu jedem Begriff verwandte Worte ("Related Term") angeführt, wie z. B. Mars Pathfinder, Mars Observer.

Mars missions *(added February 1999)*	
GS	Space mission
	. **Mars missions**
	.. manned Mars missions
	.. Mars sample return missions
	.. Mars Surveyor 2001 Mission
RT	Earth-Mars trajectories
	Mars Climate Orbiter
	Mars exploration
	Mars Global Surveyor
	Mars landing
	Mars Observer
	Mars Pathfinder
	Mars Polar Lander
	Mars probes
	Mars surface samples
	Mars Surveyor 98 Program
	Missions
	Return to Earth space flight

Abbildung 6: Thesaurus Beispiel für den Begriff "Mars Missions"

Im Zusammenhang mit Know-how-Management soll mit Hilfe des Thesaurus die unternehmensinterne Sprache abgebildet werden. Jedes Unternehmen verfügt über einen eigenen Wortschatz, der beispielsweise nur für eine bestimmte Abteilung oder für eine Landesfiliale gilt. Diese interne Sichtweise von Know-how-Prozessen stellt einen wesentlichen Teil des impliziten Wissens eines Unternehmens dar. Zwei Mitarbeiter eines Unternehmens diskutieren über die Lösung eines Problems, jedoch verwendet jeder individuell seinen eigenen Sprachwortschatz. Der Thesaurus soll eine Unterstützung liefern, die unterschiedlichen Sprachvarianten zu erfassen, indem zu jedem Wort Synonyme oder Antonyme aufgebaut werden.

4.6   Prozeß der Vernetzung

4.6.1 Vorgangsweise

Das Ziel des Prozesses der Vernetzung ist die Erstellung von Know-how-Netzen. Basierend auf den in der Know-how-Datenbank abgelegten Gedankenstrukturen der Know-how-Träger und unter Zuhilfenahme des Thesaurus konstruiert der Know-how-Engineer Vernetzungen. Die Bildung eines Know-how-Netzes wird von einer problemlösungsorientierten Strategie [Leon95] geprägt, um individuelle Kundenwünsche zu erfüllen. Die traditionellen Informations- und Kommunikationstechnologien unterstützen die Erfassung, Archivierung und Sortierung von Informationen. Beispielsweise können mittels SQL[2]-Abfragen aus einer Access-Datenbank Abfragen generiert werden, welcher Kunde im 1. Quartal 2000 einen Umsatz von mehr als 400.000 DM hatte. Im Kontext des Know-how-Paradigmas geht es um eine andere Fragestellung: Wie kann das Expertenwissen für die Lösung eines Kundenproblems gefunden und vernetzt werden? Folgendes Szenario führt im Unternehmen zur Verschwendung von wertvollem Know-how:

Ein Mitarbeiter (M1) richtet sich an einen Kollegen (M2) mit einem bestimmten definierten Problem.

Frage M1: „Kannst du mir mit meinem beschriebenen Problem helfen? Ich denke, Du kennst dich damit aus!"

Antwort M2:"Nein, wie kommst du auf meine Person?"

Antwort M1: „Herr Müller hat mich an dich verwiesen. Du seist ein Experte auf diesem Gebiet!"

Antwort M2: „Nein, ich nicht. Aber ich kenne den Herrn .... in ..., ich glaube in Brasilien. Jedenfalls dieser besagte Herr ist ein Spezialist auf diesem Gebiet"

Frage M1: „ Und wie finde ich den Namen und mehr Informationen über seine Fähigkeiten?"

Antwort M2: „ Weiß ich nicht!"

Wie in diesem Szenario beschrieben, laufen heute in vielen Unternehmen Prozesse auf der Suche nach den richtigen Experten zur Lösung individueller Kundenwünsche ab. Leider enden diese Prozesse oftmals ohne Erfolg. Das Know-how ist zwar vorhanden, aber nicht aktuell verfügbar. Die Know-how-Architektur lie-

---

[2]   SQL = Structured Query Language (strukturierte Abfragesprache)

fert ein Vorgehensmodell für die Überwindung der oben genannten Hindernisse. Die Know-how-Träger haben ihr implizites Wissen in Mind-Maps dargestellt, und dieses ist für andere Ansprechpartner nun verfügbar. Zur Problemlösung muß das Know-how interpretiert werden und kann auf das eigene Problem angewendet werden.

Ausgangspunkt der Implementierung des Know-how-Netzes ist es, das für die Problemstellung benötigte Know-how in der Know-how-Datenbank zu eruieren und aufzulisten. Der Know-how-Engineer recherchiert in der Datenbank, um das relevante Know-how der Experten zu determinieren und um die Lösung der Probleme zu gewährleisten. Für eine in der Know-how-Datenbank gefundene Know-how-Komponente können n-Tupel von ähnlichen Strukturen vorhanden sein. Das Ergebnis der Recherche ist eine Liste von Mind-Maps, welche die individuellen Assoziationen beinhalten. Die einzelnen Mind-Maps werden miteinander verbunden. Der Vorgang der Verknüpfung beruht auf dem Einfügen von künstlichen Verbindungen („artificial connections"). Im Gegensatz zu den natürlichen Denkstrukturen, welche in den Mind-Maps zum Ausdruck kommen, dienen die künstlichen Verbindungen dem Zusammenfügen mehrerer Mind-Maps zu einem Netz. Dies bedeutet, daß künstliche Verbindungen vom Know-how-Engineer eingeführte Konnexionen sind, um eine Vielzahl von Mind-Maps zu vernetzen. Auf der Basis von Mind-Maps entstehen Know-how-Netze. Diese repräsentieren die intuitiven und kreativen Gedankenstrukturen der Experten. Das für die Problemstellung benötigte Know-how wird durch das Einfügen von künstlichen Verbindungen zu einem Know-how-Netz transformiert. Der Output des Prozesses der Vernetzung ist ein Know-how-Team, welches die Know-how-Träger mit ihrem „tacit knowledge" für die Lösung des Problems beinhaltet. Die Methode Mind-Mapping dient nicht nur der Generierung, Weiterentwicklung und Archivierung von Know-how, sondern insbesondere für die Vernetzung der einzelnen Mind-Maps. Die vom Kunden geäußerte Problemstellung wird von mehreren Know-how-Trägern gelöst, wobei nicht nur interne Mitarbeiter Teil des Know-how-Netzes sein können, sondern auch externe Partner wie z. B. Kunden oder Lieferanten.

4.6.2 Fallbeispiel zur Vernetzung

Die Vernetzungsstrategie der Mind-Maps für eine definierte Problemstellung wurde anhand eines Fallbeispiels bei einer Medienfirma in Innsbruck überprüft. Diese Firma bietet Beratung und Umsetzung von Multimedia-, Internet- und Video-Projekten an und besteht aus einem sehr jungen und dynamischen Team. Das Unternehmen ist vor 4 Jahren gegründet worden und zeichnet sich durch ein schnelles Wachstum und einen guten Umsatz aus. Allerdings bestand mit zunehmendem Auftragsvolumen das Problem, daß eine Unternehmensstrategie fehlte, die den Kunden die Richtung des Unternehmens aufzeigte. Mit Hilfe der Know-how-Architektur sollte eine Lösung für die Formulierung einer unternehmerischen Know-how-Strategie erfolgen. Zunächst wurden alle Mitarbeiter gebeten, in Form von Mind-Maps ihr Know-how festzuhalten. Dieser Schritt diente dem Aufbau der Know-how-Datenbank. Für die Problemlösung wurde der Geschäftsführer Mario und seine Mitarbeiterin Doris ausgewählt. Beide zusammen bilden ein *Know-how-Team* für die definierte Problemstellung, nämlich der Entwicklung einer Unternehmensstrategie für die nächsten 5 Jahre (Abbildung 7). Die Zusammenarbeit der beiden Know-how-Träger ergibt sich für folgende Bereiche:

- gemeinsame Berufserfahrung beim ORF und dem Unternehmen Fantasy,

- ähnliche Persönlichkeitsmerkmale wie Kreativität, Problemlösungsdenken,

- Fachkompetenz für die Bereiche Internet und Audiotechnik.

Insbesondere die gemeinsame Fachkompetenz und somit auch Methodenkompetenz, unterstützt durch die soziale Kompetenz, förderten die Ausarbeitung einer Unternehmensstrategie. Unterstützend wirkte auch die ausgeprägte Kenntnis des Marktes sowohl von technologischer Perspektive (Internetentwicklung, E-Commerce, Multimedia-Anwendungen etc.) als auch von fachlicher Seite. Das Know-how-Team aus Mario und Doris hat eine Unternehmensstrategie mit Visionen, Leitbild und Zielen entwickelt, welches das unternehmerische Know-how (Kernkompetenzen in Bereich Multimedia, Internet und Video) aufzeigt und die dazu benötigten Know-how-Träger identifiziert. Eine Einordnung im Portfolio hatte eine Positionierung im mittleren Know-how-Bereich gezeigt, also eine eher selektive Strategie. Das Unternehmen strebt jedoch zukünftig die Entwicklung zu einem Know-how-Unternehmen an. Die Know-how-Maps sind ein graphisches Darstellungsinstrument, welches für unterschiedliche Zielsetzungen eingesetzt werden kann und daher einige Vorteile gegenüber der linearen Darstellung aufweist:

- Erhöhung der Transparenz über Know-how-Prozesse,

- Recherche nach Know-how-Träger und/oder Know-how-Komponenten,

- Vernetzung von Know-how-Trägern und Know-how-Komponenten.

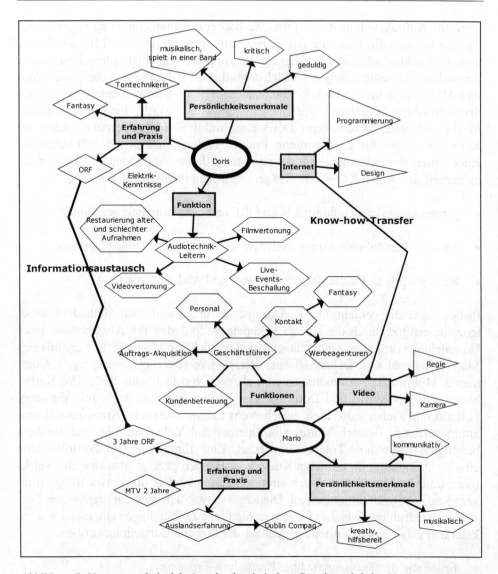

Abbildung 7: Vernetzungsbeispiel: Aus drucktechnischen Gründen wird das Vernetzungsbeispiel in Form einer schwarzweißen Grafik dargestellt. Der Theorie nach erscheinen die Vernetzungs-Maps in Farbe. Dadurch wird insbesondere der Stärke der Methode Mind-Map Rechnung getragen, indem die Kreativität und die Assoziationsfähigkeit durch das Verwenden von Farben gefördert wird.

4.7   Prozeß der Implementierung

Der letzte Prozeß der Know-how-Architektur hat zum Ziel, die einzelnen Know-how-Netze in ein Know-how-Unternehmen zu überführen. Die Know-how-Architektur fordert dabei einerseits organisatorische und andererseits personalwirtschaftliche Maßnahmen. Die Neuorganisation des Unternehmens verlangt nach einer hohen Flexibilität für die Experten, da diese in Abhängigkeit der Problemdefinition ihr Handlungswissen mehreren Know-how-Netzen zur Verfügung stellen. Der zukünftige wirtschaftliche Bedarf an Know-how-Trägern ist zu ermitteln, damit das Know-how-Unternehmen langfristig dem Kunden individuelle Problemlösungen zur Verfügung stellen kann.

Diese Aufgabe erfüllt das Controlling der Know-how-Architektur, indem der Regelkreis auf Abweichungen zwischen dem Ist-Wert und dem Soll-Wert überprüft wird. Es muß eine Balance zwischen der Nachfrage und dem Angebot an kreativen Personen geschaffen werden. Bestehende Controllinginstrumente sind primär auf quantifizierbare Größen ausgerichtet. Die Bewertung der qualitativen Größe Know-how stellt eine Herausforderung dar. Der Aktualisierungsprozeß gewährleistet die Sicherstellung von Know-how-Trägern für innovative Problemlösungen. Zum Prozeß der Umsetzung gehören Schulungsprogramme für die Mitarbeiter.

Der effiziente Einsatz des Modells der Know-how-Architektur ist nur dann sichergestellt, wenn auch eine Einbindung in das strategische Management besteht. Know-how muß als strategischer Erfolgsfaktor betrachtet werden. Dabei geht es u.a. um die Formulierung eines Leitbildes, welches für die Know-how-Träger die im Unternehmen geltenden Normen, Werte und Ideale bezüglich Wissen festlegt. Aus informationsorientierter Sichtweise ist nach Mertens die Integration von Administrations-, Dispositions-, Planungs- und Kontrollsystemen [Mert97, 1ff.] anzustreben. Im Kontext des Know-how-Managements bedeutet dies, daß die Know-how-Prozesse in horizontaler und vertikaler Richtung zur Wertschöpfung beitragen müssen (Abbildung 8), und diese umfassen die einzelnen betrieblichen Funktionen wie: Forschung und Entwicklung, Vertrieb, Beschaffung, Lagerhaltung, Produktion, Versand, Kundendienst, Finanzen, Rechnungswesen, Personal und Gebäudemanagement. Know-how-Management ist nicht nur die Aufgabe der oberen Führungskräfte sondern muß in allen Bereichen und Funktionen integriert werden. Die Integration und Vernetzung der Geschäftsprozesse wird aber nur dann erfolgreich verlaufen, wenn den Know-how-Trägern ein Werkzeug zur Verfügung steht, welches die Wertschöpfungsprozesse im Unternehmen fördert.

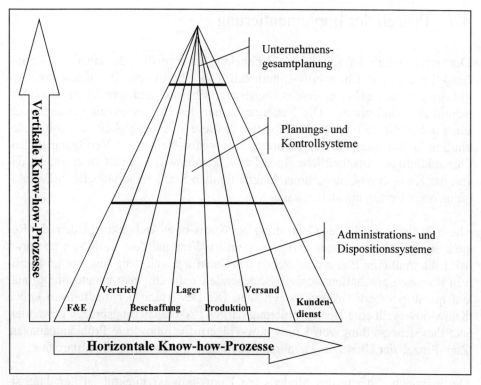

Abbildung 8: Integrierte Know-how-Prozesse

5   Das Werkzeug KNOW-HOW-MANAGER

Das Architekturmodell bildet das theoretische Fundament für die Entwicklung
eines Softwarewerkzeuges, um Know-how-Prozesse abzubilden. Das Know-how
des Unternehmens wird in Zukunft verstärkt zu einem strategischen Wert. Das
Kernproblem für Unternehmen ist, daß der Großteil des unternehmerischen Ex-
pertenwissens in impliziter Form vorliegt und somit unternehmensweit für eine
Nutzung nicht zur Verfügung steht. Am Markt bestehende Softwareprodukte wie
MindManager (www.mindmanager.com) oder Inspiration oder Mind Maps Plus
weisen den Nachteil auf, daß sie die Know-how-Architektur nur teilweise unterstützen. Primär wird der Prozeß der Identifikation abgedeckt, indem in Form von
Mind-Maps das implizite Wissen der Mitarbeiter festgehalten wird.

Das Informationsmanagement beschäftigt sich mit der Integration von Mensch-Aufgabe-Technik-Systemen, wobei ein Schwerpunkt auf der technologischen Seite zu finden ist. Im Vordergrund stehen die Bereiche der Informationsbeschaffung, der Informationsverbreitung und der Informationsarchivierung. Know-how-Management integriert zwar auch diese Elemente, richtet aber den Schwerpunkt auf den Experten mit seinem persönlichen Know-how, das in impliziter Form vorliegt. Die Know-how-Architektur ist das theoretische Fundament für den Entwurf eines Datenmodells für Know-how-Prozesse [Fink00, 218]. Dieses Datenmodell bildete den Ausgangspunkt für die Entwicklung der Software KNOW-HOW-MANAGER mit dem Ziel, das Know-how des Menschen einerseits datenbanktechnisch zu erfassen und vor allem in Form von Mind-Maps graphisch darzustellen und zu vernetzen. Der KNOW-HOW-MANAGER unterstützt die Know-how-Architektur in allen Funktionsbereichen: Erfassung, Archivierung, Weiterentwicklung und der Vernetzung von Know-how. Die traditionelle Sichtweise des Informationsmanagements wird um die Komponente Know-how erweitert und bildet somit einen homogenen Verbund von Mensch-Aufgabe-Technik-Know-how (Abbildung 2). Der KNOW-HOW-MANAGER ist ein Werkzeug, das entscheidungsrelevantes Expertenwissen enthält und eine problemlösungsorientierte Vorgehensweise für den Know-how-Engineer ermöglicht. Der KNOW-HOW-MANAGER ist ein Werkzeug, das folgende Funktionen integriert und gleichzeitig unterstützt:

- Erfassung des Handlungswissens der Experten,

- graphische Darstellung des Know-how mittels der Mind-Mapping-Technik,

- Archivierung der Mind-Maps in einer Know-how-Datenbank,

- Integration der 5 Prozesse der Know-how-Architektur,

- Vernetzung des Mind-Maps,

- problemlösungsorientierte Vorgehensweise,

- Weiterentwicklung und somit der Aufbau von neuen Wissensstrukturen.

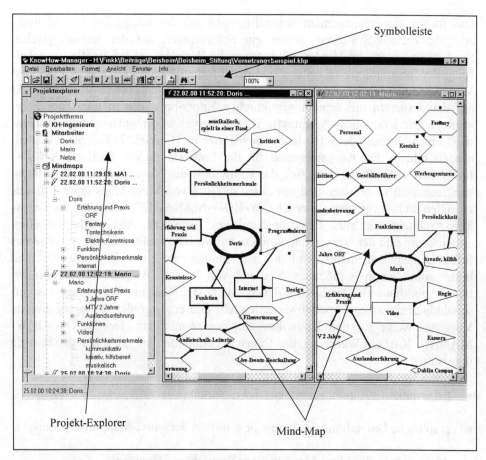

Abbildung 9: Benutzeroberfläche des KNOW-HOW-MANAGER

Die Software KNOW-HOW-MANAGER integriert die einzelnen Prozesse der Know-how-Architektur. Abbildung 9 zeigt die Benutzeroberfläche des KNOW-HOW-MANAGER. Die Benutzeroberfläche gliedert sich in drei Hauptbereiche:

- Der Projektexplorer, der die jeweiligen Know-how-Träger und Know-how-Engineers mit ihren erstellten Mind-Maps auflistet. Ausgangspunkt bildet immer das Projektthema, welches das zu bearbeitende Problem darstellt. Von jedem Mind-Map wird der Mitarbeiter, das Datum und die Uhrzeit festgehalten.

- Die jeweiligen Mind-Maps erscheinen in Mind-Map-Fenstern. Abbildung 9 zeigt die Mind-Maps des oben erwähnten Fallbeispiels von den Know-how-Trägern Mario und Doris.

- Die Symbolleisten, mit deren Hilfe im KNOW-HOW-MANAGER integrierte Befehle nach ihren Erfordernissen angeordnet werden können, so daß ein schneller Zugriff möglich wird. Eine *Menüleiste* ist eine spezielle Symbolleiste, die am oberen Rand des Bildschirmes angezeigt wird und Menüs wie Datei, Bearbeiten und Ansicht enthält. Die Navigation im KNOW-HOW-MANAGER und die Vernetzung der Mind-Maps erfolgt per Mausklick.

Im Unterschied zu bestehenden Programmen zur Erstellung von Mind-Maps wird dem Benutzer ein erweitertes Spektrum an Funktionen zur Verfügung gestellt. So hat der Anwender die Möglichkeit, nicht nur klassische Mind-Maps mit einem Zentralthema zu zeichnen, sondern kann darüber hinaus auch Unternehmensprozesse im Sinne von Workflow-Management-Prozessen abbilden oder Mind-Maps mit mehreren Zentralthemen erstellen. Know-how-Management verlangt nach einer Benutzeroberfläche, die im Wesentlichen die Kreativität und die Intuition der Know-how-Träger fördert und unterstützt. Somit ist es notwendig, den Freiheitsgrad des Mitarbeiters so wenig wie möglich einzuschränken. Ein wesentliches Merkmal des KNOW-HOW-MANAGER ist, daß den Know-how-Trägern ein möglichst breites Spektrum für die Kommunikation ihres impliziten Wissens gegeben wird. Das Bestreben des KNOW-HOW-MANAGER ist es, die Know-how-Architektur in allen Prozessen zu unterstützen. Bei der Entwicklung des KNOW-HOW-MANAGER wurde verstärkt darauf geachtet, daß der Benutzer ohne lange Einarbeitungszeit und Programmierkenntnisse eine einfache Navigation erhält. Die Individualität der Experten und die Visualisierung des impliziten Wissens der Know-how-Träger stehen im Vordergrund. Mit dem KNOW-HOW-MANAGER ist es möglich,

- implizites Wissen per Mind-Maps darzustellen und somit für die Lösung eines Problems anderen Know-how-Trägern zur Verfügung zu stellen,

- aus dem Pool der bestehenden Lösungsvorgänge durch Kombination und Adaption neues Know-how zu generieren und andere Know-how-Teams zu gründen,

- eine hohe Variation an Vernetzungsstrategien für die Problemlösung zu erzeugen.

Die Suchfunktion nimmt einen besonderen Stellenwert im KNOW-HOW-MANAGER ein, da mit Hilfe dieser Funktion die Vernetzung der Mind-Maps möglich wird. Das Ergebnis der Suche kann entweder in Tabellenform oder in graphischer Form von Mind-Maps erfolgen. Die Suche der Mind-Maps im obigen Fallbeispiel (vgl. Kapitel 4.6.2) von den Know-how-Trägern Mario und Doris liefert

Abbildung 10. Durch den Klick auf das Symbol 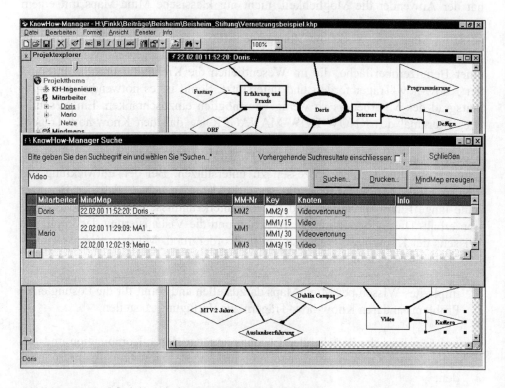 für die Funktion "Suchen" erscheint das Suchfenster. Der erste Schritt ist die Aufforderung zur Eingabe des Suchbegriffes. Im obigen Fallbeispiel war das der Terminus "Video". Das Ergebnis der Recherche ist in Tabellenform in Abbildung 10 sichtbar. Außerdem bestehen die Optionen, die Ergebnisse zu drucken oder in Form eines Vernetzungs-Mind-Maps darzustellen. Durch die Aktivierung der Aktion "Vorhergehende Suchresultate einschließen" kann der Benutzer ein Meta-Mind-Map generieren. Dies bedeutet, daß bereits existierende Vernetzungs-Mind-Maps in eine neue Suche inkludiert sind, es werden also Mind-Maps von Mind-Maps erzeugt.

Abbildung 10: Suchfunktion mit dem KNOW-HOW-MANAGER

Der bestehende Prototyp wird derzeit am Institut für Wirtschaftsinformatik der Universität Innsbruck weiterentwickelt.

6   Ergebnis und Ausblick

Der Einsatz des Prototypen in Praxisprojekten hat gezeigt, daß der Erfolg maßgeblich von der Kompetenz des Know-how-Engineers abhängt. Die Komplexität der fünf Prozesse der Know-how-Architektur ist zeitweise zu hoch, daß nur mittels einer Werkzeugunterstützung die Vernetzung der einzelnen Mind-Maps zu einem Know-how-Netz möglich ist. Sobald mehr als zehn Mind-Maps „from scratch" vorhanden sind, ist eine manuelle Vernetzung nicht mehr möglich. Die elektronische Unterstützung wird maßgeblich für den Erfolg der Implementierung von Know-how-Unternehmen nötig. Das problembezogene Vorgehen nutzt die vernetzten Strukturen mit dem Ziel des internen oder externen Transfers von Know-how.

Tabelle 2 zeigt das Ranking von Unternehmen, die sich mit Know-how-Management befassen.

Ranking	Unternehmen
1.	Microsoft (USA) Computer Software and Services
2.	BP Amoco (UK) Oil and Gas
3.	Xerox (USA) Office Equipment
4.	Buckman Laboratories (USA) Specialty Chemicals and Services
5.	Ernst & Young (USA) Accounting and Professional Services
6.	Andersen Consulting (USA) Professional Services
7.	PricewaterhouseCoopers (USA) Professional Services
8.	Hewlett-Packard (USA) Computers, Software/Office Equipment
9.	Intel (USA) Electronics
10.	Royal Dutch /Shell (Holland/UK) Oil and Gas
11.	General Electric (USA) Diversified Industrial/Services
12.	IBM (USA) Computers and IT Solutions
13.	Siemens (Germany) Electronics and Electrical Equipment

Tabelle 2: Ranking von Wissensunternehmen

Das Forschungsunternehmen Telos hat die sogenannte MAKE-Studie[3] (Most Admired Knowledge Enterprises) 1999 durchgeführt. Dabei wurden die Vertreter der

---

[3]   URL: http://www.knowledgebusiness.com, Abruf 02-25-00

500 größten Unternehmen der Welt zum Thema Know-how-Management befragt. Tabelle 2 listet die Benchmarkergebnisse der Befragung. Die weltweite Analyse des Ranking zeigt, daß Wissensunternehmen primär im US-amerikanischen Raum angesiedelt sind, während Europa auf diesem Sektor noch einigen Nachholbedarf hat. Die Resultate der MAKE-Studie und auch empirische Befunde [Fink00, 53ff.] des Instituts für Wirtschaftsinformatik der Universität Innsbruck lassen die Ableitung folgender Hypothesen für Know-how-Management zu:

1. In Europa ist Know-how-Management eine Mode, während im internationalen Geschäft Know-how-Management bereits ein Trend ist. Europa muß den weltweiten Vorsprung aufholen, indem ein Wandel von der informationsorientierten Sichtweise zu einer Know-how-orientierten Gesellschaft stattfindet. Im internationalen Vergleich, insbesondere im Vergleich zu den USA, bestehen in Europa wenig Know-how-Unternehmen.

2. Know-how-Management wird nur dann erfolgreich umgesetzt werden, wenn es dazu geeignete Methoden und Werkzeuge gibt.

3. Die eigentlichen Know-how-Träger sind nicht informationstechnologische Hilfsmittel, sondern die Eigner von Know-how-Kapital.

4. Das Berufsbild des Managers der Zukunft befindet sich im Wandel – von einer technik-orientierten Denkweise über eine geschäftsprozeß-orientierte Richtung hin zu einem problemlösungs- und Know-how-orientierten Denken.

Literaturverzeichnis

[BaVÖ99]   Bach, V., Volger, P., Österle, H.: Business Knowledge Management. Praxiserfahrungen mit Intranet-basierten Lösungen. Springer Verlag, Berlin et al. 1999.

[BeRS95]   Becker, J., Rosemann, M., Schütte, R.: Grundsätze ordnungsmäßiger Modellierung. In: WIRTSCHAFTSINFORMATIK 37 (1995) 5, S. 435-445.

[BuBu97]   Buzan, T., Buzan B.: Das Mind-Map-Buch. Die beste Methode zur Steigerung Ihres geistigen Potentials. mvg-verlag, Landsberg 1997.

[CoDo92]   Covington, M., Downing, D. (Hrsg.): Dictionary Of Computer Terms. Third Edition. Barron's Educational Series, New York 1992.

[CoFu96]   Coleman, D., Furey, D.: Collaborative Infrastructures for Knowledge Management (Part I). Hot Tip of the Month. October 1996. http://www.collaborate.com/hot_tip/tip1096.html, Abruf am 1999-08-04.

[DaPr98]   Davenport, T., Prusak, L.: Working Knowledge. How Organizations Manage What They Know. Harvard Business School Press, Boston 1998.

[Dave00]   Davenport, T.: If only HP knew what HP knews. URL: http://www.businessinnovation.ey.com/journal/issue1, Abruf 02-28-00.

[DrDr97]   Dreyfus, H., Dreyfus, S.: Why Computers May Never Think Like People. In: Ruggles, R. (Hrsg.): Knowledge Management Tools. Butterworth-Heinemann, Boston et al. 1997, S. 31-50.

[Fink00]   Fink, K.: Know-how-Management. Architektur für den Know-how-Transfer. Oldenbourg Verlag, München Wien 2000.

[Gray96]   Gray, B.: Cross-Sectoral Partners: Collaborative Alliances among Business, Government and Communities. In: Huxham, C. (Hrsg.): Creating Collaborative Advantage. SAGE Publications, London et al. 1996.

[Hein94]   Heinrich, L. J.: Systemplanung. Planung und Realisierung von Informatik-Projekten. Band 2. 5., vollständig überarbeitete und ergänzte Auflage, Oldenbourg Verlag, München Wien 1994.

[Hein96]   Heinrich, L. J.: Systemplanung. Planung und Realisierung von Informatik-Projekten. Band 1. 7., korrigierte Auflage, Oldenbourg Verlag, München Wien 1996.

[Hein99]   Heinrich, L. J.: Informationsmanagement. Planung, Überwachung und Steuerung der Informationsinfrastruktur. 6., überarbeitete und ergänzte Auflage, Oldenbourg Verlag, München Wien 1999.

[HeRo98]   Heinrich, L. J., Roithmayr, F.: Wirtschaftsinformatik-Lexikon. 6., vollständig überarbeitete und erweiterte Auflage, Oldenbourg Verlag, München Wien 1998.

[Krcm00]   Krcmar, H.: Informationsmanagement. 2. verb. Auflage, Springer Verlag, Berlin 2000.

[Lamn95]   Lamnek, S.: Qualitative Sozialforschung. Band 2. Methoden und Techniken. 3., korrigierte Auflage, Psychologie Verlags Union, Weinheim 1995.

[Leon95]   Leonard-Barton, D.: Wellsprings of Knowledge. Building and Sustaining the Sources of Innovation. Harvard Business School Press, Boston 1995.

[Mart89]   Martin, J.: Information Engineering. Book I: Introduction. Prentice-Hall, London et al. 1989.

[Mert97]   Mertens, P.: Integrierte Informationsverarbeitung 1. 11. Auflage, Gabler Verlag, Wiesbaden 1997.

[NASA98a]   NASA Thesaurus Supplement. A three-part cumulative update supplement of the 1998 edition of the NASA Thesaurus. NASA SP-1998-7501. July 1998. http://www.sti.nasa.gov/98Thesaurus/thessup3.pdf, Abruf am 1999-07-27.

[NASA98b]   NASA Thesaurus. Hierarchical Listing With Definitions. Vol. 1. NASA/SP-1998-7501/VOL1. http://www.sti.nasa.gov/98Thesaurus/vol1.pdf, Abruf am 1999-07-27.

[NASA98c]   NASA Thesaurus. Rotated Term Display. Vol. 2. NASA/SP-1998-7501/VOL2. January 1998. http://www.sti.nasa.gov/98Thesaurus/vol2.pdf, Abruf am 1999-07-27.

[Pola85]   Polanyi, M.: Implizites Wissen. 1. Auflage. Suhrkamp Verlag, Frankfurt am Main 1985.

[PrRR97]   Probst, G., Raub, S., Romhardt, K.: Wissen managen. Wie Unternehmen ihre wertvollste Ressource optimal nutzen. Frankfurter Allgemeine Zeitung, Frankfurt am Main; Gabler Verlag, Wiesbaden 1997.

[RoFi97]   Roithmayr, F., Fink, K.: Know-how-Unternehmen. WIRTSCHAFTS-INFORMATIK 39 (1997) 5, S. 503-506.

[RoFi98]   Roithmayr, F., Fink, K.: Information and Communication Systems for Know-How-Collaboration in a Global Market Place. Know-How-Collaboration is more than the Exchange of Information. In: China International Business Symposium, Vol. II. Shanghai 1998, S. 476-483.

[Roit96]   Roithmayr, F.: Ansätze zu einer Methodik des Know-how-Engineering. Eine inhaltliche Auseinandersetzung – aber auch ein Beitrag zu einer wissenschaftstheoretischen Diskussion für die Positionierung der Wirtschafts-informatik. In: Heilmann, H., Heinrich, L. J., Roithmayr, F. (Hrsg.): Information Engineering. Wirtschaftsinformatik im Schnittpunkt von Wirtschafts-, Sozial- und Ingenieurwissenschaften. Oldenbourg Verlag, München Wien 1996, Seite 101-122.

[Sche98]   Scheer, A.-W.: ARIS – Vom Geschäftsprozeß zum Anwendungssystem. 3., völlig neu bearbeitete und erweiterte Auflage, Springer Verlag, Berlin et al. 1998.

[Star97]   Starbuck, W.: Learning by Knowledge-Intensive Firms. In: Prusak, L. (Hrsg.): Knowledge in Organizations. Butterworth-Heinemann, Boston et al. 1997, S. 147-17.

[Svei97]   Sveiby, K.: The New Organizational Wealth. Managing & Measuring Knowledge-Based Assets. Berrett-Koehler Publishers, San Francisco 1997.

[Witt80]   Wittmann, W.: Information. In: Grochla, E. (Hrsg.): Handwörterbuch der Organisation. 2., völlig neu gestaltete Auflage, Poeschel Verlag, Stuttgart 1980, S. 894-904.

‚Kapitalistischer Geist' bei religiösen und ethnischen Minderheiten? – Das Beispiel der katholischen Sorben

Robert Böhmer[1]:

1 Max Webers ‚Geist des Kapitalismus' angewendet auf eine katholische Minderheit

Mit dem zum Einsturz gebrachten Sowjetsozialismus hat die Frage nach den „inneren" Vorbedingungen des modernen Kapitalismus und damit eine Frage Max Webers (1864–1920) wieder an Aktualität gewonnen. Ein Versuch, den ‚Geist' aufzuspüren, der nach Weber an der qualitativen Prägung und quantitativen Expansion der kapitalistischen Kultur maßgeblich beteiligt war, ist deshalb nicht abwegig. Nach Webers Analysen in der Studie „Die protestantische Ethik und der Geist des Kapitalismus"[2] ist die Religiosität der Menschen dafür verantwortlich gewesen, daß sich der ‚Geist' für eine neue Wirtschaftsordnung entwickeln konnte. Dieser ‚Geist' bewirkte eine Verbindung von „Unternehmerseele" und „Bürgerseele". Nur in einer bürgerlichen Zivilgesellschaft konnte sich diese Verbindung entfalten. Die bürgerliche Zivilgesellschaft gilt als das ideelle Fundament einer modernen Marktwirtschaft. Sie ist gekennzeichnet durch Werte und Normen, die von den Akteuren verlangen, einander als Gleiche zu behandeln, Toleranz zu üben sowie zu wechselseitiger Solidarität zu ermutigen (vgl. Panther 1998, S. 215). Nach Webers Studie zum ‚Geist des Kapitalismus' sind die Akteure durch die Werte einer religiösen Ethik geleitet worden. Die religiöse Gemeinschaft kanalisierte dabei durch verbindliche soziale Normen das Verhalten der Menschen.

Dem Anschein nach und infolge der von sorbischer katholischer Seite immer wieder betonten „Symbiose aus religiösem Bekenntnis und sorbischem Volkstum" sind gerade die katholischen Sorben von einem Wertekanon geprägt, der dem von

---

[1] Robert Böhmer, Diplom-Kaufmann, Träger des Otto-Beisheim-Förderpreises 1999 für Diplomarbeiten

[2] Die Studie „Die protestantische Ethik und der Geist des Kapitalismus" wurde erstmals in den Jahren 1904 und 1905 veröffentlicht.

Weber beschriebenen nahe kommt. Das soll im folgenden Beitrag begründet und in den Auswirkungen auf die wirtschaftliche Entwicklung bei den Sorben bewertet werden.

Max Weber (1988, S. 22/23) erwähnte in der Studie zum ‚Geist des Kapitalismus' eine Erfahrung bezüglich wirtschaftlicher Leistungsorientierung bei Minderheiten: „daß nationale oder religiöse Minderheiten [...] gerade in besonders starkem Maße auf die Bahn des Erwerbs getrieben zu werden pflegen, daß ihre begabtesten Angehörigen hier den Ehrgeiz [...] zu befriedigen suchen."

Es ist bekannt, daß Webers Ausführungen darauf zielten, den religiösen Hintergrund dieses Erwerbsstrebens, den ‚kapitalistischen Geist', aufzudecken. Zusätzlich beschränkte sich Weber ganz auf protestantische Konfessionen, um seine Ideen zu begründen. Er zog eine scharfe Trennung zur katholisch und „traditionalistisch" geprägten Lebenswelt.

„Vielmehr besteht die Tatsache: daß die Protestanten sowohl als herrschende wie als beherrschte Schicht, sowohl als Majorität wie als Minorität eine spezifische Neigung zum ökonomischen Rationalismus gezeigt haben, welche bei den Katholiken weder in der einen noch in der anderen Lage in gleicher Weise zu beobachten war und ist."(sic!)

Nicht nur diese Aussage Webers regt den kritischen Leser zu Widerspruch an. Es bedarf deshalb gedanklicher Anregungen und Erklärungen, um den Bezug auf eine katholische und ethnische autochthone Minderheit nicht inhaltslos oder mißverständlich wirken zu lassen.

Wichtig ist für ein kritisches Verständnis der Thesen zum ‚Geist des Kapitalismus', daß fast alle von Weber präsentierten Argumente für die „Wahlverwandtschaft" von protestantischer Ethik und ‚kapitalistischem Geist' aus unterschiedlicher wissenschaftlicher Sicht kritisiert worden sind. Nicht nur Zweifel an Webers Hauptargument, der Wirksamkeit der calvinistischen Prädestinationslehre[3], prägten die fortdauernde Kritik an Webers berühmter Studie. Auch Webers bekanntes Beispiel, daß Protestanten um die Jahrhundertwende in Baden tendenziell mehr

---

[3] Das Dogma der Gnadenwahl ist der wesentliche Inhalt der calvinistischen Prädestinationslehre. In Webers Vorstellung widmete der calvinistische religiöse Mensch sein Leben innerweltlicher Arbeit, um die Gnade des Erwähltseins zu erkennen und damit indirekt Heilsgewißheit zu erlangen.

zum Steueraufkommen beitrugen als Katholiken, wurde widerlegt.[4] Inhaltlich noch problematischer ist, daß die ‚Protestantische Ethik' heute auch als ein Erbe des Kulturkampfes in Deutschland angesehen wird.[5] Die protestantische „Privilegierung" bekam durch Webers Thesen eine wissenschaftliche ideelle Begründung und die moderne Gesellschaft wurde mit einem Wertekanon erklärt, der dem liberal-preußischen nahekam. Dieser Fakt bewirkte, daß Webers Studie insbesondere für die ideelle Gesellschaftsinterpretation populär wurde. Denn mit seinen Thesen grenzte sich Weber wissenschaftlich vom materialistischen, marxistischen Standpunkt ab. Für Marx war es die Wirtschaftsform, die den persönlichen Charakter und die moralische Einstellung am stärksten formt. Weber dagegen beschrieb, wie Menschen durch ihre Lebensauffassungen die Entwicklung des Wirtschaftssystems entscheidend beeinflussen konnten. Im Resultat von Webers Studie wurden seine Gedanken als entscheidender Gegensatz zur marxistischen Schule stilisiert.

Wenn heute auch die subjektiv „antikatholische" Richtung von Webers Gedanken diskutiert wird, ist dies als Ergebnis der historischen Veränderungen und des gewandelten Bildes von den großen christlichen Kirchen in der gegenwärtigen Gesellschaft zu sehen. Daiber (vgl. 1989, S. 5–16) faßt zu diesem Thema die Ergebnisse mehrerer Studien zusammen und erklärt, daß es heute zweitrangig sei, welchem konfessionellen Milieu Bürger angehören, wenn auf ihre gesellschaftlichen Einstellungen geschlossen wird, es wirkt vielmehr die Stärke der Einbindung in ein religiöses Milieu. In unserer Gesellschaft ist ein konfessionell unabhängiges Wertesystem bezüglich Leistung akzeptiert. Der Erklärungskraft von „protestantischem Glaubenseifer" sind in der Gegenwart damit Grenzen gesetzt. Der ‚kapitalistische Geist' ist in den allgemeinen Wertvorstellungen der Gesellschaft aufgegangen, so wie es schon Weber (vgl. 1988, S. 197ff) voraussah. Deshalb kann die These von Wirtschaftserfolg aufgrund besonderer Religiosität nur sinnvoll in bezug auf Spezialprobleme hinterfragt werden. Die gesellschaftliche Situation einer religiösen Minderheit in der Transformationsgesellschaft ist ein solches Problem.

Fraglich bleibt trotzdem noch, wieso in diesem Beitrag ausgerechnet eine „traditionalistische", um mit der Weberschen Begriffsbildung zu argumentieren, und katholische Minderheit beurteilt werden soll. Der deutsche Weber-Experte Schluchter (vgl. 1988, S. 72) erläutert, daß unter traditionalen Bedingungen die

---

[4]   Der Schwede Kurt Samuelsson (vgl. 1993, insbesondere S. 43ff, S. 137ff) veröffentlichte eine differenzierte und gut recherchierte Studie – „Religion and Economic Action" –, in der er fast alle Argumente Webers zur Wahlverwandtschaft von „Protestantismus" und „kapitalistischem Geist" präzise widerlegte.

[5]   Vgl. z. B. Lehmann 1988, S. 536ff; Graf 1993, S. 28ff oder Nipperdey 1993, S. 74ff.

religiösen Mächte diejenigen seien, welche die ethischen Pflichtvorstellungen am nachhaltigsten formen.

Die ca. 15.000 katholischen Sorben der Oberlausitz gelten als eine religiöse und ethnische Gemeinschaft, die sich außergewöhnlich deutlich ihr religiöses Bekenntnis und ihre Traditionen bis in die Gegenwart bewahrt hat. Aktuelle Studien betonen, daß die starke Stellung der katholischen Kirche bei den Sorben der Region zwischen den Städten Bautzen, Kamenz und Wittichenau ohne vergleichbare Entsprechung in Deutschland ist (vgl. Hainz 1999, S. 104ff).[6] Im sorbischen Kerngebiet gehen immer noch 90 % der Bewohner mindestens einmal wöchentlich zur heiligen Messe. Buchholt (vgl. 1998, S. 69) analysiert beispielhaft ein sorbisches Dorf. Demnach sind im sorbischen Kerngebiet 82 % der Bevölkerung sorbischer Nationalität und gut 97 % katholisch[7].

Unter schwierigen Bedingungen haben sich die Sorben mit Hilfe des religiösen Glaubens über Jahrhunderte eine Identität geschaffen, die sie deutlich von der deutschen, protestantischen und mittlerweile weitgehend konfessionslosen Mehrheitsgesellschaft abgrenzt. Zusätzlich konnten sich die katholischen Sorben durch die identitätsstiftende „Symbiose aus religiösem Bekenntnis und sorbischem Volkstum" weitgehend vor der Assimilation bewahren. Im letzten Jahrhundert setzte ein beispielloser Assimilationsprozeß des slawischen sorbischen Volkes ein. Die in vergangenen Jahrhunderten unter den Sorben dominierende protestantische Gemeinschaft assimilierte dabei fast vollständig zum Deutschen[8]. Mittlerweile wird das „lebendige" Sorbentum fast ausschließlich von den katholischen Sorben getragen. In der ehemals sorbischen evangelischen Lausitz zeugen fast nur noch die zweisprachigen Ortsnamen und die Familiennamen sorbischer Herkunft von der sorbischen und damit slawischen Vergangenheit.

---

[6] Auch in westdeutschen stark katholisch geprägten Regionen, wie beispielsweise dem Emsland, ist bei weitem nicht die ähnliche Intensität von Volksfrömmigkeit anzutreffen wie in der sorbischen katholischen Lausitz (vgl. Hainz 1999, S. 106).

[7] Für die Peripherie der sorbischen katholischen Lausitz sind diese Angaben nicht realistisch. Das sorbische Bekenntnis, aber noch nicht das katholische, ist dort auf ca. 50 % gesunken.

[8] Noch zu Zeiten der DDR wurde von 100.000 Sorben gesprochen (die „sozialistische" Nationalitätenpolitik wurde propagandistisch mißbraucht), heute meist von 60.000. Auch diese Zahl scheint illusorisch. Nicht unwahrscheinlich ist eine Anzahl von 20.000 sorbischen Sprachträgern.

Bei oberflächlicher Betrachtung wirkt der für das Beispiel charakteristische Zusammenhang von traditionell geprägten Lebensverhältnissen mit ‚kapitalistischem Geist‘ widersprüchlich. Er erklärt sich bei einem Blick auf Webers Argumentation. Auch Weber (1988, S. 60) mußte Beispiele (die nonkonformistischen Gemeinden in Pennsylvania) rechtfertigen, mit denen er bei einer Assoziation mit „Kapitalismus“ selbst kritisiert werden konnte: „Wie ist es historisch erklärlich [...], was in den hinterwälderisch-kleinbürgerlichen Verhältnissen von Pennsylvanien im 18. Jahrhundert, wo die Wirtschaft aus purem Geldmangel stets im Naturaltausch zu kollabieren drohte, von größeren gewerblichen Unternehmungen kaum eine Spur, von Banken nur die ersten löblichen Anfänge zu bemerken waren, als Inhalt einer sittlich löblichen, ja gebotenen Lebensführung gelten konnte?“ In diesem Zitat zur Entwicklung Pennsylvanias kommt klar die Parallele zum gewählten Beispiel zum Ausdruck. Es wird deutlich, daß es im Fall der katholischen Sorben nicht zwingend darum gehen kann, eine hoch entwickelte kapitalistische Enklave aufzuspüren, sondern, daß es hier und bei Weber um die spezifische Art der Lebensführung geht, die nicht nur dem Unternehmer, sondern auch dem Bürger „den ethischen Unterbau und Halt gewährt“. Das ist gerade in Transformationsgesellschaften ein brisantes und immer noch aktuelles Thema.

2   Der ‚Geist des Kapitalismus‘ – ein Geist, der Unternehmer und Bürger beseelt?

Weber bezog sich in seiner Argumentation immer wieder auf religiöse Schriften, beispielsweise auf Veröffentlichungen von Jean Calvin, John Wesley oder Richard Baxter.[9] Er versuchte damit seine These zu untermauern, daß religiöse Standpunkte Gläubige zu innerweltlicher Arbeit anhalten können. Einleitend deshalb auch zu den hier präsentierten Thesen zwei Beispiele aus dem sorbischen und katholischen Gebets- und Gesangbuch ‚Wosadnik‘, die das religiöse Arbeitsethos dieser Minderheit veranschaulichen sollen:

Die Lehre vom Beten und der Arbeit (Wosadnik 1979, S. 70, Nr. 22):

---

9   Die folgenden Darstellungen basieren auf einer empirischen Erhebung im Rahmen einer Diplomarbeit im Wintersemester 1998/99. Mit Meinungsführern aus den Bereichen Politik, Wirtschaft, Medien, Kultur und Kirche sowie insbesondere mit Unternehmern der katholischen Sorben wurden Intensivinterviews geführt. Die Ausführungen im Beitrag bleiben anonym.

„Das Gebet und die Arbeit bilden für uns eine Einheit. Betend und arbeitend sind wir uns der Nähe Gottes gewiß und tun alles zu seiner Ehre."[10]

Gebet für die Wahl des richtigen Berufes (Wosadnik 1979, S. 487, Nr. 219):

„[...] Gib, daß ich richtig deine Absicht erkenne, zeige mir den Beruf, für den ich mich eigne. Zeige mir, wo ich meine Kräfte und Fähigkeiten am besten einsetzen kann und dir am würdigsten dienen kann. Gib, daß ich mir den richtigen Beruf wähle, diesen gut erlerne und meine Arbeit gut ausführe. Mein ganzes Leben will ich dir dienen und will ich dich verherrlichen."[11]

Außerordentlich deutlich kommt in diesen Worten das schon von Weber analysierte Arbeitsethos, basierend auf tiefer Religiosität, und die Berufserfüllung im Sinn einer Arbeit zur Ehre Gottes zum Ausdruck. Diese Standpunkte in der Ethik der Gemeinschaft deuten im Fall der katholischen Sorben, wie schon bei ‚Webers' Puritanern, auf das Bemühen hin, die eigene „Weltfremdheit" zu widerlegen. Denn im protestantischen bzw. säkularisierten Umfeld der Lausitz wird die Tradition und Ethik der katholischen Sorben keineswegs als zeitgemäß empfunden. Für die meisten Menschen des Ostens verlangt das neue Gesellschaftssystem genauso wenig wie das alte nach religiösen Werten: „heute sei Profit und Gewinn die gesellschaftliche Ethik". Ein asketisch religiöses Leben, wie es noch große Teile der sorbischen Katholiken führen, wird belächelt oder sogar verachtet.

Die traditionalistischen Ansichten, die durch die nationale Kirche vermittelt werden, drängen die Menschen in eine Lebensauffassung, in der Gottesfürchtigkeit, Pflichterfüllung, Fleiß und soziale Verantwortung zentrale Tugenden darstellen. Auf diesen Tugenden basiert ein „sorbisches Arbeitsethos". Dieses Ethos wird von einzelnen Sorben mit der „Seele des Volkes" (den Sprichwörtern) in Verbindung gesehen. Bestimmte Tugenden werden im sorbischen Sprichwortschatz erlebbar und lassen begreifen, was unter „sorbischer Tradition" verstanden werden kann. Die unbedingte Pflichterfüllung fordert beispielsweise das merkwürdige Sprichwort: „Zahle Steuern, selbst iß Spinnen!" (Hose 1996, S. 47). Der durch die

---

[10]   Originaltext: Wo modlitwje a dźěle: „Modlitwa a dźěło stej za nas jednota. Modlo so a dźěłajo, smy sej bliskosće božeje wěsći a činimy wšitko k jeho česći."

[11]   Originaltext: Modlitwa wo prawe powołanje: „[...] Daj, zo bych prawje spóznał(a) twój wotmysł, pokaž mi powołanje, za kotrež so hodźu. Pokaž mi, hdźe móhł(a) swoje mocy a kmanosće najlěpje zasadźić a tebi najdospołnišo słužić. Daj, zo bych sebi prawe powołanje wuzwolił(a), jo derje nawuknył(a) a swoje dźěło derje wukonjał(a). Moje cyłe žiwjenje njech tebi słuži a njech tebje wosławja. Amen."

Religiosität angeregte Arbeitseifer äußert sich in dem Spruch „Beim Gottesdienst bete von Herzen, auf dem Feld arbeite mit Fleiß." (Hose 1996, S. 61)[12].

Die religiös motivierten Tugenden bauen in der Gemeinschaft ein Wertesystem auf, das durch Wahrhaftigkeit, Bescheidenheit, Eigenverantwortlichkeit, soziale Verantwortung, Toleranz und gegenseitiges Vertrauen gekennzeichnet ist. Für die funktionierende Zivilgesellschaft sind diese Werte immanente Voraussetzung. Gegenwärtig sind diese Werte für die Sorben noch selbstverständlich. Eher mit Angst wird auf die Entwicklung der Gesellschaft in Ostdeutschland gesehen, wo der Anspruch an den Staat die eigene Verantwortung verdrängt und wo die christliche Gemeinschaft in der öffentlichen Meinung „verachtet" wird. Angst besteht auch vor einem ungehemmten Profitstreben, das als wesensfremd für die sorbische Subkultur eingeschätzt wird.

Wenn über den leistungsfördernden ‚Geist', der Unternehmer und Bürger beseelt, diskutiert wird, ist eine Wertvorstellung besonders relevant – die Eigenverantwortlichkeit. Sie ist der am meisten negierte Wert in Transformationsgesellschaften (vgl. Ignatow 1997, S. 45ff). Verantwortungsübernahme für sich und die Gemeinschaft verkörpert aber eine zentrale Säule der marktwirtschaftlichen Gesellschaft. Heute wird diskutiert, wie die Anreize gestaltet sein müssen, damit eine Zivilgesellschaft sich etabliert, in der Eigenverantwortung ein wesentlicher Wert ist.[13]

Ein Kennzeichen der sorbischen Subkultur ist, daß fast alle Persönlichkeiten ein mehrfaches Engagement für die sorbische Gemeinschaft und allgemein für die Gesellschaft einbringen. Politisches Engagement, Kulturarbeit, Engagement zur Wirtschaftsförderung sind mit Medienarbeit und künstlerischem Schaffen oft in einer Person vereint. Es gibt kaum Verantwortungsträger, die sich nur in einem gesellschaftlichen Bereich engagieren.

Beispielsweise übernahmen nach der politischen Wende überdurchschnittlich viele Persönlichkeiten aus dem sorbischen katholischen Spektrum Verantwortung in der Politik. Für die Wahlkreise Bautzen und Kamenz bzw. über Landeslisten sind bislang allein sechs Personen aus dem sorbischen katholischen Bereich in

---

[12] „Dawaj dawki, sam jěs pawki!" (Hose 1996, S. 47) – „W kemšach modl so z wutroby, na polu dźěłaj z pilnosću!" (Hose 1996, S. 61)

[13] Homann (vgl. 1999, S. 15) diskutiert einen Denkansatz, in dem durch „Anreize" das marktwirtschaftliche System gestützt werden soll und welcher der „Sehnsucht nach Gleichheit und Gerechtigkeit" – „dem dritten Weg" – entgegensteht.

Landtag, Bundestag und Europaparlament auf Mandatspositionen gekommen[14].
Interessant ist, daß zumindest in der ersten Phase des politischen Umbruchs fast
kein Verantwortungsträger der Region in den übergeordneten Parlamenten von der
nichtsorbischen Mehrheitsbevölkerung kam[15].

Trotz *und* gleichzeitig gerade wegen dieser Erfolge ist die politische Position der
Minderheit durch die sensible Situation von Integration in die Gesellschaft und
Assimilierung zur Mehrheit gekennzeichnet. Die nationale Kirche positionierte
(politisch und wirtschaftlich) in der Vergangenheit und noch in der Gegenwart
durch richtungweisende Ansichten die Gemeinschaft der katholischen Sorben in
der Gesellschaft. Kultur, Mentalität und Gemeinschaftsgefühl der Sorben sind
deshalb nur im Zusammenhang mit der nationalen Kirche zu verstehen. Neben
Tugenden und Wertvorstellungen bedingt die religiöse Ordnung, die durch die
Kirche vorgegeben wird, auch ein gesellschaftliches Umfeld, das Einfluß auf die
wirtschaftliche Entwicklung nehmen kann. Denn die starke religiöse Einbindung
der Bevölkerung und die Verbindung der nationalen Kirche mit den sorbischen
Traditionen war und ist mit ausgeprägter sozialer Kontrolle untereinander verbunden[16]. Dieses Umfeld im täglichen Leben führte dazu, daß nicht nur der einfache
Mensch zur Wahrnehmung seiner Pflichten gegenüber der Gemeinschaft erzogen
wird, sondern auch dazu, daß der Unternehmer sich in dieses System der Kontrolle integrieren muß. Vom sorbischen Unternehmer wird in seinem nationalen
Umfeld erwartet, daß er:

- sich materiell zum Wohl der Gemeinschaft engagiert,

- Arbeitsplätze für Mitglieder der Gemeinschaft schafft,

---

[14] Dyrlich (SPD), Michalk (CDU), Noack (CDU), Schiemann (CDU), Tillich (CDU) und Zschor-
nack (FDP).

[15] Unmittelbar nach der politischen Wende kamen vier von fünf wichtigen Parlamentariern der
Region aus dem sorbischen katholischen Spektrum. Übrigens wurde diese „sorbische Bilanz"
noch durch sorbische Politiker aus dem atheistischen bzw. protestantischen Bereich und durch
Politiker aus der katholisch geprägten Kleinstadt Wittichenau erhöht. Diese Fakten dürfen nicht
fehlgedeutet werden. Sie geben keine Informationen über spezifisch sorbisches Engagement
oder gar allgemeine Kompetenz her. Der „sorbische" Politiker ist wie jeder andere von der
Parteinominierung und seinem Wahlvolk abhängig, und das ist weit überwiegend (zu ca. 90 %)
nichtsorbisch.

[16] Diese soziale Kontrolle ist nur indirekt durch die Kirche motiviert. Die Kirche selbst gibt natürlich keine Anweisungen, daß sich die Menschen untereinander bezüglich ihrer religiösen
Pflichten „überwachen" müßten.

- für die Gemeinschaft nützliche Dienstleistungen oder Produkte anbietet (z. B. Bau und Handwerk, landwirtschaftsbezogene Industrie),

- sich für die „soziale Umwelt" in der Gemeinde engagiert,

- einen Sinn für jene Menschen entwickelt, welche sich nicht schnell genug an das neue Wirtschaftssystem anpassen können,

- sich weiterhin in die Traditionen der Gemeinschaft integriert und

- neben den kulturellen Aspekten (z. B. nationale Sprache) auch Umweltschutzbelange berücksichtigt.

Das Bekenntnis zu einer religiösen Gemeinschaft kann durch drei Motive charakterisiert werden (vgl. Schmidtchen 1997, S. 5ff). Neben dem theologisch motivierten Heils- und Konsummotiv richten die Menschen ihr religiöses Bekenntnis am utilitaristisch orientierten Reputationsmotiv aus.

Der Unternehmer gewinnt wahrscheinlich allein durch das Bekenntnis zur Gemeinschaft kaum direkte Reputation. Innerhalb der Ethnie muß er sich aufgrund der sozialen Kontrolle erst über „die Erfüllung seiner Pflichten" beweisen. Ist er aber innerethnisch anerkannt, profitiert der Unternehmer vom Vertrauen, das durch das gemeinsame Bekenntnis innerhalb der Gemeinschaft produziert wird. Der sorbische Unternehmer kann mit einer festen Basis an potentiellen Kunden aus dem sorbischen Umfeld rechnen, die mit sehr hoher Wahrscheinlichkeit ihren Zahlungsverpflichtungen nachkommen[17]. Auch die Geschäftsbeziehungen der sorbischen Unternehmer untereinander profitieren von der Vertrauensbasis. Außerhalb der sorbischen „Eigenwelt" jedoch von positiver Reputation aufgrund des sorbischen nationalen Bekenntnisses zu sprechen, ist unrealistisch. Beschrieben wurde schon, daß das feste katholische Bekenntnis die Beziehungen zur Mehrheit nicht erleichtert. Zu groß ist der kulturelle Unterschied zum überwiegenden Teil der (ost-)deutschen Bevölkerung, der sich dem staatlich verordneten marxistischen-leninistischen Atheismus unterordnete und säkularisierte. Diese Mehrheit bestimmt aber zum großen Teil die öffentliche Meinung und das „gesellschaftliche Klima" der Region. Weber (vgl. 1992, S. 391) beschrieb diesen

---

[17] Die schlechte Zahlungsmoral wird oft als ein Hauptproblem der Transformationsgesellschaften beklagt. Deshalb wird das marktwirtschaftliche System gegenwärtig nicht mit dem Kapitalismus – basierend auf ethischen Werten wie ihn Weber beschrieb – assoziiert, sondern die Metapher vom „Abenteuer- und Beutekapitalismus" gewinnt für die Menschen reale und gesellschaftliche Bedeutung.

Gegensatz der religiösen Minderheit zur herrschenden Mehrheit in dem Sinn, daß die Minderheit die „schwere Last der alltäglichen Verspottung" auf sich nehmen muß. In bezug auf die Wirtschaft weist dieser Gedanke auf ein Problem, denn die sorbische Minderheit muß diese „Last" nicht allein aufgrund des Religiösen tragen, sondern es sind zwei weitere Ebenen betroffen:

(1) Neid

- wurde durch die propagandistische Nationalitätenpolitik der DDR geschürt,

- bezieht sich auf das starke Gemeinschaftsgefühl, das die Mehrheit nicht kennt,

- beruht auf erstem wirtschaftlichen Erfolg der Minderheit in der Nachwendezeit,

- es besteht immer noch das Vorurteil, den Sorben ständen unermeßliche Gelder aus der Kulturförderung zur Verfügung.

(2) Minderwertigkeitskomplexe

- wurden jahrhundertelang anerzogen, außerdem wirkt die rassistische Politik des Nationalsozialismus (deutsches Herrenmenschentum) unbewußt weiter.

Aufgrund dieser Punkte bringt es dem sorbischen Unternehmer oftmals keinen Reputationsgewinn, seine Nationalität zu „outen". Beispielsweise wurden sorbische Unternehmer direkt angegriffen, als bei Arbeitsprojekten Angestellte aus sorbischen Firmen in ihrer (gesetzlich geschützten) Muttersprache kommunizierten. Neben einfacher Beleidigung („Hätschelkinder") folgte schon die Verleumdung (per Anzeige), bestimmte Firmen würden illegal Ausländer (Polen) beschäftigen[18]. Überdies kam es vor, daß Sorben von öffentlichen Ämtern (z. B. Arbeitsamt) zynisch an die Ausländerbehörde verwiesen worden sind[19].

---

[18]   Eine Anzeige gegen ein sorbisches Unternehmen wegen angeblicher illegaler Beschäftigung von Ausländern bewirkt natürlich eine schwere Rufschädigung (Aus „deutscher" Sicht: „Da muß ja was Wahres dran sein, bei die Sorben ...") *(sic!)*.

[19]   Diese und ähnliche Informationen werden oft nur zögernd oder verschämt weitergegeben. Im sorbischen Umfeld besteht die Angst, wenn jene und dementsprechende Vorfälle (sorbenfeindliche Wandschmierereien) einer größeren Öffentlichkeit bekannt werden, daß dann dem einfachen Sorben das Bekenntnis zur Nationalität noch schwerer fällt.

Diese Beispiele zeigen, daß die „sorbische" Zivilgesellschaft allein eine zu geringe Substanz für die Entwicklung der nationalen Wirtschaft verkörpert. Das kulturelle und ehrenamtliche Engagement in der katholischen Region ist sicherlich beachtlich. Aber allein Kulturvereine, Chöre und Laientheater bieten dem Unternehmer noch keine wirtschaftliche Basis.

Konkrete Beispiele für den Aufbau von wirtschaftlich orientierten Netzwerken zum Nutzen der Gemeinschaft sind der Bund sorbischer Handwerker und Unternehmer e.V. und die Sorabia Agrar AG. Letztgenanntes Unternehmen wurde nach der politischen Wende aus den meist landwirtschaftlichen Betrieben des sorbischen Kerngebietes gegründet. Die Aktiengesellschaft fungiert als Holding über acht Tochterunternehmen (GmbH's). Ziel ist es, mit Hilfe der Sorabia Agrar AG die gewachsenen wirtschaftlichen Strukturen zu erhalten, ein starkes sorbisches Unternehmen im sorbischen Kernland zu etablieren, Arbeitsplätze für die Menschen in dieser Region zu schaffen und zu erhalten sowie die eigenen wirtschaftlichen Fähigkeiten als Gemeinschaft mit diesem Projekt zu beweisen, ohne dabei auf fremde Investoren vertrauen zu müssen. Seitens der Unternehmensleitung wird entschieden betont, daß das Unternehmen nicht am kurzfristigen Profit ausgerichtet sei: „Wir wollen keine Millionäre werden, sondern unseren unmittelbaren Mitmenschen helfen." Nachhaltig und langfristig soll dieses sorbische Unternehmen der Gemeinschaft nützen. Interessant und zukunftsweisend ist die konkrete Umsetzung des Projektes der Aktiengesellschaft. An dem Unternehmen halten die Mitarbeiter einen Unternehmensanteil in Aktien, der ihnen proportional zu den Arbeitsjahren zugeteilt worden ist. Außerdem wurden diejenigen, welche ihr Land und Gut einbrachten, nach dessen materiellem Wert mit Unternehmensanteilen ausgestattet. Neben der eigenständig konkret umgesetzten Mitarbeiterbeteiligung ist beachtlich, wie offen und ohne Gier z. B. die Ländereien eingebracht wurden. Das Beispiel zeigt den Respekt vor dem Eigentum und die gleichzeitige Akzeptanz der marktwirtschaftlichen und sozialen Idee, daß Eigentum gegenüber der Gemeinschaft verpflichtet.

Auch der Unterschied zur wirtschaftlichen Entwicklung in anderen Teilen der Lausitz wird durch dieses Beispiel gekennzeichnet. Wo im näheren nichtsorbischen Umfeld vielmals auf Investitionen aus dem Westen oder durch den Staat vertraut wurde, entwickelten dagegen Sorben eigene Initiative aus Verpflichtung gegenüber der Gemeinschaft.

Nach der politischen Wende wurde die regionale Politik im näheren Umfeld stellenweise an der Bereicherung Einzelner und der gleichzeitigen Überschuldung ganzer Gemeinden ausgerichtet. Das in unmittelbarer Nachbarschaft zur katholi-

schen Lausitz gelegene und durch die ‚Herrnhuter Brüdergemeine‘[20] pietistisch
geprägte Kleinwelka endete in solch einem Szenario. Im Resultat wurde die ehe-
malige Gemeinde Kleinwelka zum überwiegenden Teil nach Bautzen eingemeindet. Das Ergebnis der dortigen Mißwirtschaft, die Schuldenlast, tragen die Stadt
Bautzen und die sorbische und katholische Gemeinde Radibor.

Für Weber (1988, S. 142) bildeten die pietistischen ‚Herrnhuter Brüder‘ die einzige religiöse Gemeinschaft in Deutschland, die den englischen Puritanern wirklich geistig nahe stand: „Die Brüdergemeine war als Missionsmittelpunkt zugleich Geschäftsunternehmen und leitete so ihre Glieder in die Bahnen der innerweltlichen Askese, welche auch im Leben überall zuerst nach ‚Aufgaben‘ fragt
und es im Hinblick auf diese nüchtern und planmäßig gestaltet.“ Die Sorben aus
der Umgebung der Niederlassung der ‚Brüdergemeine‘ von Kleinwelka hatten
eine deutlich nüchternere Sicht auf die dortige Konfession: „Die Kleinwelkaer
sind auch kein Weizen ohne Spreu, d.h., die Brüdergemeine ist auch nicht besser
als andere christliche Gemeinden“ („Wjelkowčenjo tež pšeńca bjez pluwow
njejsu“; Hose 1996, S. 9). Webers Behauptung, daß die pietistische Orientierung
deutlich die Heilsgewißheit durch die religiöse ‚Berufung‘ nach innerweltlichen
Aufgaben unterstützt, widerspricht das Sprichwort: „[Klein-]Welka hat auch keine
Leitern in den Himmel“ („Wjelkow tež žanych rěbjelow do njebjes nima“; Rady-
serb-Wjela/Wirth 1997 [1902], S. 262).

3 Das sorbische Unternehmertum

 Max Weber sah die Verknüpfung von religiösen Vorstellungen mit der weltlichen
Berufsarbeit als das typische ethische Element des sich entwickelnden rationalen
und modernen Kapitalismus an. Die Menschen fühlen sich nach dieser Ansicht
dazu berufen, eine Arbeit zum Ruhme Gottes in der Welt umzusetzen. Besonders
die Unternehmerschaft wird demzufolge durch eine ‚Berufung‘ innerweltlich motiviert:

---

[20] Anstatt Brüdergemeine oft auch Brüdergemeinde, so bei Weber (vgl. 1988 S. 139ff).
Die böhmisch-mährischen Exulanten unter Graf Nikolaus von Zinzendorf (die „Herrnhuter
Brüder“) gewannen ab Mitte des 18. Jahrhunderts besonders in der Oberlausitz Einfluß –
Herrnhut und Kleinwelka. Weber (vgl. 1988, S. 139–145) behandelt kurz den theologischen
Hintergrund der Zinzendorfschen Brüdergemeine.

„Du hast mich berufen, deine große Welt, mit allem, was zu ihr gehört, mit meiner Arbeit auszugestalten. Ich danke dir für diesen Auftrag, für die Möglichkeiten und Fähigkeiten, die du mir geschenkt hast."

Dieses Zitat, das Webers Vorstellungen zur Motivation des Calvinisten und Puritaners anschaulich charakterisiert, stammt aus dem sorbischen und katholischen ‚Wosadnik' (vgl. 1979, S. 105, Nr. 43) und erscheint unter der Überschrift: „In der Arbeit und im Beruf"[21].

Bemerkenswert ist im Zusammenhang mit Webers Argumenten, daß bei den katholischen Sorben ausdrücklich von Berufung (powołanje) in Verbindung mit menschlicher Arbeit gesprochen wird. Der bedeutende sorbische katholische Priester, Künstler und Intellektuelle Jakub Bart-Ćišinski (1856–1909) überhöhte diese innerweltliche ‚Berufung' sogar noch, indem er sich in einem Gedicht an die sorbische Wirtschaft wendet und ausruft: „Oh, du heilige großartige Berufung! – Ow powołanje swjate, wulkotne!" Für einen sorbischen Unternehmer gibt es keine großartigere Berufung, so Bart-Ćišinski, als die ganze Kraft zum Erhalt des Sorbentums einzusetzen und die Arbeit mit Freude und sorbischem Geist der Heimat zu widmen[22].

Diese innerweltliche ‚Berufung' empfand Weber als völlig wesensfremd für ein katholisches Milieu. Daß sie im Fall der sorbischen katholischen Gemeinschaft auftritt, ist ein Hinweis darauf, daß Weber sich zu sehr auf das theologische Element festlegte als er die ‚Berufung' im Leben der Puritaner und Calvinisten untersuchte. Wahrscheinlich ermöglichte auch im Fall der puritanischen Glaubensgemeinschaften erst die Minderheitensituation, daß die theologischen Ansichten Einfluß auf die an der ‚Berufung' orientierte Lebensführung nehmen konnten.

Auch wenn am Beispiel der katholischen Sorben religiöse Entsprechungen zu puritanischen Auffassungen über Arbeit und Beruf zu identifizieren sind und damit eine intellektuelle Parallele zum Weberschen puritanischen Sektenkirchentum

---

21   Originaltext: W dźěle a powołanju: „Sy mje powołał, twój wulki swět ze wšěm, štož k njemu słuša, sobu wuhotować ze swojim dźěłom. Dźakuju so ći za tutón nadawk, za móžnosće a kmanosće, kotrež sy mi dał."Měrćink (vgl. 1999, S. 1) verweist in einem Artikel im „Katolski Posoł" unter der Überschrift: „Seinen Beruf zum Wohl der anderen verrichten" – „Swoje powołanje na dobro druhich wukonjeć" ausdrücklich auf diese Zeilen im Wosadnik. Er wendet sich in mahnenden Worten insbesondere an die sorbischen Unternehmer. Měrćink (Mirtschink) ist Geschäftsführer der Sorabia Bau GmbH.

22   Vgl. das Gedicht „Serbskim Hospodarjam" Bart-Ćišinskis (1969, S. 54) im Sammelband: „Zhromadźene Spisy – Zwjazk III Lyrika".

anzuerkennen ist, so bleibt die Gemeinschaft doch eindeutig der katholischen Weltkirche verbunden. Der sorbische Unternehmer wird Inspiration und Motivation nicht nur aus der spezifisch sorbischen Herkunft ziehen, sondern auch aus seinem allgemein katholischen Hintergrund.

Nach der frühen Weberkritik (vgl. Kellner 1949, S. 607) ist das Weltgefühl des Katholiken ein unbefangen frohes und optimistisches. Katholisch sein, heißt zu harmonisieren. Der Protestant dagegen handelt aus Gehorsam gegenüber Dingen, die von Gott geschaffen worden sind. Die optimistische katholische Grundhaltung müßte deshalb sorbische Unternehmerpersönlichkeiten noch prägen. Eine Entsprechung findet das „frohe" und gleichzeitig asketische Arbeitsideal in der sorbischen Übertragung von „ora et labora" (Bete und arbeite): „Spěwaj a dźěłaj" heißt wörtlich „Singe und arbeite". Bei den katholischen Sorben ist dieser Leitspruch noch in der täglichen Lebensführung lebendig. Beispielsweise hat sich ein Unternehmer (und Gesprächspartner) diese Worte als Leitidee über dem Eingang seiner Firma angebracht. Er verwies dabei ausdrücklich auf den religiösen Hintergrund und das Zisterzienserinnen-Kloster in Panschwitz-Kuckau. Dieses Kloster beeinflußt die Menschen seines Herrschaftsbereiches seit Jahrhunderten im Sinn von „ora et labora".

In der Realität entspricht nicht jede sorbische Unternehmerpersönlichkeit Webers Idealbild („religiös berufen"). Persönliche Ansichten sowie verschiedene gesellschaftliche und ökonomische Bedingungen beeinflussen das Unternehmertum. Aus dem gemeinsamen kulturellen Hintergrund entwickeln sich keine eindeutig identischen Unternehmerpersönlichkeiten. Drei verschiedene Richtungen und Ansichten über den sorbischen Unternehmer können aus den Ergebnissen der Erhebung zum Thema herausgestellt werden. Folgende Unternehmertypen werden dabei identifiziert:

• der religiöse und soziale Unternehmer

• der sorbisch und katholisch bekennende und gleichzeitig rational orientierte Unternehmer

• der pragmatische sorbische Unternehmer.

Diese drei Ansichten ergeben kein vollständiges Bild der unternehmerischen Realität, sie sind ein Versuch, das sorbische Unternehmertum zu klassifizieren und können helfen, die wirtschaftliche Situation der Minderheit zu verstehen. Beispielhaft wird im folgenden der „religiöse und soziale Unternehmer" in der sorbischen Lausitz vorgestellt.

Diesem Typ entspricht wahrscheinlich noch ein großer Teil der sorbischen Unternehmer. Gleichzeitig verkörpert er die Art von Geschäftsmann, die von der Gemeinschaft eingefordert wird. Es ist nicht allein Wunsch der katholischen Kirche, sondern der Mehrheit der sorbischen Gemeinschaft, daß sich ein sozial *und* religiös ausgerichtetes Unternehmertum entwickelt. Diejenigen unter den sorbischen Geschäftsleuten, die ihre Unternehmensphilosophie sozial, religiös und am Sorbischen ausrichten, sind noch besonders stark in die Traditionen der Gemeinschaft eingebunden. Sie akzeptieren aber gleichzeitig die verwirrende Meinungsvielfalt der „neuen“ Gesellschaft bzw. sie können besser mit ihr umgehen als der einfache Sorbe. Im täglichen Geschäftsleben bringen jene Unternehmer ihre Lebensauffassung ein und leben ihre Ethik ihren Mitarbeitern und Geschäftspartnern vor.

Diese Art von Unternehmern fühlt sich weniger durch die soziale Kontrolle verpflichtet, sondern engagiert sich (sozial und materiell) freiwillig und uneigennützig aus persönlichem Antrieb. Stellenweise wird von jenen Menschen die rational ausgerichtete, gewinnorientierte Unternehmerethik zutiefst verachtet. Typisch ist die Äußerung: „Ich erhoffe mir keine Vorteile von meinem sozialen Engagement. Wenn Vorteile dadurch eintreten, dann ist das für mich zweitrangig.“ Es ist fast unnötig zu erwähnen, daß jene Unternehmer den christlichen Glauben höher bewerten als den materiellen Erfolg. Diese Gruppe schätzt die Bedrohung, daß materielles Denken, blinder Ehrgeiz und Egoismus sowie Gewinnstreben die sorbische Religiosität verdrängen könnten, als gering ein.

Aufgrund der religiösen Ausrichtung ist diesen Unternehmern die für die katholischen Sorben typische Einforderung einer Arbeit zur Ehre Gottes besonders bewußt. Indirekt verbindet ein Teil jener Unternehmer sicherlich auch seine Heilsgewißheit daran, ob er der eingeforderten Berufung folgte. Jedoch wird diese Heilsgewißheit nicht wie bei Weber am materiellen Erfolg festgelegt, sondern sie orientiert sich am Mitmenschen. Měrćink (vgl. 1999, S. 1) schreibt über das sorbische Unternehmertum und ermahnt seine Ausrichtung am Wohl des Mitmenschen: „Die Arbeit dürfen wir nicht dazu ausnutzen, daß wir andere ausbeuten oder auf Kosten anderer leben. Im Zentrum unserer Arbeit darf nicht die Sehnsucht nach immer mehr Gewinn stehen. Statt dessen muß die Arbeit an der Bescheidenheit, der Wahrheit und dem gegenseitigen Vertrauen ausgerichtet werden.“[23]

Dieser Typ von Unternehmer bindet seine ‚Berufung‘ daran, inwieweit er durch seine Arbeit und den Beruf anderen Menschen Hilfe anbot und Gutes tat. Dies ist

---

[23] Die Zitate aus Měrćinks Artikel sind Übersetzungen aus dem Sorbischen.

eine andere Berufsauffassung als sie Weber (vgl. 1988, S. 204) für den modernen Kapitalismus antizipierte[24]. Nicht als einseitiges Fachmenschentum soll der Beruf verstanden werden, sondern im Gegenteil: „Der Beruf und die Arbeit dürfen nie den Menschen zu seinem Untertan machen. Gott wird uns nicht am erreichten Gewinn richten, sondern danach, ob wir unseren Beruf zum Guten unserer Mitmenschen ausgeführt haben." (Měrćink 1999, S. 1).

Innerhalb dieser Gruppe von Unternehmern muß eine Differenzierung eingefügt werden. Nicht jeder Unternehmer, der seine Ethik an den kurz dargelegten christlichen Idealen ausrichtet, behauptet, durch den Glauben beeinflußt zu sein. Trotzdem verwirklichen auch diese (unbewußt beeinflußten) Unternehmer in höchstem Maß die „eingeforderten" Ideale. Diese Menschen sind Ausnahmen. Ihre Ansichten zum Unternehmertum und christlichen Glauben sind sehr ambivalent. Ein Gesprächspartner billigte beiden Elementen bestenfalls einen indirekten Zusammenhang zu. Er behauptet für sich selbst aber: „Wenn ich mehr Zeit hätte, würde ich in meinem Engagement auch Wegkreuze aufstellen."[25] Diese Unternehmer sind auch von Selbstzweifeln geplagt. Sie unterstützen ausdrücklich die These, daß Wettbewerb gut ist, weil er dem Menschen hilft, sich selbst zu verwirklichen. Gleichzeitig bedauern sie, daß der Wettbewerb das Schlechte im Menschen zeigt und damit eigentlich doch schädlich sei. Aufgrund des letztgenannten Standpunktes sehen sie zwischen unternehmerischem Wettbewerb und christlichem Glauben keinen Zusammenhang mehr.

Soweit diese zuletzt beschriebenen Unternehmer nicht vollständig in die sorbische Gemeinschaft eingebunden sind, haben sie es schwer, unternehmerische Netzwerke aufzubauen. Sie sind Außenseiter unter der allgemeinen Unternehmerschaft durch ihr überaus hohes soziales Engagement. Aber gleichzeitig wollen sie sich nicht öffentlich auf ein christliches Ideal beziehen. Diesen Unternehmern fällt es damit wiederum schwer, sich innerhalb der sorbischen Unternehmerschaft zu integrieren, die das Katholische und das Sorbische auch nach außen betont und nicht für eine persönliche Angelegenheit hält.

---

[24] Weber (1988, S. 204) befürchtete, daß sich die Gesellschaft der Zukunft in Richtung einer „mechanisierten Versteinerung" entwickelt, die „mit einer Art von krampfhaftem Sich-wichtignehmen" verbunden sei. Für den „letzten Menschen" dieser Kulturentwicklung könnte folgende Prophezeiung zur Wahrheit werden: „Fachmenschen ohne Geist, Genußmenschen ohne Herz: dies Nichts bildet sich ein, eine nie vorher erreichte Stufe des Menschentums erstiegen zu haben."

[25] In den ca. 80 Ortschaften und Ortsteilen der sorbischen katholischen Lausitz stehen über 1000 Wegkreuze und Betsäulen mit meist sorbischen Inschriften (in erster Linie Fürbitten, Lobpreisungen, Danksagungen und religiöse Ermahnungen).

Für alle Unternehmer (bewußt und unbewußt religiös) dieser Charakterisierung gilt, daß für sie der Mensch im Mittelpunkt steht. Hierin verkörpern sie das von der Kirche eingeforderte Ideal.

Die vorgestellten Ansichten provozieren zu Widerspruch, weil Weber einen durch die Religiosität hervorgebrachten ökonomischen Rationalismus analysierte. Der vorgestellte Unternehmertyp verkörpert diesen nicht. Jedoch können durch diese Charakterisierung (religiös und sozial) bei weitem nicht alle Unternehmer beschrieben werden. Für die hier nicht besprochenen Unternehmer gilt zusammenfassend, daß diese ein langfristig ausgerichtetes Unternehmertum, das die eigenen Traditionen nicht negiert, sondern in den Wirtschaftsprozeß einbindet, als erstrebenswert ansehen. Eine religiöse Beeinflussung wird dabei jedoch nicht wahrgenommen. Viele betonen aber ihre gesellschaftliche Verantwortung gegenüber der Religion und der eigenen sorbischen Herkunft. Sie binden diese Elemente aber „nur" nach Nützlichkeitserwägungen in den Unternehmensprozeß ein. Vielen Unternehmern ist besonders der hohe Nutzen der asketischen Arbeitsauffassung des Großteils ihrer sorbischen Mitmenschen bewußt. Bezüglich des religiösen und nationalen Bekenntnisses vertreten „pragmatische sorbische" Unternehmer einen sehr nüchternen Standpunkt, jedoch stellen sie mit dieser Grundhaltung ihr persönliches nationales Bekenntnis nicht in Frage. Das ist übergreifend für die meisten Unternehmer typisch. Unternehmer können in der Regel selbstbewußter mit der eigenen Herkunft umgehen als viele „gewöhnliche" Sorben, die ihr sorbisches Bekenntnis oft aufgrund von Selbstzweifeln und äußeren Schwierigkeiten in Frage stellen.

Die Unternehmer schaffen der nationalen Minderheit eine wirtschaftliche Basis in der Gesellschaft. Im Zusammenhang mit den Ideen zum ,Geist des Kapitalismus' ist es nötig zu hinterfragen, wie die wirtschaftliche Entwicklung künftig die Religiosität beeinflussen könnte und ob ein Wirtschaftserfolg gegenüber der Mehrheitsbevölkerung anerkannt werden kann. Diese Probleme werden zum Abschluß dieses Beitrages besprochen.

4   Fazit zum ‚Geist des Kapitalismus' und den katholischen Sorben

Der puritanische methodistische Reformator John Wesley (1703–1791) äußerte sich über den Zusammenhang von Religiosität und erarbeitetem Reichtum folgendermaßen:

„Ich fürchte: wo immer der Reichtum sich vermehrt hat, da hat der Gehalt der Religion in gleichem Maße abgenommen. Daher sehe ich nicht, wie es, nach der Natur der Dinge, möglich sein soll, daß irgendeine Wiedererweckung echter Religiosität lange Dauer haben kann. Denn Religion muß notwendig sowohl Arbeitsamkeit (industry) als Sparsamkeit (frugality) erzeugen, und diese können nichts anderes als Reichtum hervorbringen. Aber wenn Reichtum zunimmt, so nimmt Stolz, Leidenschaft und Weltliebe in all ihren Formen zu."[26]

Weber interpretierte den von ihm herausgestellten Ursache-Wirkungs-Zusammenhang anders als es heute üblich ist. Die Wortwahl: „muß notwendig erzeugen" (von Weber hervorgehoben), suggeriert eine kausale Beziehung. Notwendige Bedingungen sind aber allein die Voraussetzungen für die Beweiskraft einer These und erklären nicht den unterstellten kausalen Zusammenhang an sich. Weber rechnete der Religiosität der puritanischen Glaubensgemeinschaften in diesem Sinn eine hinreichende Erklärungskraft für Wirtschaftserfolg zu. Mit Bezug auf seine Ideen zum ‚Geist des Kapitalismus' gilt die hinreichende Erklärung für den Wirtschaftserfolg – verursacht durch eine religiöse Lebensführung – aber nur für den Zeitraum, in dem sich der ‚kapitalistische Geist' in der Herausbildung befindet. Die Durchsetzung des modernen marktwirtschaftlichen Systems, wie wir es kennen, resultiert dagegen weitgehend daraus, daß im wirtschaftlichen Bereich Religiosität dem ökonomisch geprägten Denken weichen muß.

Für das Problem dieser Studie – die religiös geprägte ethnische Minderheit – sind auch in der Gegenwart deutliche Parallelen zu Webers Beschreibung der Entwicklung des ‚kapitalistischen Geistes' nachzuvollziehen. Deshalb konnte für die sorbische katholische Gemeinschaft, die sich noch deutlich über ihre Religiosität definiert, der Einfluß einer religiös motivierten Mentalität auf die tägliche Lebensführung und das wirtschaftliche Handeln angenommen und bestätigt werden. Eine hinreichende Auffassung über die Wirkung der Religiosität der Sorben auf die eigene Wirtschaftsleistung soll hier aber nicht herausgestellt werden, denn die

---

[26]   Dieses Zitat ist aus einem von Weber (1988, S. 196) präsentierten Wesley-Text übernommen.

heutige Gesellschaft wird durch verschiedene Wechselwirkungen charakterisiert. Pluralistische Ansichten formen die Gesellschaft, und die jeweilige Wirtschaftspolitik bewirkt realwirtschaftliche Veränderungen. Die unterschiedlichen Einflüsse auf die Gesellschaft wirken in verschiedene Richtungen, verstärken oder nivellieren sich. Allein aus diesem komplexen Geflecht die Religiosität als Erklärungsmuster bestimmter Phänomene herauszustellen, wäre unrealistisch und anmaßend. Jedoch bleibt die Aussage der Studie fraglich, wenn nicht anhand realwirtschaftlicher Fakten ein Wirtschaftserfolg der Minderheit nachvollzogen werden kann. Weber (vgl. 1988, S. 19–21) verglich in seiner Studie die unterschiedlichen Steueraufkommen verschiedener Konfessionen (in Baden 1895). Wenn hier die politischen Gemeinden aus der katholischen und noch weitgehend sorbisch geprägten Enklave[27] ihren Nachbargemeinden aus der fast vollständig „verdeutschten" (ehemals sorbischen und evangelischen) Region nördlich und östlich von Bautzen[28] gegenübergestellt und die Steueraufkommen dieser Regionen verglichen werden, ergibt sich folgendes Bild:

Tabelle: Vergleich der Steueraufkommen 1997[29]

	Realsteueraufbringungskraft pro Kopf	Steuereinnahmekraft pro Kopf	Gewerbesteuer pro Kopf
Katholische Gemeinden	262 DM	393 DM	122 DM
Protestantische Gemeinden	194 DM	323 DM	97 DM

Quelle der Daten: Statistisches Landesamt des Freistaates Sachsen – Realsteuervergleich für den Freistaat Sachsen (Kamenz 1998)

---

[27] Das sind die Gemeinden Crostwitz, Dörgenhausen (mittlerweile zu Hoyerswerda eingemeindet), Nebelschütz, Panschwitz-Kuckau, Radibor, Räckelwitz, Ralbitz-Rosenthal und Wittichenau (mit insgesamt 16.671 Einwohnern).

[28] Das sind die Gemeinden Großdubrau, Malschwitz, Guttau, Milkel (mittlerweile zu Radibor eingemeindet), Neschwitz, Königswartha und Knappensee (mit insgesamt 21.262 Einwohnern).

[29] Alle Angaben beziehen sich auf Zahlen vor der sächsischen Gemeindegebietsreform!

Hier werden nur die Durchschnittsangaben der Steueraufkommen präsentiert. Innerhalb der jeweiligen Region divergieren die Werte durchaus. Mit Hilfe der Durchschnittsangaben pro Kopf soll eine Vergleichbarkeit der Regionen erreicht werden. Würden nur einzelne Gemeinden (oder Ortsteile) herausgelöst betrachtet, wären die Ergebnisse leicht konstruierbar.

Die sorbischen und katholischen Gemeinden der Oberlausitz erreichten 1997 durchschnittlich:

- eine um 35 % höhere Realsteueraufbringungskraft,

- eine um 22 % höhere Steuereinnahmekraft und

- ein um 26 % höheres Gewerbesteueraufkommen (in Sachsen nur auf Gewerbeertrag) als ihre zum Deutschen assimilierten protestantischen Nachbargemeinden[30].

Die Unterschiede in der Höhe der Steueraufkommen sind beachtlich. Denn es ist trotz der bisher dargelegten Standpunkte nicht zwingend zu erwarten gewesen, daß diese Differenzen festgestellt werden können. Aufgrund politischer Zwänge (z. B. korporatistische) wird eine Nivellierung von Ungleichheiten angestrebt. Dies betrifft Ausgleichszahlungen, Zuweisungen, Arbeitsförderungsprogramme (z. B. ABM) und Verteilungsmechanismen („Finanzausgleich"), die durch staatliche Institutionen umgesetzt werden und mit deren Hilfe wirtschaftliche und soziale Unterschiede im regionalen Raum ausgeglichen werden sollen.

In der empirischen Erhebung (1998/1999) wurden Indizien für eine höhere Arbeitsplatzdichte festgestellt sowie geringere Arbeitslosenzahlen in der sorbischen Region im Gegensatz zur Nachbarregion nachgewiesen. Die Ergebnisse deuten auf eine „Kultur der Selbständigkeit" in der sorbischen Lausitz hin. Diese basiert auf einer „erzwungenen" Bodenständigkeit und einer damit verbundenen Bescheidenheit, welche die Erwerbsneigung beeinflussen. Sorben können nur in ihrer unmittelbaren Heimat ihrer Nationalität treu bleiben und die eigene Kultur an künftige Generationen weitergeben. Deshalb sind sie tendenziell eher bereit, eine relativ niedrig entlohnte Arbeit anzunehmen und engagieren sich öfter für die wirtschaftliche Selbständigkeit als Menschen in einem gewöhnlichen Umfeld.

---

[30] Basis für die Prozentangabe ist die jeweilige Kennzahl der assimiliert protestantischen Gemeinden = 100 %.

- Realsteueraufbringungskraft: Die Ist-Aufkommen der verschiedenen Steuerarten (Grundsteuern und Gewerbesteuer) werden addiert und mit fiktiven angeglichenen Hebesätzen verrechnet, um vergleichbare Ergebnisse zu bekommen.

- Steuereinnahmekraft: Realsteueraufbringungskraft abzüglich der Gewerbesteuerumlage (Abführung an den sächsischen Staat) und zuzüglich des Gemeindeanteils an der Einkommensteuer

Trotz dieser interessanten Feststellung sind eindeutige Abhängigkeiten zwischen den Variablen (Religiosität, Minderheitenstatus in bezug auf Wirtschaftserfolg) genauso wenig wie eindeutige Kausalitäten zu bestimmen. Das soll nicht die bisherigen Erkenntnisse abwerten. Vor dem aktuellen Hintergrund, der durch das interdisziplinär zusammengetragene Material veranschaulicht worden ist, können die Erkenntnisse dieser Arbeit als authentisch gelten.

Webers Konzept zum ‚Geist des Kapitalismus' ist mit dem Beispiel einer katholischen Gemeinschaft neu interpretiert worden. Im Sinn des Autors und auf Basis eines wissenschaftlichen Standpunktes, wie ihn z. B. Sell (vgl. 1997, S. 2ff) fordert, ist Webers Konzept auf ein „System der Lebensreglementierung durch Religiosität" angewendet worden. Weber ist demzufolge nicht widerlegt worden, sondern es wurde gezeigt, daß eine wissenschaftliche Loslösung vom „doktrinären" Protestantismus-Standpunkt möglich ist, ohne Weber für irrelevant zu erklären[31].

Das Beispiel der katholischen Sorben zeigte, wie eine religiöse und ethnische Minderheit unter schwierigen Bedingungen in der Lage ist, eine Identität zu entwickeln, die ihrer gesellschaftlichen Situation angemessen ist. Für die sorbische Gemeinschaft wird die Zukunft zeigen, inwieweit die „sorbischen Individuen" die gemeinschaftliche Religiosität weiterhin als legitim betrachten und ob die gegenwärtige, von der modernen Marktwirtschaft und pluralistischen Gesellschaft geprägte Generation noch die „überlieferte" Kultur und die traditionellen Wertvorstellungen weitergeben wird.

Die von den traditionalistischen sorbischen katholischen Kreisen immer wieder betonte „Symbiose aus religiösem Bekenntnis und sorbischer Nationalität" kann als notwendige Bedingung und Voraussetzung für den Fortbestand der Ethnie akzeptiert werden. In der Arbeit wurde gezeigt, daß diese notwendige Bedingung mit der wirtschaftlichen Entwicklung in enger Beziehung steht. Der Fortbestand des Volkes wird demzufolge indirekt durch die nationale sorbische Wirtschaft gesichert. Genau an diesem Problemfeld kommt aber die ambivalente Wirkung des Religiösen (Religiosität bedingt den wirtschaftlichen Erfolg und wird wiederum durch diesen verdrängt) zum Tragen. In Zukunft wird unausweichlich auch in der sorbischen Kultur die Wirtschaft antagonistisch der religiösen Tradition entgegentreten. Dieser entscheidende Umbruch wird tiefgreifende Veränderungen für die sorbische Nation bewirken. Um dieser sich abzeichnenden Entwicklung nicht hilflos gegenüberzutreten, müssen alle Anforderungen der neuen Gesellschaft

---

[31] Das Beispiel kann zwar als Gegenbeispiel zu den Protestantismus-Argumenten aufgefaßt werden, es widerlegt aber nicht Webers Gesamtkonzept, in dem die Beeinflussung der materiellen Welt durch die ideelle Welt beschrieben wird.

auch als Chancen wahrgenommen werden. Viele Sorben haben bewiesen, daß sie dazu fähig sind.

Literaturverzeichnis

Bart-Ćišinski, J.: Serbskim Hospodarjam, in: Ludowe Nakładnistwo Domowina Budyšin (Hrsg.): Jakub Bart-Ćišinski – Zhromadźene Spisy – Zwjazk III Lyrika, Bautzen 1969, S. 54.

Graf, F. W.: The German Theological Sources and Protestant Church Politics, in: Lehmann, H./Roth, G. (Hrsg.): Weber's "Protestant ethic": origins, evidence, contexts; Cambridge 1993, S. 27–49.

Hainz, M.: Kirchlichkeit im sorbisch-katholischen Siedlungsgebiet. Ergebnisse einer qualitativen Befragung, in: Lětopis – Zeitschrift für sorbische Sprache und Kultur, 46. Jg., Nr. 1, 1999, S. 104–114.

Homann, K.: Sozialpolitik nicht gegen den Markt, in: Frankfurter Allgemeine Zeitung, Nr. 37, 13.02.1999, S. 15.

Hose, S. (Hrsg.): Serbski přisłowny leksikon, Bautzen 1996.

Ignatow, A.: Wertewandel und Wertekonflikte im Transformationsprozeß, in: Bundesinstitut für ostwissenschaftliche und internationale Studien (Hrsg.): Der Osten Europas im Prozeß der Differenzierung – Fortschritte und Mißerfolge der Transformation, München 1997, S. 39–49.

Kellner, W.: Wirtschaftsführung als menschliche Leistung, Braunschweig 1949.

Lehmann, H.: Asketischer Protestantismus und ökonomischer Rationalismus: Die Weber These nach zwei Generationen, in: Schluchter, W. (Hrsg.): Max Webers Sicht des okzidentalen Christentums: Interpretation und Kritik, Frankfurt am Main 1988, S. 529–553.

Měrćink, G.: Swoje powołanje na dobro druhich wukonjeć, in: Katolski Posoł, Nr. 5, 31.01. 1999, S. 1.

Nipperdey, Th.: Max Weber, Protestantism, and the Debate around 1900, in: Lehmann, H./ Roth, G. (Hrsg.): Weber's "Protestant ethic": origins, evidence, contexts; Cambridge 1993, S. 73–81.

Panther, S.: Historisches Erbe und Transformation: „Lateinische" Gewinner – „Orthodoxe" Verlierer?, in: Wegner, G./Wieland J. (Hrsg.): Formelle und informelle Institutionen – Genese, Interaktion und Wandel; Marburg 1998, S. 212–251.

Radyserb-Wjela, J./Wirth, G. (Hrsg.): Přisłowa a přisłowne hrónčka a wusłowa Hornjołužiskich Serbow, Bautzen 1997 [1902].

Samuelsson, K.: Religion and Economic Action: The Protestant Ethic, the Rise of Capitalism, and the Abuses of Scholarship, 2. Aufl. in englischer Sprache, Toronto 1993.

Sell, F. L.: Zu Max Webers Neuinterpretation: Implikationen für die Ordnung der Volkswirtschaftslehre, in: Dresdener Beiträge zur Volkswirtschaftslehre, Nr. 8, 1997.

Schluchter, W.: Religion, politische Herrschaft, Wirtschaft und bürgerliche Lebensführung: Die okzidentale Sonderentwicklung, in: Schluchter, W. (Hrsg.): Max Webers Sicht des okzidentalen Christentums: Interpretation und Kritik, Frankfurt am Main 1988, S. 11–128.

Schmidtchen, D.: Kirche, Geld und Seelenheil, in: Diskussionspapier, Nr. 9712, Center for the Study of Law and Economics – Saarbrücken, Saarbrücken 1997.

Statistisches Landesamt des Freistaates Sachsen:

Realsteuervergleich für den Freistaat Sachsen – 1997, Kamenz 1998.

Weber, M.: Die protestantische Ethik und der Geist des Kapitalismus, in: Max Weber – Gesammelte Aufsätze zur Religionssoziologie I, 9. Aufl., Tübingen 1988, S. 17–206.

Weber, M.: Kirchen und Sekten in Nordamerika, in: Winkelmann, J. (Hrsg.): Max Weber – Soziologie · Unversialgeschichtliche Analysen · Politik, Stuttgart 1992, S. 382–397.

Wosadnik – Serbske pastoralne zjednoćenstwo (Hrsg.): Wosadnik – Modlitwy a kěrluše katolskich Serbow, 2. Aufl., Bautzen 1979.

Effizienzsteigerung durch Personal

Birgit Benkhoff[1] :

Wir beobachten im Bereich des Personalmanagements zwei widersprüchliche Bewegungen: Einerseits erleben wir seit Jahren in Ost und West immer wieder Massenentlassungen in Unternehmen zum Zweck der Kostensenkung, das heißt Menschen scheinen wenig zu zählen. Andererseits hören wir viel über Humankapital, Lernende Organisation, Wissensmanagement und die Beteuerung von mancher Unternehmensspitze, Mitarbeiter seien ihre wichtigste Ressource. Es scheint ein neues Interesse an Menschen in Unternehmen zu geben und damit verbunden auch ein Interesse an den Managementmethoden, die dazu beitragen, geeignete Mitarbeiter anzuziehen, weiterzuentwickeln und zu behalten.

Ziel meines kurzen Vortrages ist es, diesen Widerspruch zu klären und zu argumentieren, daß Mitarbeiter in der Tat die wichtigste Ressource für viele Unternehmen sind, und zwar aus Gründen, die noch nicht allgemein wahrgenommen werden.

Zunächst der Widerspruch:

Es ist eine gut dokumentierte Beobachtung, daß die besten 5% der Mitarbeiter zweimal so viel leisten wie die schlechtesten 5% (Überblick z. B. bei Cook, 1988). Wenn man es versteht, beim Selektionsprozeß die allerbesten zu identifizieren, so kommt man mit der Hälfte der Mitarbeiter aus, die man einstellen müßte, wenn man das Pech hätte, an die schlechtesten 5% zu geraten.

In den letzten Jahren sind beträchtliche Fortschritte bei der Erforschung der Selektionsmethoden erzielt worden. Durch den Einsatz theoretisch geleiteter und standardisierter Methoden wie Arbeitsproben, Peer Assessment, biographische Fragebögen und strukturierte Interviews können Unternehmen das Risiko mindern, an den falschen Kandidaten zu geraten. Professionelle Selektionsverfahren zahlen sich aus.

---

[1] Prof. Dr. (PhD) Birgit Benkhoff, Inhaberin des Lehrstuhls für BWL, insb. Personalwirtschaft, TU Dresden

Dasselbe gilt für die Mitarbeiterbeurteilung. Intensive Forschung auf diesem Gebiet hat die Methoden und Umstände identifizieren können, bei denen Beurteilungen von den Betroffenen eher als fair akzeptiert werden. Auf diese Weise läßt sich die Belegschaft leichter steuern und zu Leistungssteigerungen anregen.

Aber das ist nicht der einzige Grund, weshalb Mitarbeiterbeurteilungen mittlerweile in fast jedem Unternehmen eingeführt sind. Vorgesetzte, die regelmäßig Mitarbeitergespräche führen, erfahren, was ihre Leute denken und wo es Konflikte und Quellen der Unzufriedenheit zu überwinden gilt. Vor allem aber bietet sich die Gelegenheit, eine Interpretation von Ereignissen und Politik aus der Perspektive der Unternehmensleitung zu vermitteln.

Wie wichtig das ist, hat der Forschungsbereich der Sozialen Informationsverarbeitung herausgestellt (z. B. Salancik und Pfeffer, 1978). Wir wissen inzwischen, daß konkrete Arbeitsbedingungen weniger zählen als wie sie interpretiert werden, und das hängt von den Menschen ab, zu denen der Betroffene in Kontakt steht.

Betrachten wir zum Beispiel eine Firma, die in einer ihrer Niederlassungen Autos mit einer Fließbandgeschwindigkeit fertigt, die über der ihrer anderen Produktionsstätten liegt. Ist das zumutbar?

Ja, wenn unter den Fließbandarbeitern leistungsfähige junge Leute sind, die miteinander um die Wette arbeiten und Ermüdungserscheinungen bei Kollegen mit Spott kommentieren.

Nein, wenn schwächere Mitglieder der Belegschaft die niedrigeren Anforderungen in anderen Betriebsstätten ins Feld führen und im Kollegenkreis und vom Betriebsrat bedauert werden.

Die vorherrschende Kausalattribution entscheidet z. B. auch, ob aus Arbeit organisationsbedingter Stress wird, weil das Management überhöhte Erwartungen an die Belegschaft hat, oder ob Stress Privatsache ist, aufgrund mangelnder Leistungsfähigkeit oder –bereitschaft von einzelnen.

Da Menschen aus dem Umgang und Gesprächen mit anderen bewußt oder unbewußt Hinweise darüber sammeln, was von einer Situation und von ihnen selbst zu halten ist, kommt der Kommunikation zwischen Management und Mitarbeiter große Bedeutung zu. Vor allem wird professionelles Management sie nicht der Gewerkschaft und dem Betriebsrat überlassen.

Man wird bei der Kommunikation eine sorgfältig gewählte Sprache (z. B. Shareholder Value statt Profit, Personalfreisetzung statt Entlassungswelle) verwenden. Sprache weckt Assoziationen (Value/ Wert ist implizit etwas Gutes, Freisetzung klingt nach Freiheit und Freizeit) und beeinflußt so die Reaktion des Empfängers. Außerdem versucht man durch wohlüberlegte Sozialisation am Beginn des Beschäftigungsverhältnisses, sowie durch Weiterbildung danach, Verhaltensregeln und Normen zu beeinflussen in der Erwartung, daß die Mitarbeiter Veränderungen und Leistungsansprüche als selbstverständlich hinnehmen.

Noch ein paar kurze Beispiele, wie das Personalmanagement weitere Effizienz-Fortschritte erzielt hat. In den letzten Jahren haben wir z. B. herausgefunden, unter welchen Umständen Zielvereinbarungen funktionieren (was unsere Universitätsverwaltung nicht daran hindert, widersinnige Vorstöße zu unternehmen), was Mitarbeiterpartizipation zum Erfolg verhilft, oder welche entscheidende Rolle der sozialen Motivation in Teams zukommt. Darüber hinaus haben Praktiker unabhängig von den Forschungsergebnissen Benchmarking betrieben mit anderen Firmen, innerhalb und außerhalb ihres Sektors, und auch von internationalen Vergleichen gelernt. Durch das Kopieren effizienter Prozesse versucht man bei der Mitarbeiterbehandlung „Best Practice" zu realisieren.

Wenn zum Beispiel Bahn und AOK hier in Sachsen Hunderte von Mitarbeiterstellen streichen, so ist das nicht nur die Folge von Nachfrageschwankungen und der Einführung neuer Technologien, sondern auch von neuen Managementmethoden. Mit der von Personalspezialisten erreichten Steigerung der Effizienz sind viele Menschen im Produktionsprozeß redundant geworden, während die Verbleibenden in der Regel eine Arbeitsintensivierung erleben.

Als Zwischenergebnis ist festzuhalten, daß die Kostensenkungsstrategie die Vorherrschende ist und daß die Mitarbeiter weitere Maßnahmen zur Kostensenkung zu erwarten haben. Der Slogan von der Belegschaft als wichtigste Ressource läßt sich so nicht verifizieren und der eingangs erwähnte Widerspruch scheint sich aufzulösen. Bezeichnenderweise ist der Status der unternehmenseigenen Personalabteilungen bei allem Beitrag zur Kostensenkung und Erhöhung des Shareholder Value im allgemeinen nicht gestiegen. Im Gegenteil, die Personalfunktion wird häufig trotz ihrer allseits bekannten Probleme mit der Output-Messung als Cost Centre gesehen und muß sich anstrengen, ihre Existenz zu rechtfertigen. Im Titel meiner Vorlesung habe ich bewußt das Wort „Personal" in seiner Mehrdeutigkeit benutzt. Das Ansehen der Personalabteilung ist eng verbunden mit der wahrgenommenen Bedeutung der Belegschaft, ebenso wie der Status des wissenschaftlichen Fachbereichs Personal. Die drei lassen sich in ihrem Einfluß schwer voneinander trennen.

Meine These ist, daß der dargestellte Kosten senkende Ansatz zwar viel zur Produktivitätssteigerung beitragen mag, für die Unternehmensstrategie auf die Dauer aber wenig bringt.

Um einen dauerhaften Wettbewerbsvorteil zu haben, braucht man etwas, das

- ökonomischen Nutzen bringt,

- einen von der Konkurrenz unterscheidet und

- nicht ohne weiteres kopiert werden kann.

Wie steht es mit den Personalkosten?

1.   Die Arbeitskosten machen im Durchschnitt nur einen geringen Anteil an den Gesamtkosten eines Unternehmens aus (z. B. in der chemischen Industrie 8%, bei Herstellern von Farbfernsehern 5%, bei Krankenversicherungen etwa 4%), und weitere Einsparungen bringen abnehmende Erträge.

2.   Effiziente Personalpraktiken, wie ich sie gerade genannt habe, basieren auf robusten Forschungsergebnissen, sind deshalb also allgemeingültig und können nach Belieben von Konkurrenten kopiert werden.

Durch Distanzierungsversuche von der eigenen kostspieligen Belegschaft wie z. B. Outsourcing und das Ersetzen der eigenen Mitarbeiter durch Leiharbeiter mag man Geld sparen, aber mit der Vergabe von Teilen der Fertigung und von Dienstleistungen an Fremdunternehmen kann man sich nicht von der Konkurrenz abheben. Die läßt möglicherweise in der selben Firma fertigen. Die Leiharbeitsfirmen vermitteln ihre Leute nicht nur an ein Unternehmen, sondern an alle, die Bedarf anmelden.

Die steigende Bedeutung des Personals und der Personalfunktion hängt damit zusammen, welche Entwicklungen sich im Bereich der klassischen Faktoren für einen dauerhaften Wettbewerbsvorteil abzeichnen.

Was bringt ökonomischen Nutzen? Zum Beispiel:

- Protektionierte und regulierte Märkte: Die Liberalisierung des Welthandels hat in den letzten Jahrzehnten ein derartiges Ausmaß angenommen, daß selbst in dem ursprünglich „geschlossenen" Markt der USA die Exporte und Importe von unter 5% des Bruttosozialproduktes im Jahre 1950 auf inzwischen jeweils 30% des Bruttosozialprodukts gestiegen sind. Protektionierte Märkte werden immer seltener. Die Welle der Deregulierung und Globalisierung von Märkten hat inzwischen fast alle Länder erfaßt.

Was unterscheidet einen sonst von der Konkurrenz?

- Skalenerträge: Es mag nach wie vor vorteilhaft sein, einen großen Marktanteil zu haben, aber ein Trend scheint in Richtung von Teilmärkten zu gehen, wo man sich am speziellen Geschmack besonderer Segmente der Bevölkerung ausrichtet, wie das im einzelnen von Piore und Sabel (1985) in ihrem Buch über flexible Spezialisierung beschrieben wurde.

- Zugang zu Kapital: Bei weniger effizienten Kapitalmärkten lassen sich Konkurrenten abhängen, die ihre Expansion nicht selbst finanzieren können. Aber in den letzten 30 Jahren sind die Kapitalströme, die sich um die Welt bewegen, kontinuierlich gewachsen, und die Venture Capital Industrie ist international und nimmt sich vielversprechender Projekte in aller Welt an.

- Entwicklung neuer Produkte: Nachdem Xerox sein erstes Photokopiergerät auf den Markt gebracht hatte, genoß das Unternehmen 13 Jahre danach mit derselben Technologie noch einen Marktanteil von 90%. Das wäre heute kaum noch möglich. Vor einigen Jahren kam eine amerikanische Studie, in der 48 neue Produkte untersucht wurden, zu dem Ergebnis, daß im Durchschnitt die Imitationskosten 65% der Entwicklungskosten betragen und die Imitationszeit 70% der Entwicklungszeit. Patente bieten keinen dauerhaften Schutz. 60% der erfolgreichen Erfindungen werden innerhalb von 4 Jahren von anderen Firmen kopiert.

Die wohlbekannten Rezepte greifen nicht mehr recht, wie Pfeffer (1994) dargestellt hat. Offensichtliche Vorteile sind schnell kopiert. Mühsam errungene Wettbewerbsvorteile sind rasch erodiert.

Wo die häufigen Veränderungen bei den Produktmärkten die traditionellen Arbeitsmethoden und Kontrollstrukturen ineffektiv werden lassen, zeichnet sich eine neue, größere Bedeutung des Personals ab. Was als Widerspruch im Personalmanagement erschien, entpuppt sich als eine neue Denkweise. Diese Effizienzsteigerung, die sich durch die Personalpolitik erzielen läßt, ist ganz anderer Art.

Je mehr Produkte und Dienstleistungen vom Wissen der Mitarbeiter abhängen und je häufiger Strategien anpassungsbedürftig werden, desto enger und auffälliger wird der Zusammenhang zwischen Personalpolitik und finanzieller Leistung des Unternehmens. In solchen Situationen braucht man eine ganz andere Perspektive als die der engen funktionalen Kategorien wie Personalbeschaffung, Weiterbildung und Bezahlung.

Die Personalstrategie, die man braucht – eine Hochleistungsstrategie – muß erstens dafür sorgen, daß die notwendigen Kernkompetenzen innerhalb der Belegschaft entwickelt werden und daß zweitens neue Strategien unverzüglich und ohne Verwässerung umgesetzt werden. Durch schnelle Reaktion kann das Personal das bieten, was viele Unternehmen vergeblich suchen: einen langfristig wirksamen Wettbewerbsvorteil, einer der nur schwer zu imitieren ist.

Wie kommt es zu dieser Unnachahmlichkeit? Für Beobachter ist es schwer nachvollziehbar, wie eine effektive Personalpolitik im einzelnen funktioniert. Die Regeln und Normen, die dazu führen, daß es bei manchen Fluggesellschaften freundlicher und pünktlicher zugeht, sind nicht so offensichtlich wie ein neues Computer-System.

Wir haben neuerdings Beweise dafür, daß weniger einzelne Personalpraktiken für den Erfolg von Unternehmen verantwortlich sind, als vielmehr ganze Bündel von Maßnahmen, die aufeinander abgestimmt sein müssen. Wie Ichniowski, Shaw und Prennushi (1997) in einem spektakulären Forschungsprojekt in der US-Stahlindustrie nachgewiesen haben, sind Methoden wie Gruppenarbeit um so effektiver, wenn sie kombiniert sind mit sorgfältiger Mitarbeiterselektion, Kommunikation, Weiterbildung, flexibler Aufgabengestaltung und Arbeitsplatzsicherheit.

Die einzelnen Maßnahmen müssen zueinander stimmig sein, damit es zur Schaffung von Synergien kommt. Das verlangt einen internen Anpassungsprozeß. Extern sollte das stimmige und konsequente Human Resource System darauf ausgerichtet sein, Organisationsprobleme zu lösen und die jeweilige Wettbewerbsstrategie des Unternehmens umzusetzen.

Bevor andere Unternehmen erwiesenermaßen erfolgreiche Praktiken kopieren können, müssen sie nicht nur die subtilen Zusammenhänge zwischen den Komponenten durchschauen. Wie ich von meinen eigenen Forschungsergebnissen (Benkhoff, 1997) weiß, ist eine wesentliche Bedingung für die Einführung neuer Praktiken eine positive Einstellung der Mitarbeiter, und die muß sich die Unternehmensleitung erst durch großzügiges, faires und zuverlässiges Verhalten verdienen.

Ein besonders erfolgreiches Unternehmen mag sich dadurch auszeichnen, daß es seinen Mitarbeitern Kommission zahlt. Woanders kann die Einführung eines neuen Entgeltsystems dazu führen, daß die Mitarbeiter unzufrieden und demotiviert sind. Selbst wenn man sich entschließt, eine ganz neue Fabrik zu eröffnen, mag es lange dauern, bis das Mißtrauen in der Belegschaft überwunden ist. In diesen Eintrittsbarrieren und der Unnachahmlichkeit von Hochleistungsstrategien liegt der Wettbewerbsvorteil der Human Resources.

Unter solchen Umständen wird es Aufgabe der Personalspezialisten sein, das Bündel geeigneter Personalmaßnahmen jeweils ganz individuell auf ihr eigenes Unternehmen zuzuschneiden. In der Praxis sieht das so aus, daß die strategischen Ziele des Unternehmens in die Ziele von Abteilungen übersetzt werden müssen. Dann gilt es die Faktoren zu bestimmen, die für das Erreichen dieser Ziele entscheidend sind. Die Personalmaßnahmen sind daraufhin so zu wählen, daß sich Strukturen, Kenntnisse und Motivation der Mitarbeiter so entwickeln, daß die Belegschaft einen optimalen Beitrag zu den Erfolgsfaktoren leisten kann.

Wenn die Personalfunktion diese Probleme nicht nur diskutiert, sondern auch lösen kann, wird sie den Respekt der Firmenleitung ernten und so zu einem wichtigen strategischen Partner des oberen Managements werden. Das verlangt eine Abkehr von der Idee der „Best Practice" und vom „Benchmarking" und eine Neuorientierung im Sinne einer Beschäftigung mit der Einzigartigkeit der Unternehmenssituation.

Während die Märkte für die anderen Quellen von Wettbewerbsvorteilen effizienter werden, haben die meisten Unternehmen die Möglichkeiten einer Hochleistungs-Belegschaft noch nicht realisiert. Die Herausforderung an Praxis und Wissenschaft liegt darin zu ergründen, welche Rolle das Personalsystem bei der Umsetzung von Strategien spielt. Es bestehen gute Aussichten, daß die Mitarbeiter unter diesen Umständen in der Tat eine äußerst „kostbare Ressource" sind.

Literaturverzeichnis

Benkhoff, B. (1997): „A test of the HRM model: good for employers and employees", Human Resource Management Journal, 7, 4, S. 44 – 60

Cook, M. (1988): „Personnel Selection and Productivity", Wiley, Chichester

Ichniowski, C., Shaw, K. und Prennushi, G. (1997): „The Effects of Human Resource Management Practices on Productivity: A Study of Steel Finishing Lines", The American Economic Review, Juni, S. 291 – 313

Pfeffer, J. (1994): „Competitive Advantage through People", Harvard Business School Press, Boston

Piore, M. J. und Sabel, Ch. F. (1985): „Das Ende der Massenproduktion. Studie über die Requalifizierung der Arbeit und Rückkehr der Ökonomie in die Gesellschaft", Berlin

Salancik, J. und Pfeffer, G. R. (1978): „A Social Information Processing Approach to Job Attidudes and Task Design", Administrative Science Quarterly, 23, S. 224 – 253

Telematik in der Güterverkehrslogistik – Stand und Perspektiven

Rainer Lasch[1]:

1 Einleitung

Noch nie waren so viele Menschen und Waren rund um den Globus unterwegs. Bis 2005 wird sich – verglichen mit 1990 – in Deutschland der Personenverkehr um 40 Prozent und der Güterverkehr sogar um 90 Prozent erhöhen. Eine Studie der Intraplan Consult GmbH belegt, daß im Transitland Deutschland im Jahr 2010 rund 30 Prozent der europäischen Fernverkehrsleistungen erbracht werden. Durch das stetige Wachstum hat der Verkehr nun einen Zustand erreicht, der bei jedem weiteren Anstieg dramatische Engpässe erzeugt. Die Lösung der Verkehrsprobleme wird in den kommenden Jahrzehnten zu einem Schlüssel der Entwicklung von Wirtschaft und Gesellschaft, denn schon heute gehen durch Staus und Verspätungen viele Milliarden verloren.

Mit dem Bau von immer mehr Straßen lassen sich die Probleme nicht lösen. Entlastung verspricht nur eine Optimierung des Gesamtsystems Verkehr. Im Güterverkehr müssen die Warenströme entzerrt und dynamisch gelenkt sowie alle Einsparpotentiale konsequent ausgeschöpft werden. Die vorhandenen Verkehrssysteme müssen durch eine Vernetzung effektiver gemacht werden. Dies setzt allerdings eine intelligente Infrastruktur voraus, wobei den neuen Informationstechnologien eine besondere Bedeutung zukommt, da sie ihre Integration weiter vorantreiben. Als vielversprechendes Instrumentarium für logistische Transportprozesse weckt die Telematik große Hoffnungen. Die Verkehrstelematik kann dazu beitragen, den unvermeidbaren Verkehr effektiver zu gestalten, Fahrzeuge und Fahrwege effizienter zu nutzen und den Einsatz umweltfreundlicher Verkehrsmittel zu fördern.

Ausgehend von einer Präzisierung des Telematikbegriffs mit den zugehörigen Aufgabenfeldern wird zunächst auf wichtige Veränderungen in den Rahmenbe-

---

[1]   Prof. Dr. Rainer Lasch, Lehrstuhl für Betriebswirtschaftslehre, insb. Logistik, Fakultät Wirtschaftswissenschaften, TU Dresden

dingungen des Güterverkehrs eingegangen und deren Auswirkungen auf die Transportbranche abgeleitet. Anschließend erfolgt eine Betrachtung des Informationsflusses in mehrgliedrigen Transportketten, wobei besonders auf eine durchgängige Vernetzung mit Hilfe der Verkehrstelematik Wert gelegt wird. Parallel zur Darstellung der Einsatzmöglichkeiten, des Nutzens sowie der Probleme des güterverkehrslogistischen Telematikeinsatzes wird der Stand der Telematik in der Praxis anhand von empirischen Untersuchungen aufgezeigt.

2 Telematik – Begriff und Aufgabenfelder

Etymologisch gesehen ist Telematik ein Kunstwort, das sich aus den Begriffen Telekommunikation und Informatik zusammensetzt. Dadurch soll die immer weiter fortschreitende Kombination von Informationsverarbeitung und -übertragung hervorgehoben werden, so daß unter Telematik jede Form moderner, computergestützter Telekommunikation verstanden wird, deren Funktionalität in erster Linie durch Rechnerprogramme sichergestellt wird, und bei der die Informationen im Anschluß an den Nachrichtentransfer mit Hilfe von Rechneranlagen weiterverarbeitet werden. Informations- und Kommunikationstechnologien (IuK-Technologie) sowie Compunication können als Synonyme der Telematik angesehen werden [Höller, 1994, S. 12].

Zu den Aufgabenfeldern der Telematik gehören die Telearbeit und -kooperation, die Telemedizin, das Telelernen und -studium, die Verkehrstelematik sowie weitere Anwendungen wie zum Beispiel das Teleshopping, Telebanking und Teleconsulting [Gassner et al., 1994, S. 37, Krüger, 1996, S. 347].

Während unter Telearbeit eine mehr oder minder dauerhafte Tätigkeit von Freiberuflern oder Angestellten innerhalb ihrer eigenen Wohnung verstanden wird, bei der ein Kontakt zum Arbeitgeber über telekommunikationstechnisch aufgebaute Verbindungen aufrechterhalten wird, bezeichnet Telekooperation die Zusammenarbeit räumlich weit verteilter Arbeitsgruppen z. B. im Sinne eines simultaneous engineering. Beim Telelernen bzw. -studium soll mit Hilfe multimedialer Medien und moderner Datenübertragungsverfahren Lehre und Studium zeitlich flexibilisiert werden. Unter Telemedizin versteht man die Diskussion und Befundung von medizinischen Untersuchungsdaten über große Entfernungen hinweg, um den Austausch von Patienteninformationen zu verbessern und eine bessere Diagnose zu ermöglichen.

Die Verkehrstelematik zielt einerseits auf eine Verbesserung der Infrastrukturauslastung und andererseits auf eine Erhöhung der Verkehrsmittelauslastung ab. Eine Kapazitätserhöhung der vorhandenen Infrastruktur kann entweder über kollektive oder individuelle Verkehrsbeeinflussung erfolgen. Zu den kollektiven Maßnahmen gehört z. B. electronic road pricing, elektronische Parkraumbewirtschaftung oder die Priorisierung von Transportmitteln des öffentlichen Personenverkehrs. Die individuelle Steuerung und Kontrolle des Verkehrs erfolgt durch Fahrerassistenzsysteme oder einer Zielführung.

Zu den telematisch gestützten Maßnahmen zur Optimierung der Verkehrsmittelauslastung gehören die Kooperationen im Personen- und Güterverkehr sowie das Fracht- und Flottenmanagement. Die Vernetzung von Mitfahrzentralen, car sharing Projekten und abrufgesteuerten Sammeltaxis stellen erste Schritte der Kooperation im Personenverkehr dar, um mit Hilfe der Telematik die Auslastung von Fahrzeugkapazitäten zu erhöhen. Die Reduktion von Leerfahrten sowie die Bündelung von Transporten gehören zur zwischenbetrieblichen Kooperation im Güterverkehr.

Eine telematikgestützte Erhöhung der Verkehrsmittelauslastung setzt im Bereich des Fracht- und Flottenmanagements von Transportunternehmen an. Hierbei handelt es sich um das klassische Anwendungsgebiet der Telematik im Straßengüterverkehr, das die Teilgebiete Auftrags-, Fahrzeug- und Umschlagdisposition sowie die Sendungsverfolgung umfaßt.

Als bereichsübergreifendes Aufgabengebiet der Verkehrstelematik, das sowohl eine Steigerung der Infrastruktur- als auch eine Verbesserung der Transportmittelauslastung zum Inhalt hat, ist das integrierte Verkehrsmanagement zu nennen. Im Sinne eines Schnittstellenmanagements zielt es darauf ab, das Zusammenspiel von öffentlichem Personen-, Güter- und Individualverkehr zu optimieren und die einzelnen Transportmedien intelligent miteinander zu vernetzen.

3   Veränderte Rahmenbedingungen im Güterverkehr

In der jüngeren Vergangenheit sind bedeutende Veränderungen bei den Herstellern, den Kunden und den Logistikdienstleistern zu beobachten, die unterschiedliche Auswirkungen auf die Güterverkehrsbranche haben. Im Folgenden werden die wichtigsten Veränderungen kurz dargestellt.

Die Globalisierung der Absatzmärkte hat einen steigenden grenzüberschreitenden Verkehr zur Folge. Sie führt aber auch zu einer intensiveren Arbeitsteilung zwischen den Volkswirtschaften und zwingt die Transportunternehmen, in paneuropäischen Netzwerken zu operieren [Both, 1991, S. 851]. Die Transportdistanzen werden länger, d.h. die Planung gewinnt zusätzlich an Komplexität, da sich die Fehleranfälligkeit erhöht.

Die Zentralisierung der Produktion wurde vor allem vor dem Hintergrund der Nutzung der Ersparniseffekte der „economies of scale" vorgenommen. Es erfolgt eine Konzentration auf wenige Standorte, die mit einer räumlichen Trennung zwischen Produktionsstandort und Absatzmarkt verbunden ist. Dies führt zu einer Verlängerung der Transportwege im Distributionsnetz.

Durch eine Zentralisierung der Lagerhaltung wird insbesondere eine Reduzierung der Sicherheitsbestände angestrebt. Die Verringerung der Anzahl der Zentralläger sowie die Umwandlung von Auslieferungsläger in bestandslose Transhipmentpunkte, die täglich in kleinen Transportlosen zu beliefern sind, haben eine Zunahme der Fahrleistung zur Folge.

Die Konzentration auf Kernkompetenzen führt zu einer Verringerung der Fertigungstiefe, die wiederum mit einem stärkeren Fremdbezug von Teilen einhergeht. Als Konsequenz ergibt sich ein zunehmender zwischenbetrieblicher Zulieferverkehr.

Just in time Konzepte haben steigende Anforderungen der Verlader an die Logistikdienstleister zur Folge, vor allem bezüglich den Lieferservicekomponenten Zuverlässigkeit, Pünktlichkeit, Termintreue und Flexibilität [Stahl, 1994, S. 136]. Just in time Strategien im Handel resultieren in einer Verringerung der Bestellmengen bei gleichzeitiger Erhöhung der Bestellhäufigkeit und der Forderung nach verkürzten Lieferfristen. Die damit einhergehende Verringerung der Kapazitätsauslastung und Erhöhung des Leerfahrtenanteils führen zu höheren Transportkosten.

Als Ergebnis der Liberalisierung des Güterverkehrs kann die schrittweise Anhebung der Kabotagegenehmigungen und die endgültige Freigabe der Güterbeförderung für EU-ansässige Transportunternehmen innerhalb der Grenzen der BRD angeführt werden. Hierdurch verstärkte sich der Preiswettbewerb auf dem Transportmarkt, in dessen Folge ein weiterer Verfall der Transporttarife einsetzte. Die preisbereinigten Erlöse pro km sanken im Durchschnitt aller überregionalen Straßentransporte um über 33% in den letzten 10 Jahren [Krieger, 1995, S. 23].

Der Güterstruktureffekt, der durch eine zunehmende Verschiebung der traditionellen bahn- und binnenschiffaffinen Massengüter der Grundstoffindustrie zu hö-
herwertigen Transportgütern, Halb- und Fertigprodukten gekennzeichnet ist, der
Infrastruktureffekt, der zu einem stärkeren Ausbau des Straßennetzes im Vergleich
zum Schienen- und Binnenwasserstraßennetz geführt hat, sowie der Logistik-
effekt, der durch die Übernahme von Logistikdienstleistungen durch das Trans-
portgewerbe gekennzeichnet ist, haben eine Veränderung des „modal split"[2] zu
Gunsten des LKW zur Folge [Aberle, 1994, S. 109-110; Glaser, 1993, S. 286].
Eine vergleichende Gegenüberstellung der Entwicklung der Verkehrsleistung von
LKW, Bahn und Binnenschiff für den Zeitraum von 1960 bis 1998 in Abbildung 1
verdeutlicht, daß der Anteil des im Vergleich zum LKW-Verkehr ökologisch vor-
teilhafter zu bewertenden Bahn- und Binnenschiffverkehrs an der gesamten Verkehrsleistung anhaltend rückläufig ist, wohingegen der Straßengüterverkehr seine
Marktanteile stetig ausbauen konnte [Verkehr in Zahlen 1980, 1994, 1999].

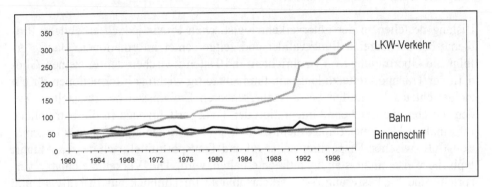

Abbildung 1: Entwicklung der Verkehrsleistung

Erkennbar ist, daß die Verkehrsleistung der Bahn seit Beginn der 60er Jahre ein
nahezu konstantes Niveau aufweist, das lediglich durch die Einbeziehung der
neuen Bundesländer kurzfristig ansteigt. Die Verkehrsleistung der Binnenschiff-
fahrt zeigt einen moderaten, aber stetigen Wachstumstrend auf, der allerdings
deutlich hinter der Verkehrsleistung des LKW-Verkehrs geblieben ist. Der
Straßengüterverkehr konnte seine Verkehrsleistung von circa 30% im Jahr 1960
auf circa 70% im Jahr 1998 ausbauen. Betrachtet man die zukünftige Ver-
kehrsentwicklung anhand der prognostizierten Verkehrsleistung des ersten ge-
samtdeutschen Bundesverkehrswegeplans bzw. des Deutschen Instituts für Wirt-

---

[2]   Der „modal split" beschreibt die Aufteilung des Verkehrs auf die einzelnen Verkehrsträger,
     wobei der Verkehr i.d.R. anhand der Verkehrsleistung gemessen wird.

schaftsforschung, dann erwarten beide Studien eine Zunahme der Verkehrslei-stung bis zum Jahr 2010 um ca. 30%, ausgehend von dem Niveau im Jahr 1999.

Insgesamt kennzeichnen die angeführten Entwicklungen und deren Auswirkungen eine Konstellation im Güterverkehrssektor, die sich durch eine starke Zunahme der Verkehrsleistung und einen deutlich verschärften Wettbewerb auszeichnet. Die bisherigen Bemühungen der Transportindustrie konzentrierten sich auf eine Optimierung der Tourenplanung, Erhöhung der Auslastungsgrade und Vermei-dung von Leerfahrten. Im Zeitraum zwischen 1970 und 1996 nahmen aufgrund dieser Anstrengungen die von Lkw zurückgelegten Fahrstrecken nur halb so stark zu wie der Anstieg der Transportleistungen. Um jedoch auch in Zukunft weitere Qualitätserhöhungen, Kostensenkungen und eine Reduktion der Planungskomple-xität zu erreichen, wird die optimale Nutzung von zeitgerechten und validen In-formationen mehr und mehr zum entscheidenden Kriterium für die Wettbewerbs-fähigkeit in der Transportbranche.

Bislang bestehen in der güterverkehrslogistischen Praxis jedoch erhebliche Pro-bleme bei der Bereitstellung valider und zeitgerechter Informationen. Häufig er-folgt die Übertragung von Nachrichten und Daten zwischen den einzelnen Glie-dern der Transportkette zu langsam, um rechtzeitig wichtige Informationen für ein zielgerichtetes Eingreifen bei unvorhersehbaren Ereignissen bereitzustellen. Zu-dem ist eine weitreichende Integration der Transportfahrzeuge in die betriebliche Informationskette meist noch nicht erfolgt, so daß ein ununterbrochener Informa-tionsfluß zwischen Dispositionsleitstand und Transportmittel nach dessen Abfahrt typischerweise nicht ständig aufrechterhalten wird. Die Verkehrstelematik ver-spricht eine Verbesserung der Verkehrsabläufe im Hinblick auf Effektivität und Wirtschaftlichkeit durch eine optimale Nutzung von Informationen. Im folgenden Abschnitt soll deshalb der Informationsfluß in einer mehrgliedrigen Transport-kette aufgezeigt werden.

4   Die Bedeutung des Informationsflusses für logi-stische Transportprozesse

Um den Einsatz ihrer Fahrzeugflotten im Verkehr wirtschaftlich planen, koordi-nieren und steuern zu können, benötigen Transportunternehmen eine Vielzahl von Informationen. Innere und äußere Faktoren spielen dabei eine wichtige Rolle, weil sie letzten Endes den konkreten Informationsbedarf eines Güterverkehrsbetriebes bestimmen. Mitarbeiterzahl, Fuhrparkgröße, aber auch Kundenstruktur und Sendungszusammensetzung können beispielsweise als Determinanten des Informationsbedarfs aufgefaßt werden.

Bezüglich der Durchführung eines Transportprozesses zwischen einem Quell- und Zielort ist grundsätzlich zwischen der ein- und mehrgliedrigen Transportkette zu unterscheiden. Die eingliedrige Transportkette beschreibt den direkten Verkehr ohne Wechsel des Transportmittels, während die mehrgliedrige Transportkette von einem Wechsel des Transportmittels ausgeht [Pfohl, 1996, S. 159]. Da die mehrgliedrige Transportkette in der Praxis sehr häufig eingesetzt wird und organisatorisch wie informatorisch sehr anspruchsvoll ist, sollen die einzelnen Phasen einer mehrgliedrigen Transportkette im Straßengüterverkehr näher untersucht werden.

Unter einer Transportkette im gebrochenen Straßengüterverkehr versteht man eine Folge von technisch und organisatorisch miteinander verknüpften Vorgängen, bei der Güter von einer Quelle zu einem Ziel bewegt werden. Im Rahmen einer mehrgliedrigen Transportkette ist grundsätzlich zwischen den fünf Phasen Vorlauf, Versandumschlag, Hauptlauf, Empfangsumschlag und Nachlauf zu unterscheiden. Der Vorlauf beschreibt das Einsammeln der Güter diverser Absender im Nahverkehrsbereich eines Umschlagsknotenpunktes. Die Bündelung und Verladung der Frachteinheiten für die einzelnen Zielumschlagsknotenpunkte wird als Versandumschlag bezeichnet. Der Fernverkehrstransport der gebündelten Ladeeinheiten vom Versand- zum Zielumschlagsknotenpunkt ist Aufgabe des Hauptlaufs. Am Empfangsumschlag erfolgt der tourenspezifische Umschlag der Sendungen zur Auslieferung im Empfangsbereich. Der Nachlauf beschreibt die Verteilung der einzelnen Güter an die Endempfänger.

Aufgrund der komplexen Struktur des gebrochenen Straßengüterverkehrs sind von den Transportunternehmen für ein wirtschaftliches Flottenmanagement unterschiedliche Informationsflüsse zu berücksichtigen, die parallel (z. B. Auftrags-, Statusdaten), entgegengesetzt (z. B. Anfragen, Auftragsbestätigung) sowie quer (z. B. Verkehrs-, Reiseinformationen) zum physischen Güterstrom verlaufen können (vgl. Abbildung 2).

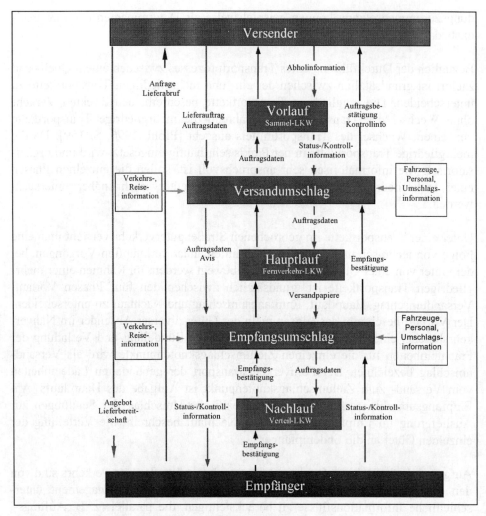

Abbildung 2: Informationsfluss in mehrgliedrigen Transportketten

Im industriellen Kontext setzt typischerweise eine Anfrage des Empfängers beim Versender, ob eine bestimmte Ware erhältlich ist, den Informationsfluß in der Transportkette in Gang. Nachdem ein Angebot erstellt wurde und der Versender seine Lieferbereitschaft signalisiert hat, erfolgt der Lieferabruf durch den Empfänger. Nun erteilt der Versender dem Transportunternehmen seiner Wahl einen Lieferauftrag für die betreffende Ware, übermittelt dem Spediteur[3] die dafür nötigen Auftragsdaten und erhält im Gegenzug eine Auftragsbestätigung. Unter Berück-

---

[3]   Bei den Ausführungen wird unterstellt, daß ein Spediteur für den gesamten Transportvorgang verantwortlich ist. Es wäre auch denkbar, daß am Transportprozeß Versandspediteure, Frachtführer und Empfangsspediteure beteiligt sind.

sichtigung der verfügbaren Fahrzeuge, Fahrer, Verkehrsdaten und Reiseinformationen organisiert der Spediteur die Abholung der Waren. Dazu leitet er die entsprechenden Auftragsdaten an den Lkw-Führer weiter, der die Einsammlung der Güter beim Kunden vornimmt, sich die Aufnahme der Güter quittieren lässt, weitere Abholinformationen erfasst und Kontrollinformationen an den Spediteur rückkoppelt. Gleichzeitig wird vom Spediteur der Hauptlauf vorbereitet, indem er die Auftragsdaten an den Empfangsumschlagsknoten sendet, die voraussichtliche Ankunftszeit an den Empfänger avisiert, die Umverteilung der Sendungen sowie den Einsatz der diversen Fahrzeuge im Hauptlauf plant, die entsprechenden Versandpapiere druckt und diese nach Abschluß der Umschlagsprozesse mitsamt den Adreßdaten, Empfangsknotenpunkt-, Reise- und Verkehrsinformationen an die Lkw-Führer des Hauptlaufs übergibt.

Während des Hauptlaufs werden hauptsächlich Status- und Kontrollinformationen zwischen den einzelnen Gliedern der Transportkette ausgetauscht, die den bisherigen Fortschritt der Beförderung betreffen und im Falle auftretender Probleme beispielsweise dazu dienen, Verspätungen oder andere Zeitabweichungen umgehend an die Betroffenen weiterzumelden. Vor dem Eintreffen der Fernverkehr-Lkw muß vom Spediteur anhand der vorliegenden Adreß-, Status-, Verkehrs- und Reiseinformationen sowie der einsetzbaren Mitarbeiter und Verteilfahrzeuge die Umschlags- und die Tourenplanung für den Nachlauf vorgenommen werden. Bei Ankunft der Fernverkehr-Lkw werden die Versandpapiere entgegengenommen, gegebenenfalls aktualisiert und mit der Ladung verglichen, ehe die Verteil-Lkw nach Weitergabe der Auftragsdaten auf Tour geschickt werden. Beim Empfänger angekommen, erhalten die Fahrer eine Empfangsbestätigung und transferieren diese und andere Zustellinformationen an ihre Zentrale, die nun ihrerseits den Versender über die erfolgte Endzustellung informiert. Anschließend wird der abgeschlossene Transportauftrag in der Finanzbuchhaltung des Spediteurs fakturiert und auf der Basis der Kalkulation dem Versender in Rechnung gestellt [Städtler, 1984, S. 34 ff].

Der Informationsfluß, der den physischen Gütertransport überlagert, weist in der mehrgliedrigen Transportkette einen enormen Komplexitätsgrad auf und stellt das Informationsmanagement in Transportunternehmen vor erhebliche Probleme.

Weil Planungs- und Entscheidungsprozesse jedoch immer mit einem gewissen Grad an Unsicherheit, nicht selten sogar Ungewissheit behaftet sind, hängt die Güte der Planungs- und Entscheidungsergebnisse von der Breite, Validität und Reliabilität der informatorischen Grundlage ab. Die Bedeutung der Informationen innerhalb der Transportkette ist darin zu sehen, daß sie

- Transportabläufe transparent machen und somit eine vorausschauende Optimierung des Personal- und Fahrzeugeinsatzes ermöglichen,

- einen wesentlichen Faktor für die Qualitätssicherung transportlogistischer Dienstleistungen darstellen,

- die Grundlage eines effizienten Umschlagsmanagements bilden, da arbeitsteilig erbrachte Leistungen aufeinander abgestimmt werden müssen,

- die Flexibilität der Leistungserstellung steigern, da auf plötzlich auftretende Schwierigkeiten adäquat reagiert werden kann.

Prinzipiell können Informationen also die Dispositions- und Steuerungsmöglichkeiten entlang der Transportkette positiv beeinflussen und einen signifikanten Beitrag zur Verbesserung der Gewinn- und Wettbewerbssituation des Transportunternehmens leisten.

Probleme bei der Informationsbereitstellung im mehrgliedrigen Gütertransport bestehen sowohl in zeitlicher, quantitativer wie qualitativer Hinsicht. Die Übertragung von Nachrichten und Daten zwischen den einzelnen Gliedern der Transportkette erfolgt häufig zu langsam, um rechtzeitig wichtige Informationen für ein zielgerichtetes Eingreifen bei unvorhersehbaren Ereignissen bereitzustellen. Informationen über veränderte Kundenwünsche oder auch Verkehrsbehinderungen, die für die Sicherung der Dienstleistungsqualität bzw. eine effiziente Transportsteuerung von großer Wichtigkeit sind, werden deswegen meist nur mit zeitlicher Verzögerung weitergegeben, so daß sich die Reaktionszeit des Spediteurs erhöht und seine Dispositionsfähigkeit in Mitleidenschaft gezogen wird. Die Verflochtenheit und Komplexität der Warenströme im gebrochenen Straßengüterverkehr und die gestiegenen Qualitätsansprüche der Verladerschaft sind dafür verantwortlich, daß sich der Informationsfluß entlang der Transportkette sehr datenintensiv gestaltet [Krieger, 1995, S. 33]. Es fehlt jedoch häufig am leistungsfähigen elektronischen Datentransfer, d.h. Informationen, die bereits an einem Knotenpunkt der Transportkette erfaßt wurden, können unter Umständen an anderen Stufen nicht abgerufen werden und müssen erneut eingegeben werden. Schließlich hat das Informationsmanagement im gebrochenen Straßengüterverkehr auch mit qualitativen Problemen zu kämpfen, da aufgrund einer mangelnden Integration der Transportfahrzeuge in die betriebliche Informationskette oftmals nur sehr bedingt Auskunft über den Status einer Sendung gegeben werden kann.

Ein erfolgversprechendes dynamisches Flottenmanagement – also der flexible, situationsgerechte Einsatz von Transportfahrzeugen als Antwort auf veränderte

Kundenbedürfnisse und Umweltgegebenheiten – sowie ein intelligentes Umschlagsmanagement an Verlade- und Entladeschnittstellen ist angesichts bruchstückhafter Informationen, die ohne Telematik lediglich sporadisch zwischen Fahrer und Transportunternehmer ausgetauscht werden, nur schwer vorstellbar [Krüger, 1995, S. D.6]. Der hohe Rang aktueller und valider Informationen, ihre technisch defizitäre Bereitstellung und die daraus resultierenden Probleme für die Transportunternehmen, die sich aufgrund aktueller Entwicklungstendenzen in einer schwierigen Lage befinden, werfen die Frage auf, mit welchen Mitteln eine durchgängige Informationsvernetzung aller Partner der Transportkette im Straßengüterverkehr erreicht werden kann, um zu einer nachhaltigen Verbesserung beizutragen. Eine Antwort darauf bietet die Verkehrstelematik, die eine durchgängige Informationsvernetzung aller Partner in der mehrgliedrigen Transportkette ermöglicht.

5 Einsatzgebiete und Nutzen der Verkehrstelematik

Als Einsatzgebiete von Telematikanwendungen im Straßengüterverkehr können das Messaging, die Sendungsverfolgung, das Flottenmanagement und die Umschlagsdisposition unterschieden werden [Lublow, 1997, S. 69ff.; Buchholz, 1997, S. 24f.; Gassner/Keilinghaus/ Nolte, 1994, S. 88ff.].

5.1 Messaging

Unter Messaging ist die Übertragung von Nachrichten oder Daten zwischen der Fuhrparkzentrale eines Frachtunternehmens und seinen Einsatzfahrzeugen zu verstehen. Die Kernfunktion des Messagings ist die Integration der Transportmittel und Fahrer in die betriebliche Informationskette des Transportbetriebes, indem bei Bedarf ein sofortiger Datenaustausch zwischen mobilen und stationären Rechnern initialisiert werden kann. Unter anderem ergeben sich für die Beteiligten der Transportkette daraus folgende Vorteile:

- Disponent: Auftragsdaten, die auf elektronischem Wege vom Verlader entgegengenommen wurden, erscheinen direkt auf dem Bildschirm des Disponenten und können nach erfolgreicher Prüfung unmittelbar an die Fahrer weitergeleitet werden.

- Transportunternehmen: Dank der schnelleren Datenübertragung, die das Messaging ermöglicht, läßt sich der Annahmeschluß für Abholaufträge nach hinten verlegen. Dies ist gleichbedeutend mit einem höheren Kundenservice.

- Verladerschaft: Rückfragen zum gegenwärtigen Stand einer Tour werden schneller beantwortet. Damit stehen der Produktionsplanung aktuellere Informationen zur Verfügung, die besonders im Rahmen von Just in time Ansätzen von erheblicher Relevanz sind.

5.2   Sendungsverfolgung

Sendungsverfolgungssysteme ermöglichen Aussagen über den Aufenthaltsort der in den Transportprozeß eingegebenen Sendung. Dazu wird an jedem neuralgischen Punkt der Transportkette – den Be-, Entlade- und Umladestellen – durch Scannen von Barcodes eine Statusmeldung erzeugt, die über Mobilfunk in den zentralen Datenbankserver der Spedition eingespeist und den Kunden via Internet, T-Online oder auch einfach Telefon zugänglich gemacht wird. Im Idealfall beinhalten tracking & tracing Systeme die Fahrzeugortung mittels Satellit, d.h. die Überwachung der straßenseitigen Frachtbeförderung. Von der Implementierung telematisch gestützter Sendungsverfolgungssysteme können alle Partner der Transportkette erheblich profitieren:

- Disponent: Die Frachtraum-, Fahrer- und Fahrzeugeinsatzplanung wird deutlich vereinfacht. Plötzliche Zusatzaufträge können beispielsweise – freie Fahrzeugkapazitäten vorausgesetzt – an das dem Kunden nächstgelegene Fahrzeug übermittelt werden.

- Transportunternehmen: Vorauseilende Sendungsstatusinformationen erlauben eine vorausschauende Planung nachgeschalteter Transportabläufe, so daß der Leerfahrtenanteil gesenkt, Fehlverladungen und Transportgutschwund vermieden werden können. Zudem verbessern Sendungsstati als proaktive Informationen das Handling potentieller Problemfälle, da sich z. B. temperaturempfindliche oder zerbrechliche Frachtgüter kontinuierlich auf ihren Zustand überwachen lassen. Daten des tracking & tracing machen im Nachhinein eine verursachungsgerechte Kostenaufteilung möglich und sind Grundlage für effektives Kosten-Controlling. Schließlich verbessert der Einsatz des Internet als Kundeninformationsmöglichkeit nicht nur die Zufriedenheit der Auftraggeber, sondern erhöht zugleich die Marktpräsenz des Frachtunternehmens im Sinne eines absatzpolitischen Instrumentariums.

- Verladerschaft: Präzise Informationen über den Verbleib von Vorprodukten helfen dabei, kostenintensive Schäden (z. B. Produktionsausfälle) zu vermeiden, die sich aus einer verspäteten Anlieferung hochwertiger Ausgangsteile besonders im Zuge der Verringerung der Leistungstiefe ergeben könnten. Der Informationsstand des Verladers wird dadurch deutlich verbessert. Der lückenlose Zugriff auf Sendungsstati in speditionellen Kundeninformationssystemen ermöglicht schließlich eine bessere Produktionsplanung.

5.3 Flottenmanagement

Dem Flottenmanagement sind neben der Fahrzeugnavigation und -ortung vor allem die Bereiche Fahrzeugdisposition, Fuhrparkverwaltung und Fuhrparkwerkstattverwaltung zuzurechnen. Die Einführung eines Flottenmanagementsystems stellt eine strategische Maßnahme dar, mit der sich die Wettbewerbsfähigkeit des Transportunternehmens nachhaltig verbessern läßt.

Während unter Fahrzeugortung die Bestimmung des aktuellen Aufenthaltsortes eines Fahrzeuges verstanden wird, gehören zur Navigation die Maßnahmen zur Fahrzeugzielführung. Unter Verwendung rechnergestützter Routenplanungssysteme werden die Zielkoordinaten in den Lkw-Bordcomputer übertragen und graphisch auf einer digitalisierten Landkarte dargestellt. Die Fahrzeugdisposition umfaßt dabei sowohl die Planung des Fahrzeugeinsatzes im Sinne einer statischen Routenplanung, die den eigentlichen Transportvorgängen zeitlich vorausgeht, als auch die Steuerung von Lkw-Flotten im Rahmen einer dynamischen Tourenplanung: Verkehrsdaten, die mit Hilfe von Induktionsschleifen, Bakenlösungen oder Floating-Car-Data-Konzepten gesammelt wurden, werden im Idealfall über die Heuristiken einschlägiger Touren- und Routenplanungsmodelle zu konkreten Streckenempfehlungen für die Einsatzfahrzeuge weiterverarbeitet. Als Vorteile der Fahrzeugdisposition und -navigation sind daher folgende Punkte anzuführen:

- Disponent: Die Fahrzeuge können dynamisch anhand ihrer zeitlichen statt ihrer räumlichen Distanz zum nächsten Auftrag disponiert werden.

- Transportunternehmen: Touren und Routen können flexibel an die aktuelle Verkehrslage angepaßt und die Transportfahrzeuge situationsgerecht disponiert werden, so daß auch die Einplanung kurzfristiger Aufträge ermöglicht wird. Europäische Feldversuche ergaben eine Zeitersparnis von 6% und eine Fahrtstreckenersparnis von 7%. Des Weiteren kann das Produktivkapital rentabler eingesetzt werden. Das holländische Transportunternehmen *Visbeen* mit täglich 200-300 Lastzügen in der Hauptsaison konnte nach Einführung eines dynamischen Flottenmanagements die Transportkosten und die Zahl der gefahrenen Kilometer um ca. 7% sowie die Gesamtzahl der Touren und der benötigten Lastzüge um ca. 3% reduzieren [Würmser, 1997, S. 59].

- Verladerschaft: Weil aktuelle Verkehrsmeldungen vom Speditionsunternehmen berücksichtigt werden, können mögliche Verspätungen den Sendungsempfängern frühzeitig mitgeteilt werden. Aus Sicht der Verladerschaft wird der Beförderungsprozeß damit berechenbarer und hält ihren hohen qualitativen Anforderungen eher stand.

Die Fuhrparkverwaltung beinhaltet hauptsächlich die Auswertung, Analyse und Aufbereitung von Fahrzeug- und Tourendaten, die mit Hilfe von Fahrzeugdiagnosesystemen und Bordcomputern erfasst werden. Das Aufgabengebiet der Fuhrparkwerkstattverwaltung reicht schließlich von der Terminierung der Wartungsdienste bis hin zur Kostenermittlung für außerplanmäßige Reparaturen. Aus der profunden Erfassung und Analyse von Fahrzeug- und Tourendaten kann das Transportunternehmen die entstandenen Aufwendungen im Rahmen der Kosten- und Leistungsrechnung verursachungsgerecht den betreffenden Kostenstellen zurechnen. Verfügt ein Lkw zudem über ein Vehicle Diagnosis System, das seinen Betriebszustand überwacht, dann können nicht nur die kritischen Fahrzeugparameter überwacht, sondern auf dieser Basis auch Wartungszeitpunkte festgesetzt oder im Falle einer Panne eine Ferndiagnose durchgeführt und die entsprechenden Ersatzteile auf den Weg gebracht werden. Durch die Auswertung von Fahrzeug- und Tourendaten verbessert sich das für den Flotteneinsatz kritische Know-how.

5.4 Umschlagsdisposition

Aufgabe eines telematisch gestützten Umschlagsdispositionssystems ist es, das speditionelle Leitstandpersonal bei der Planung aller Ent-, Be-, und Umladevorgänge an den Knotenpunkten im gebrochenen Verkehr zu unterstützen, um eine weitgehend optimale Steuerung des Güterumschlages sicherzustellen. Im Unterschied zu den bisher vorgestellten Anwendungsfeldern der Telematik handelt es sich bei der Umschlagsdisposition im engeren Sinne um ein innerbetriebliches Schnittstellenmanagement, mit dem eine Reihenfolgeplanung zur Be- und Entladung der Transportmittel, eine Ankunftszeitprognose der Fahrzeuge, eine Torbelegungs-, Warteposition-, Standplatz- sowie eine Personal- und Umschlagsmitteleinsatzplanung effektiv ermöglicht werden. Als Vorteile telematisch gestützter Umschlagsdispositionssysteme können unter anderem genannt werden:

- Die straßenseitige Frachtbeförderung kann gerade bei zeitkritischen Transporten schneller fortgesetzt werden.

- Durch die effektivere Gestaltung des Personal-, Umschlagsmittel- und Nut-
  zungsflächeneinsatzes, kann eine größere Sendungsmenge bei gleichbleiben-
  der Infrastruktur bzw. eine gleichbleibende Frachtgutmenge mit weniger Pro-
  duktionsfaktoren bewältigt werden.

- Die Senkung der physischen Belastung einzelner Be- und Entladeteams durch
  die gleichmäßigere Verteilung der Umschlagsmenge auf alle Arbeitsgruppen.

Betrachtet man die verschiedenen Einsatzmöglichkeiten der Verkehrstelematik
zusammenfassend, dann macht eine isolierte Betrachtung dieser Einsatzgebiete
nur wenig Sinn, da sie miteinander verwoben sind oder sich wechselseitig bedingen. Eine gewinnbringende Sendungsverfolgung ist ohne den Dialog zwischen
Transportfahrzeugen und Speditionszentrale im Sinne des Messagings ebenso
wenig vorstellbar wie die satellitengestützte Fahrzeugortung, die nicht gleichzeitig
auch für das tracking & tracing von Frachtgütern eingesetzt werden würde. Wichtiger ist jedoch die Erkenntnis, daß sich durch den Aufbau eines Telematik-Systems in unterschiedlichen Bereichen vielfältige, positive Nutzenpotentiale er-
schließen lassen, die plakativ unter der Überschrift „Qualitätsverbesserung bei
gleichzeitiger Kosteneinsparung" zusammengefaßt werden und von Güterver-
kehrsbetrieben zur Stärkung ihrer Wettbewerbsfähigkeit am Markt genutzt werden
können.

5.5 Einsatzbereiche der Telematik in der Praxis

Von den gewünschten Einsatzmöglichkeiten hängt in erster Linie ab, welche technischen Komponenten zur Implementierung von Telematikanwendungen im
Straßengüterverkehr notwendig sind. Die wichtigsten technischen Komponenten
sind der Barcode, Identifikationstechniken (z. B. Scanner), Ortungs- und Mobil-
kommunikationssysteme (z. B. GPS), Bordcomputer sowie geeignete Software-
komponenten[4].

In den Jahren 1998 sowie 2000 wurde vom Autor jeweils eine empirische Untersuchung durchgeführt[5], die den Stand des Telematikeinsatzes im Straßengüterverkehr und dessen Beurteilung durch die Unternehmen aufzeigen sollte. Tendenziell
kann im Vergleich zu 1998 eine Veränderung im Investitionsverhalten der Firmen

---

[4] Eine ausführliche Beschreibung hierzu findet sich z. B. in Lublow [1997, S. 5 ff].

[5] Im Jahr 1998 konnten 76 und im Jahr 2000 konnten insgesamt 73 verwertbare Fragebögen in
die Auswertung eingehen.

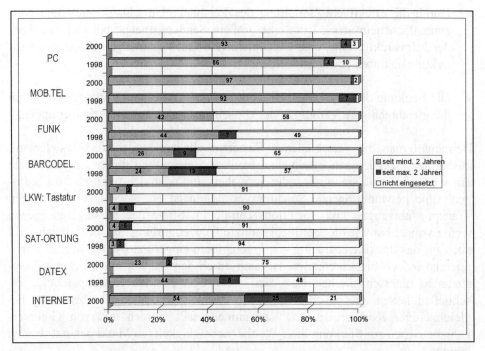

Abbildung 3: Technische Ausstattung der Speditionen (Häufigkeit der Nennungen in %)

festgestellt werden (vgl. Abbildung 3).So investierten nur noch 9% gegenüber 19% der Unternehmen vor zwei Jahren in die Barcodetechnik, was auf eine Stagnation der Barcodetechnologie schließen lässt. Speditionen, für die der Barcode ein strategischer Wettbewerbsfaktor ist, haben ihre Investitionen bereits vor längerer Zeit getätigt, und vor allem kleinere Firmen, für die der Barcode nicht so entscheidend ist, werden auch weiterhin die Kosten gegenüber dem Nutzen stark abwägen und auf einen Einsatz verzichten. Demgegenüber ist der Einsatz der Satelliten-Ortung angestiegen. Die meisten Investitionen in den letzten beiden Jahren sind im Bereich des Internet getätigt worden, das in der aktuellen Studie erstmals erhoben wurde. Seit zwei Jahren verfügen 25% der Unternehmen über einen Internetzugang per ISDN. Während alle Betriebsgrößenklassen gleichermaßen in das Internet investierten, betreffen Investitionen in die Satellitenortung nur die Großunternehmen. Der Einsatz der Komponente Datex ist stark rückläufig, nur halb so viele Firmen wie 1998 nutzen noch Datex-Dienste.

Als Fazit kann – besonders wegen des geringen Einsatzes der Barcodetechnologie und der Satellitenortung – festgestellt werden, daß sich die Verkehrstelematik noch nicht sehr stark weiterentwickelt hat. Betrachtet man die Einsatzbereiche der telematischen Systeme in den Unternehmen, dann steht die Tourenplanung mit 49% an erster Stelle der Anwendungen. Software zur Sendungsverfolgung wird von 42% der befragten Unternehmen eingesetzt und 30% verwenden Software zur Fahrzeugeinsatzplanung (vgl. Abbildung 4). Bezüglich einer optimalen Nutzung kann somit von einem Nachholbedarf gesprochen werden.

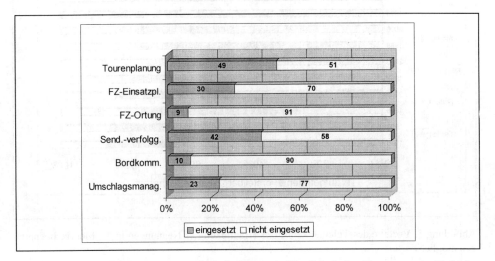

Abbildung 4: Einsatzbereiche von Telematik-Systemen (Häufigkeit der Nennungen in %; Mehrfachnennungen möglich)

Der Nutzen des Telematikeinsatzes bzw. die Erfahrungen der Unternehmen sind wichtig dafür, ob die theoretisch denkbaren Vor- und Nachteile auch praktisch bestätigt werden können. Abbildung 5 zeigt einen Vergleich zwischen aktueller und der vor zwei Jahren durchgeführten Umfrage. Am häufigsten sehen die Befragten den Nutzen von Telematik in Form einer verbesserten Informationsbereitstellung und bei der Sendungsverfolgung. Aber auch Kosteneinsparungen durch weniger Leerfahrten und eine niedrigere Fehlerquote sind aufgetreten bzw. vorstellbar. Stark zulegen konnten bei der aktuellen Umfrage im Vergleich zu vor zwei Jahren der Nutzen durch weniger Leerfahrten und Vorteile beim Flottenmanagement (eine Steigerung um ca. 100% gegenüber 1998). Negativ aufgefallen ist, daß "geringere Kosten durch niedrigere Fehlerquoten" von 73% auf 53% gefallen ist. Gründe sind beispielsweise, daß ca. ein Drittel der Unternehmen mit Telematikeinsatz über Schwächen von Einzelkomponenten klagt, ein Drittel registriert Ablehnungen durch die Mitarbeiter und bei ca. 40% fehlen passende Komplettlösungen. Eine Senkung der Personalkosten ist nur bei wenigen Unternehmen aufgetreten, wobei sich viele dies noch vorstellen können, so daß man hier sicherlich noch zu keinem endgültigen Urteil kommen kann.

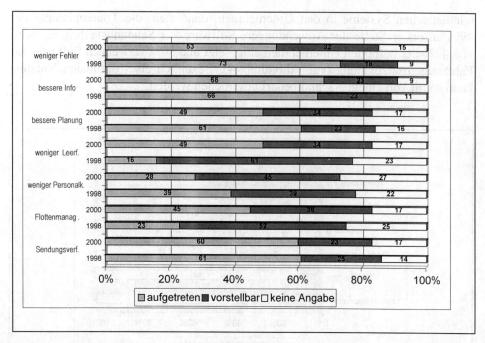

Abbildung 5: Vorteile des Telematikeinsatzes (Häufigkeit der Nennungen in %; Mehrfachnennungen möglich)

Die Fragen bezüglich der Kosten und Wirtschaftlichkeit des Telematikeinsatzes wurden erwartungsgemäß nur von wenigen Firmen beantwortet. Dieses unbefriedigende Antwortverhalten unterstreicht deutlich das Problem, die Effektivität telematischer Systeme zu quantifizieren. Grundsätzlich gilt, daß der Einsatz von Telematik im Durchschnitt stets positive Auswirkungen hat. Gemäß Abbildung 6 verringern sich die Stoppkosten im Durchschnitt um 5,2%, die Fahrtkosten um 7,3%, der Leerfahrtenanteil um 11,1% und die Anzahl der Fehlverladungen um 9%. Die Fahrzeugauslastung erhöht sich durchschnittlich um 4,6% und die Anzahl der pünktlich ausgelieferten Sendungen um 8,2%.

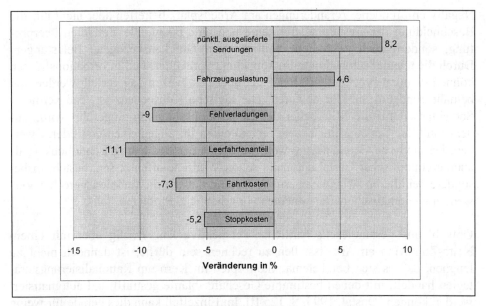

Abbildung 6: Verbesserung der Wirtschaftlichkeit durch Telematikeinsatz

6   Probleme des güterverkehrslogistischen Telematikeinsatzes

Die Probleme, die sich durch den Einsatz der Verkehrstelematik im Güterverkehr ergeben, werden im Folgenden bezüglich einer individuellen, einzel- und gesamt-wirtschaftlichen Sicht analysiert.

6.1   Individuelle Problembereiche

Aus Sicht der Mitarbeiter droht als eine mögliche Konsequenz der informations- und kommunikationstechnologischen Durchdringung der Transportunternehmen die Arbeitsplatzkontrolle. Die mobilkommunikative Anbindung des Transport-mittels und die Möglichkeiten der satellitengestützten Ortung erlauben es der Spe-ditionszentrale, den Fahrer nach Belieben auch während der Fahrt anzusprechen bzw. seine Abwesenheit während der regulären Arbeitszeit zu registrieren.

Negativ empfundene Veränderungen am Arbeitsplatz betreffen aber nicht nur die Beschneidung der Gestaltungsfreiräume und eine potentielle Verhaltensüberprüfung, sondern auch zusätzliche zeitliche und fähigkeitsbezogene Belastungen. Durch die telematisch bedingte Entkoppelung von Güter- und Informationsflüssen können Planungsprozesse gleichmäßiger über den ganzen Tag verteilt werden und beinahe rund um die Uhr ablaufen. Die logische Konsequenz ist, daß vermehrt Schichtarbeit für die Mitarbeiter der Dispositionsabteilung eingeführt wird. Zudem muß der Umgang mit neuen Technologien im allgemeinen erst erlernt werden. Da moderne Geräte aber sowohl bezüglich der Bedienungsfreundlichkeit als auch ergonomischer Gestaltung nicht selten Wünsche offen lassen, besteht insbesondere bei älteren Arbeitnehmern die Gefahr, daß sie die funktionsgerechte Verwendung telematischer Komponenten vor erhebliche Probleme stellt.

Obwohl aus gesamtgesellschaftlicher Perspektive längerfristig eher mit einem Netto-Zugewinn an Arbeitsstellen zu rechnen sein dürfte, ist dennoch nicht zu leugnen, daß es sich bei Telematikkonzepten im Kern um Rationalisierungsstrategien handelt, mit denen bestimmte Geschäftsabläufe gestrafft und automatisiert werden können [Dostal, 1995, S. 125 ff]. Im Einzelfall kann dies gerade für wenig qualifizierte Arbeitnehmer den Verlust ihres Arbeitsplatzes bedeuten.

6.2   Einzelwirtschaftliche Problembereiche

Abgesehen von ideologischen Vorbehalten gegenüber modernen IuK-Technologien sind es vor allem Kostenprobleme, die viele Transportunternehmen an der Einführung von Telematik-Systemen hindern. Hinzu kommt das unklare Kosten-Nutzen-Verhältnis der IuK-Technologien, zumal die Optimierungspotentiale telematischer Lösungen von vielen Spediteuren häufig verkannt werden [Kolb, 1997, S. 74; Gassner/ Keilinghaus/Nolte, 1994, S. 92].

Das breite, unübersichtliche Angebot am Markt verfügbarer Telematikbausteine und seine rasante Entwicklung führen dazu, daß sich die Güterverkehrsbetriebe bei der Konzeption eines Telematik-Systems vor erhebliche Probleme gestellt sehen, die richtige Investitionsentscheidung zu treffen. Darüber hinaus befinden sich viele informations- und kommunikationstechnologische Apparate bislang noch im Versuchsstadium oder sind funktional noch nicht so ausgereift, daß sie sich – ohne den Einbau entsprechender „Rückfallsysteme" – für den praktischen speditionellen Betrieb eignen würden [Buchholz, 1997, S. 22]. Als weitere Problemquelle erweist sich letztlich auch die mangelhafte technische Normierung im

Telekommunikations- und Identtechnikbereich. Die zahlreichen Möglichkeiten, Standards, Quasi-Standards und Inhouse-Entwicklungen im Bereich des Datenaustausches und der Barcodeverschlüsselung zu verwenden, deren einziger gemeinsamer Nenner ihre gegenseitige Unverträglichkeit ist, komplizieren den schnellen und reibungslosen Aufbau eines Telematik-Systems in der Transportbranche.

Zu den Betriebsproblemen gehört die Gefahr, technisch von Herstellern, Systemhäusern oder Beratungsgesellschaften abhängig zu werden, da Güterverkehrsbetriebe nur in den seltensten Fällen über das technische Know-how verfügen dürften, Reparaturen und Wartungsarbeiten an Systemkomponenten selber durchführen zu können. Durch Telematikanwendungen können außerdem neuartige Probleme beim Datenschutz entstehen. Während digitale Mobilkommunikationsverbindungen als abhörsicher zu bezeichnen sind, kann beim analogen Übertragungsverfahren des C-Netzes und Bündelfunksystemen trotz Verschleierungsverfahren ein unerwünschtes Mithören Dritter nicht gänzlich ausgeschlossen werden.

Sind Rechneranlagen mit den externen Kommunikationsnetzen verbunden oder werden Sendungsstatusinformationen via Internet verbreitet, können prinzipiell auch Unbefugte Zugriff auf sensitive Informationen erlangen. Risiken existieren aber auch im Bereich der Datensicherheit, bei dem es um die Vollständigkeit und Korrektheit computerisierter Informationen geht. Hardwareausfälle, unabsichtliche Bedienungsfehler oder absichtlich verbreitete Computerviren sind nur einige Beispiele, welche die Integrität abgespeicherter Daten gefährden und schlimmstenfalls für den vollständigen Programm- und Datenverlust verantwortlich sein können.

6.3   Gesamtwirtschaftliche Problembereiche

Bei gesamtwirtschaftlicher Betrachtung liegt das größte Problem im sogenannten Rebound-Effekt, d.h. in dem Maße wie durch den Einsatz telematischer Komponenten das Verkehrsaufkommen reduziert werden kann, werden neue Mobilitätsfreiräume beispielsweise für den Freizeitverkehr geschaffen.

Da Telematik-Systeme die Ursache für eine bedeutsame Verbesserung der Transportdienstleistungsqualität sein können, setzen sie unter Umständen den nötigen Anreiz, noch vorhandene Lager abzubauen, Produktionsstätten weiter zu verteilen und somit den modernen Produktions- und Managementkonzepten zu einer weiteren Verbreitung zu verhelfen. Als Konsequenz kommt es zu einer Förderung

transportintensiver Entwicklungen im Bereich der Wirtschaft [Gassner/ Keiling-
haus/Nolte, 1994, S. 96].

6.4   Probleme des Telematikeinsatzes in der Praxis

Interessant ist nun, wie die Unternehmen die oben angesprochenen Probleme bezüglich des Telematikeinsatzes beurteilen. Wie der Abbildung 7 zu entnehmen ist,
kritisieren die befragten Unternehmen am häufigsten, daß "die schnelle Weiterentwicklung der Hard- und Software die richtige Kaufentscheidung erschwert".
Die Hälfte der Unternehmen will "kostspielige Investitionen in Telematik-Systeme mit nicht genau quantifizierbaren Nutzen erst einmal abwarten". Knapp die
Hälfte der Speditionen geht davon aus, daß "die zunehmende Internationalisierung
einen Einsatz neuer Telematik-Systeme erfordere".

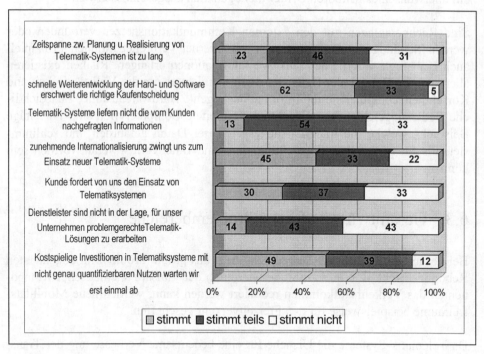

Abbildung 7: Aussagen bzgl. des Telematikeinsatzes aus Sicht der Unternehmen (Häufigkeit der
Nennungen in Prozent; Mehrfachnennungen möglich)

Einen Überblick über die aufgetretenen bzw. vorstellbaren Nachteile des Telematikeinsatzes sowie die Veränderungen gegenüber der Studie aus dem Jahr 1998

zeigt Abbildung 8. Man stellt fest, daß die erhöhten Wartungskosten mit einem sehr starken Zuwachs ein Hauptproblem darstellen. Das Antwortverhalten bezüglich der hohen Investitionskosten ist nahezu konstant geblieben, wobei sie mit 59% als problematisch zu werten sind. Die Antworten auf die Fragen bezüglich der fehlenden Komplettlösungen sowie der Schwächen in den Einzelkomponenten, die in der aktuellen Studie erstmalig erhoben wurden, zeigen, daß die Telematik-Dienstleister in Zukunft ihre angebotene Technik und Dienstleistungen noch verbessern müssen.

Die Statements "Dienstleister sind nicht in der Lage, für unser Unternehmen problemgerechte Telematik-Lösungen zu erarbeiten" und "Telematik-Systeme liefern nicht die vom Kunden nachgefragten Informationen", welchen mit jeweils 13% zugestimmt und welche zu 43% bzw. 55% teilweise bestätigt wurden, bestätigen den Aufruf an die Telematik-Dienstleister, Technik und Lösungen zu verbessern und weiterzuentwickeln.

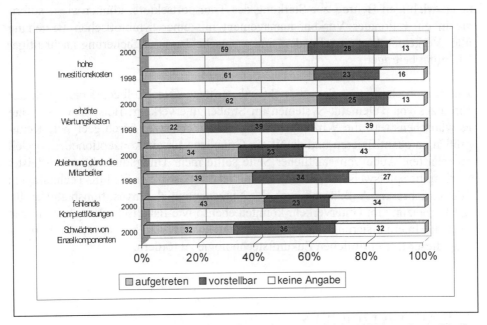

Abbildung 8: Nachteile und Probleme beim Telematikeinsatz aus Sicht der Unternehmen (Häufigkeit der Nennungen in Prozent; Mehrfachnennungen möglich).

7   Zusammenfassung und Ausblick

Aufgabe der Verkehrstelematik ist es, den Informationsfluß entlang der Transportkette zu verbessern und vom Warenfluß zu entkoppeln. Falls allerdings die bestehenden Abläufe in den Unternehmen schlecht geplant oder organisiert sind, dann verspricht auch eine Automatisierung des bestehenden Zustands kaum Nutzen. Die Verkehrstelematik entfaltet ihre volle Leistungsfähigkeit nur in vorher effizient gestalteten Geschäftsprozessen.

Da Staaten mit großer Wirtschaftskraft effiziente und effektive Verkehrssysteme brauchen, wenn sie bestehen wollen, bleibt keine andere Wahl als die Chancen der Verkehrstelematik konsequent für die Optimierung und Vernetzung der Verkehrssysteme zu nutzen. Ein effektives Verkehrsmanagement bietet nicht nur der Wirtschaft gute Standortvorteile, sondern hilft jedem einzelnen durch Zeitersparnis und mehr Sicherheit. Leisten Telematik-Anwendungen im Straßengüterverkehr einen wichtigen Beitrag zur Stärkung des Transportsektors, können sie – sofern sie in ein rationales Verkehrsmanagement mit einer symbiotischen Beziehung aller Verkehrsträger eingebunden sind – entscheidend zur Sicherung nachhaltiger Mobilität beitragen.

Auf wissenschaftlicher Seite besteht unbestritten Nachholbedarf bezüglich des Einsatzes von Telematik-Systemen im Straßengüterverkehr. Beispielsweise wäre es wünschenswert, die Wirkungen des Telematikeinsatzes durch geeignete Kenngrößen zu quantifizieren und damit die Grundlage für ein konzeptionelles Modell zu schaffen. Auch von staatlicher Seite sollte mehr Unterstützung gewährleistet werden, beispielsweise durch eine einheitliche Infrastruktur für IuK-Technologien oder eine bessere Aufklärung bzgl. des Nutzenpotentials. Investitionsbeihilfen für die Vernetzung im Güterverkehr könnten ebenso wie fiskalische Vergünstigungen oder die Internalisierung der Straßenverkehrskosten dazu beitragen, die Verbreitung dieser fortschrittlichen Zukunftstechnologie zu fördern.

Literaturverzeichnis

Aberle, G. (1998): Verkehrsinfrastruktur und deren Auswirkungen auf die Unternehmenslogistik, in: Isermann, H. (Hrsg.): Logistik: Beschaffung, Produktion, Absatz, 2. Auflage, Landsberg/Lech, S. 109-124.

Buchholz, Torsten (1997): Immer wissen, was los ist. In: Logistik Heute, Heft 1/2, S. 22–24.

Both, M. (1991): Integriertes Logistik- und Flottenmanagement zur europaweiten Transportsteuerung, in: Bundesvereinigung Logistik e.V.: Logistik gewinnt; Berichtsband über den Kongreß 91 Berlin, Band 2, München, S. 849-863.

Dostal, W. (1995): Arbeitsmarkt- und Berufsstruktur, in: Friedrich, J. (Hrsg.): Informatik und Gesellschaft, Heidelberg, Berlin, S. 125-133.

Gassner, R.; Keilinghaus, A.; Nolte, R. (1994): Verkehrsoptimierung und Verkehrsverlagerung durch telematisch gestütztes Verkehrsmanagement, in: Gassner, R. (Hrsg.): Telematik und Verkehr: Elektronische Wege aus dem Stau? Weinheim; Basel, S. 36-102.

Glaser, J. (1993): Basisdaten: Strukturen und Entwicklungstrends im Güterverkehr, in: Läpple, D. (Hrsg.): Güterverkehr, Logistik und Umwelt, Berlin, S. 283-301.

Höller, M. (1994): Informations- und Kommunikationstechnologien – Techniküberblick und Potential zur Verkehrsvermeidung, in: Ewers, H.-J. (Hrsg.): Die Bedeutung von Informations- und Kommunikationstechnologien für den Verkehr. Göttingen, S. 7-58.

Kolb, R. (1997): Konzeption eines Fuhrpark-Management-Systems, in: Lublow. R.: Mobile Informationssysteme für die Güterverkehrslogistik. Lösungen für den flexiblen und wirtschaftlichen Fuhrparkeinsatz, Renningen-Malmsheim, S. 70-77.

Krieger, W. (1995): Informationsmanagement in der Logistik: Grundlagen – Anwendungen – Wirtschaftlichkeit, Wiesbaden.

Krüger, G. (1996): Rechnergestützte Telekommunikation (Telematik) in Forschung, Lehre und Gesellschaft, in: Nova Acta Leopoldina NF 72, Nr. 294, S. 333-352.

Krüger, M. (1995): Neue Wege in der Sendungsverfolgung durch mobile Datenkommunikation und Barcode-Anwendung, in: Jünemann, R. (Hrsg.): Logistikstrukturen im Wandel – Herausforderungen für das 21. Jahrhundert. Logistik im Dialog zwischen Praxis und Wissenschaft. Tagungsband zu den 13. Dortmunder Gesprächen November 1995, Dortmund, S. D.3-D.10.

Lublow, Rüdiger (1997): Mobile Informationssysteme für die Güterverkehrslogistik. Lösungen für den flexiblen und wirtschaftlichen Fuhrparkeinsatz, Renningen-Malmsheim.

Pfohl, H.-C. (1996): Logistiksysteme. Betriebswirtschaftliche Grundlagen, 5. Auflage, Berlin.

Städtler, M. (1984): Stand und neuere Konzeptionen einer zwischenbetrieblichen Integration der EDV im Güterverkehr, Erlangen.

Stahl, D. (1994): Die Bedeutung des Informationsmanagements in strategischen Unternehmensnetzwerken der Speditions- und Transportbranche, in: Ewers, H.-J. (Hrsg.): Die Bedeutung von Informations- und Kommunikationstechnologien für den Verkehr, Göttingen, S. 131-190.

Verkehr in Zahlen (1980): Bundesminister für Verkehr (Hrsg.), Verkehr in Zahlen, Bonn.

Verkehr in Zahlen (1994): Bundesminister für Verkehr (Hrsg.), Verkehr in Zahlen, Bonn.

Verkehr in Zahlen (1999): Bundesminister für Verkehr (Hrsg.), Verkehr in Zahlen, Bonn.

Würmser, Anita (1997): Laßt Blumen sprechen, in: Logistik Heute, Heft 3, S. 56-59.

Teil III

Preisverleihung

Preisverleihung

Erich Greipl[1]:

Meine sehr geehrten Damen und Herren, liebe Kommilitoninnen, liebe Kommilitonen,

Szenenwechsel, aber gleiche Bühne, gleiche Choreographie. Mit der Installierung der Dresdener Wettbewerbssymposien wurde auch der Otto-Beisheim-Förderpreis für wissenschaftliche Arbeiten ins Leben gerufen. Der Preis hat großes Echo und große Anerkennung im ganzen europäischen Raum gefunden. Wir freuen uns, meine Damen und Herren, heute wieder herausragende wissenschaftliche Leistungen auszeichnen zu können. Der Sponsor und Förderer dieser Aktivitäten, Herr Prof. Dr. Otto Beisheim, entbietet Ihnen allen seine herzlichen Grüße und Wünsche. Herr Professor Beisheim hat sich durch seine Förderaktivitäten im Wissenschafts- und Kulturbereich auch an unserer Alma mater, der TU Dresden, große und, wie ich glaube, bleibende Verdienste erworben. Wir sind ihm alle sehr zu Dank verpflichtet und ich glaube, das ist einen Applaus an Herrn Professor Beisheim wert.

Herr Professor Beisheim wäre heute gerne bei uns gewesen, er ist aber aus Gründen unvorhergesehener Terminverschiebungen und -verlagerungen zur Zeit in Übersee gebunden. Ein wesentlicher Grund, meine Damen und Herren, für die unvorhergesehene Terminverschiebung, ist und war, daß Herr Professor Beisheim vor wenigen Wochen seine Frau, nach 50-jähriger Ehe, nach langer Krankheit, verloren hat. Frau Inge Beisheim wird, und ich bin sicher, einige von Ihnen werden sie kennen, allen, die sie kannten, als herzliche, als bescheidene, aber sozial unglaublich engagierte Persönlichkeit in Erinnerung bleiben. Sie war zusammen mit ihrem Ehemann am Aufbau der Metro-Gruppe und an der Arbeit der Beisheim-Stiftungen ganz maßgeblich engagiert und beteiligt. Ihr Stiftungsengagement galt vor allem Kindern, Kindergärten, Sozialeinrichtungen und den Ärmsten der Armen in der Gesellschaft. Wir werden ihre herzliche Persönlichkeit und ihr gemeinnütziges Engagement nie vergessen. Meine Damen und Herren, ich darf Sie bitten, sich zum Gedenken an Frau Inge Beisheim von Ihren Plätzen zu einer kurzen Schweigeminute zu erheben.

Ich danke Ihnen von Herzen.

---

[1] Prof. Dr. Erich Greipl, Mitglied des Kuratoriums der Otto-Beisheim-Stiftung, München

Meine sehr geehrten Damen und Herren, das Kuratorium der Otto-Beisheim-Stiftung und des Otto-Beisheim-Förderpreises ist mit Juroren aus der Fakultät Wirtschaftswissenschaften der Technischen Universität Dresden sowie mit Mitgliedern
aus der Otto-Beisheim-Stiftung besetzt. Wir haben uns aus der beachtlichen Zahl
von Bewerbungen, wie wir nach intensiver Arbeit und nach intensiver Prüfung
glauben, die richtige Auswahl herausgesucht, und wir wollen sie Ihnen präsentieren. Herr Cleven, ich darf Sie nun bitten, mit der Vorstellung der Preisträger zu
beginnen.

Hans-Dieter Cleven[2]:

Vielen Dank Herr Professor Greipl, geschätzte Damen und Herren,

bevor ich zu der angekündigten Preisverleihung komme, möchte ich mir erlauben,
einige Reflexionen, insbesondere auf den Vortrag von Herrn Wensauer, zu geben.
Ich fühle mich hier in der Situation von Thomas Gottschalk: Wenn man sowieso
schon 30 Minuten überzogen hat, dann kommt es auf 2 Minuten auch nicht mehr
an.

In diesem Sinne bedanke ich mich dafür, daß ich heute hierher eingeladen wurde –
vielleicht anders als die meisten von Ihnen, hätte ich verschiedene Möglichkeiten
gehabt, Herrn Wensauer schon früher kennenzulernen, denn unsere Unterneh-
mensgruppe, und speziell ein Mitarbeiter von mir, hat die verschiedensten Kon-
takte zu ihm, und häufig wurde die Bitte an mich herangetragen: Kommen Sie
doch bitte mit und treffen Sie Herrn Wensauer. Ich muß sagen, es war ein großer
Fehler, dem nicht zugestimmt zu haben, insbesondere, als man mir das schmack-
haft machen wollte mit einer Verbindung zu einem Workshop in Mallorca, wo
man sagte: Na ja, wir arbeiten da ein bißchen, dann machen wir einen Workshop
und dann können Sie auch Herrn Wensauer kennenlernen. Selbst das habe ich
damals ausgeschlagen – ich muß sagen, eigentlich meiner Frau zuliebe, denn sonst
hätte ich sagen müssen: Wir gehen zwar gemeinsam nach Mallorca, aber ich muß
halt zum Workshop. Ich habe mich damals zugunsten meiner Frau entschieden,
nicht zu kommen. Ich hoffe, Sie nehmen mir das nicht übel, und Ihr Handzeichen
bekundet das. Trotzdem – ich bin – wie Sie sicherlich an meiner Stimme erkennen
können – ganz gerührt und freue mich ganz besonders, heute hier gewesen zu sein.

Herr Wensauer, was Sie vorgetragen haben hat – und der Applaus zu Ihrem Vortrag bestätigt dies – allen gezeigt, daß es verschiedene Dimensionen im Leben
gibt, nämlich Bauch, Geist und Kopf, um nur einige zu nennen. Und ich möchte

---

[2]   Hans-Dieter Cleven, Mitglied des Kuratoriums der Otto-Beisheim-Stiftung, Zug/Schweiz

nicht nur zum Ausdruck bringen, daß dies heute ein High-light für mich in diesem Jahr, ich will nicht sagen, im Jahrhundert, war, aber ich fand das, was Sie vorgetragen haben, besonders gut! Sie haben die Emotionen angesprochen – bei mir haben Sie sie getroffen!

Ich möchte aber auch zum inhaltlichen Aspekt kurz eingehen: Zur Verbindung von Kopf und Bauch. Ich habe schon gesagt: Der Kopf sagt mir, ich sollte jetzt keine Zeit darauf verwenden hier zu reden, und ich habe begründet, warum ich es tue. Aber – und jetzt komme ich auf den Hinweis, den Sie verschiedentlich an die Studenten für ihre Arbeit gegeben haben – ich möchte eine Gleichung ziehen: Bauch zu Kopf ist gleich Unternehmer zu Manager. Das ist verschiedentlich hier angeklungen und insbesondere Herr Dr. Hipp ist hier angesprochen. Ich habe mich manchmal gefragt, wie erkläre ich am besten, ohne daß ich dicke Bücher lesen wollte, den Unterschied zwischen Unternehmer und Manager? Und das ist für mich die gleiche Verbindung wie Bauch zu Kopf, denn Bauch heißt: schnell, Unternehmer heißt: schnell, nicht in Strukturen, keine großen Ausarbeitungen, damit der Aufsichtsrat und die sonstigen Gremien, die ja fragen könnten, genügend Papier produziert bekommen. Unternehmer heißt: Gefühle haben – handeln.

Ich bin dem gerade angesprochenen Herrn Professor Beisheim, für den ich bereits sehr viele Jahrzehnte arbeite, besonders zum Dank verpflichtet, und das kann man hier an der Stelle, wo wir ihn mit der Stiftung zum Teil vertreten, besonders sagen, nämlich, daß er mir in der frühen Berufsentwicklung, die ich mit ihm begleitend machen durfte, die Gelegenheit gegeben hat – neben der Metro –, Samstags und Sonntags Unternehmer zu spielen. Es war für mich das Spannendste und Beste, daß ich neben meinen Manageraufgaben Unternehmer sein durfte, und ich glaube, davon hat auch die Metro im Umkehrschluß partizipiert, denn Unternehmer sein ist das Salz in der Suppe und nicht das strukturierte und immer schön abgesicherte Manager sein.

Und in dem Sinne, gerade hier, wenn viele junge Leute anwesend sind – ich nutze einen Teil meiner Zeit auch an anderen Hochschulen, um mit den jüngeren Menschen ins Gespräch zu kommen – sage ich: Wir brauchen wieder Unternehmensgründungen, wir brauchen nicht die stundenlangen Diskussionen darüber, wie sich eine Stadt verhält, wie sich Gewerkschaften verhalten und so weiter. Wir müssen anpacken, wir müssen etwas tun, wir müssen Unternehmer spielen! Die entscheidende Aussage von Herrn Wensauer war, daß das Menschsein beim Bauch anfängt und nicht beim Kopf. Es ist noch kein Unternehmen entstanden, indem man Bücher gelesen hat, sondern es sind die spontanen Entscheidungen, die Unternehmen nach vorne gebracht haben.

So, das also noch mal als Reflexion. Herr Wensauer – ich fand das ganz hervorragend, was Sie vorgetragen haben und ich bin froh – schon alleine deshalb – heute hier gewesen zu sein.

Ich komme nun zurück zur Preisverleihung: Ich habe die Aufgabe und die Ehre, die Preisverleihung für die Habilitation und die Dissertation vorzunehmen. Inhaltlich ist es so vorgesehen, daß ich kurz jeweils die Daten der Preisträger nenne, die persönlichen Informationen und in dem Zusammenhang dann die Kurzfassung des Inhalts der jeweiligen Arbeit.

1   Laudatio für Habilitationen und Dissertationen

Meine Damen und Herren,

der Otto-Beisheim-Förderpreis wird in diesem Jahr zum dritten Mal verliehen. Die Otto-Beisheim-Stiftung hat an der Technischen Universität Dresden insgesamt vier Förderpreise eingerichtet: Einen Habilitationspreis, einen Promotionspreis, einen Preis für eine Freie Wissenschaftliche Arbeit sowie einen Preis für Diplomarbeiten.

Erfreulicherweise können wir bei der diesjährigen Verleihung des Otto-Beisheim-Förderpreises zum ersten Mal auch einen Preis für eine Freie Wissenschaftliche Arbeit vergeben.

Ich habe nun die Ehre, Ihnen die Preisträger des Jahres 1999 der Gruppe „Habilitation" und der Gruppe „Dissertation" vorzustellen.

Preisträger in der „Gruppe Habilitation" ist Herr Dr. Richard Reichel.

1961 in Bensheim an der Bergstraße geboren, hat Herr Reichel nach dem Abitur in Rimbach im Odenwald das Volkswirtschaftsstudium 1982 an der Friedrich-Alexander-Universität in Erlangen/Nürnberg begonnen und 1988 mit der Diplomprüfung abgeschlossen. Unmittelbar anschließend hat er sein Promotionsstudium aufgenommen und ist dann 1993 zum Dr. rer. pol. promoviert worden.

Seit 1994 ist Herr Reichel wissenschaftlicher Assistent am Lehrstuhl für Internationale Wirtschaftsbeziehungen der Universität Nürnberg.

Die vorgelegte Habilitationsschrift trägt den Titel „Ökonomische Theorie der internationalen Wettbewerbsfähigkeit von Volkswirtschaften". Sie verfolgt das Ziel, aus der Sicht der ökonomischen Theorie zu untersuchen, was unter internationaler Wettbewerbsfähigkeit zu verstehen ist und welche wirtschaftspolitischen Implikationen sich daraus ergeben.

Der Begriff der „internationalen Wettbewerbsfähigkeit" einer Volkswirtschaft ist bis heute eines der schillerndsten Konstrukte der Volkswirtschaftslehre. Konkrete Definition und Messung sind in der ökonomischen Theorie stark umstritten. Der Dissens reicht von der extremen Auffassung, daß nur einzelne Unternehmen oder Branchen wettbewerbsfähig sein können, nicht aber ganze Volkswirtschaften, bis hin zu Positionen, die zwar in der Überzeugung übereinstimmen, daß das Konstrukt sinnvoll ist – bislang wurden aber weder deren theoretische Stichhaltigkeit noch ihre empirische Aussagekraft erschöpfend diskutiert.

Die Arbeit von Herrn Reichel gliedert sich in sechs Kapitel.

Im ersten Kapitel befaßt sich der Verfasser mit dem Begriff der internationalen Wettbewerbsfähigkeit und der einschlägigen Literatur. Davon ausgehend schlägt Herr Reichel folgende Definition vor: „Eine Volkswirtschaft ist international wettbewerbsfähig, wenn es gelingt, ihr Pro-Kopf-Einkommen relativ zu den Handelspartnern zu erhöhen (mindestens konstant zu halten), wobei die Gewinne aus der Teilnahme am (freien!) Handel aufrecht erhalten bleiben oder sogar ansteigen und ein langfristiges Außenhandelsgleichgewicht gewährleistet ist."

Nachdem die relative Pro-Kopf-Einkommensposition und deren zeitliche Entwicklung wesentlich für die vorgeschlagene Definition der internationalen Wettbewerbsfähigkeit sind, geht der Verfasser im zweiten Kapitel der Frage nach, welche empirische Relevanz Auf- bzw. Abstiegsprozesse im internationalen Einkommensvergleich besitzen. Weiterhin diskutiert er, wie diese wachstumstheoretisch erklärt werden können und welche Bezüge sich zum internationalen Handel ergeben.

Im dritten Kapitel analysiert der Verfasser kritisch die „klassischen" Indikatoren zur Messung der internationalen Wettbewerbsfähigkeit von Volkswirtschaften. Hier, wie im zweiten Kapitel, referiert er nicht nur den Erkenntnisstand der empirischen Literatur, sondern auch die Ergebnisse eigener empirischer Untersuchungen. Er kommt zu dem Schluß, daß die klassischen Indikatoren nur sinnvoll sind, wenn sie in einem klaren theoretischen Zusammenhang mit der internationalen Pro-Kopf-Einkommensposition stehen.

Im folgenden Kapitel beschäftigt sich Herr Reichel mit einem der wichtigsten, gleichzeitig aber auch äußerst ambivalenten Indikatoren der internationalen Wettbewerbsfähigkeit: mit dem realen Austauschverhältnis bzw. dem realen Wechselkurs. Hierunter ist der mit Preis- oder Kostenindizes deflationierte nominale Wechselkurs zu verstehen. Der Preisträger zeigt auf, daß der reale Wechselkurs bisher in der Literatur überwiegend als exogene Größe betrachtet wurde, obwohl bekannt ist, daß erfolgreich aufholende Volkswirtschaften meist einen steigenden realen Außenwert ihrer Währungen aufweisen.

Deshalb entwickelt der Verfasser einen eigenen „angebotsorientierten realen Wechselkurs" als endogenen Indikator der internationalen makroökonomischen Wettbewerbsfähigkeit einer Volkswirtschaft. Danach schlägt sich eine hohe internationale Wettbewerbsfähigkeit in einem permanenten Aufwertungsprozeß dieses angebotsorientierten realen Wechselkurses nieder. Umgekehrt signalisiert ein Absinken eine relativ unterdurchschnittliche Produktivitätsentwicklung und den Verlust an internationaler Wettbewerbsfähigkeit, was zu einer relativen Verarmung des betreffenden Landes im internationalen Vergleich führt.

Das fünfte Kapitel ist der Frage vorbehalten, ob bzw. unter welchen Bedingungen das gleichzeitige Zusammentreffen einer Verbesserung der relativen Einkommensposition mit einem steigenden realen Austauschverhältnis bzw. steigenden „Terms of Trade" erwartet werden kann. Auch untersucht Herr Reichel sowohl für das sogenannte „leapfrogging"-Modell der Technologieführerschaft als auch für das Modell nachholender Entwicklung, ob eine Verbesserung der relativen Einkommensposition tatsächlich auch zu einer Verbesserung der „Terms of Trade" führt. Erst nachdem er dies sowohl theoretisch abgeleitet als auch durch eine eigene ökonometrische Untersuchung empirisch bestätigt hat, zieht der Autor die Schlußfolgerung: Der reale Wechselkurs ist ein zuverlässiger Indikator der gesamtwirtschaftlichen Wettbewerbsfähigkeit im Sinne eines endogenen Erfolgsindikators. Bei empirischen Analysen muß dabei allerdings der um verzerrende Einflüsse der Staatätigkeit bereinigte „angebotsorientierte reale Wechselkurs" berechnet werden.

Zusammenfassend kann man die Habilitationsschrift von Herrn Reichel als eine bahnbrechende, sowohl theoretisch orientierte als auch empirisch fundierte Studie zur ökonomischen Theorie der internationalen Wettbewerbsfähigkeit von Volkswirtschaften bewerten. Aufgrund der erstmaligen und umfassenden Aufarbeitung einer äußerst heterogenen und unüberschaubaren Literatur zu diesem Thema, der Fülle eigener theoretischer Ideen und Modellansätze sowie eigener empirischer Studien muß diese Arbeit uneingeschränkt als eine herausragende wissenschaftliche Leistung angesehen werden.

Für diese Leistung erhält Herr Reichel den Otto-Beisheim-Förderpreis für Habilitationen 1999.

Ich darf nun den Preisträger in der Gruppe der Dissertationen verkünden. Der Preisträger ist eine Preisträgerin: Frau Kerstin Fink.

1969 in München geboren, hat Frau Fink 1989 in München ihr Abitur abgelegt und dann an der Universität des Saarlandes das Studium der Betriebswirtschaftslehre aufgenommen. Unmittelbar nach dessen erfolgreichem Abschluß 1995 an der Leopold-Franzens-Universität in Innsbruck begann sie dort auch mit dem Doktoratsstudium „Sozial- und Wirtschaftswissenschaften".

Am Innsbrucker Institut für Wirtschaftsinformatik arbeitete sie seitdem als Universitäts-Assistentin. Ihre Forschungsschwerpunkte sind: Know-how-Engineering, E-Commerce und Internet. Dementsprechend lautet das Thema ihrer Dissertation „Architektur für den Know-how-Transfer: Mind-Mapping als unterstützende Methode für die Know-how-Architektur".

Darin beschreibt Frau Fink – in sehr konzentrierter und gelungener Form – das Know-how-Thema aus unterschiedlichen Perspektiven. Allen gemeinsam ist aber die Überzeugung, daß Wissen und Können jene Faktoren sind, die erhebliche Umwälzungen in Wissenschaft, Technik und Wirtschaft auslösen werden. Deshalb steht nach Überzeugung der Preisträgerin ein Paradigmen-Wechsel an. Ausgehend von der Hypothese „Unternehmen können im nächsten Jahrhundert nur dann wettbewerbsfähig sein, wenn sie sich zu Know-how-Unternehmen entwickeln", leitet sie ihre zentrale Forschungsfrage ab: „Wie kann eine Know-how-Architektur die Verbesserung von Know-how-Transfer-Prozessen gestalten und unterstützen?"

Einleitend kritisiert Frau Fink mit guten Argumenten die bisherige wissenschaftliche Diskussion des Know-how-Ansatzes als unreflektiert, unpräzise und unsystematisch. Um diesen unbefriedigenden Zustand zu beenden, steckt sie sich ein extrem anspruchsvolles Ziel: „Ein theoretisches Modell für Know-how-Transfer-Prozesse zu entwickeln", und zwar in Form eines „Architektur-Modells".

Besonders beeindruckte die Jury dabei der interdisziplinäre Ansatz der Preisträgerin. So beleuchtete sie in einer fast humanistisch zu nennenden Denktradition die Know-how-Problematik aus Sicht des aristotelischen Ansatzes, des neurowissenschaftliches Ansatzes, der Wissenspsychologie, des juristischen Ansatzes, des betriebswirtschaftlichen Ansatzes und, nicht zuletzt, aus Sicht der Wirtschaftsinformatik.

Wie wir alle Tag für Tag leidvoll erfahren müssen, entwickelt sich Know-how dynamisch, weshalb es kreativer Methoden bedarf, wenn man Know-how-Transfer-Prozesse abbilden will. Hierzu zählt das Mind-Mapping.

Da die am Markt für das klassische Mind-Mapping verfügbare Software aufgrund des fehlenden Architekturkonzeptes nicht wesentlich zur Lösung des Know-how-Transfers beiträgt, entwickelt die Verfasserin nach einer Diskussion des Architekturbegriffes die erforderliche Know-how-Architektur, wobei sie eine prozeßorientierte Sichtweise verfolgt. Da „Know-how" jedoch personenorientiert ist und damit teilweise im Gegensatz zur angestrebten Geschäftsprozeß-Orientierung steht, mußte Frau Fink Methoden entwickeln, die eine Personenorientierung unterstützen. Indem sie die „Grundsätze ordnungsmäßigem Mind-Mappings" und die Gesetzmäßigkeiten des Mind-Mappings entwickelt, gelingt es der Preisträgerin, eine Methode zu formalisieren, die im Prinzip nicht formalisierbar erscheint. Daß sich diese Methode seit mehr als 50 Jahren nur zögernd durchsetzt, liegt an der bislang nicht ausreichenden Werkzeugunterstützung. Mit dem von ihr gewählten Architekturkonzept behebt Frau Fink auch dieses Defizit.

Zusammenfassend ist es Frau Fink gelungen, den Weg zum „Know-how-Unternehmen" konzeptionell zu entwickeln, praktikabel zu gestalten und gut nachvollziehbar zu dokumentieren.

Aufgrund umfassender eigener Entwicklungsarbeit begnügt sie sich jedoch nicht mit Kritik und konzeptioneller Vorarbeit, sondern stellt auch die erforderlichen Werkzeuge zur Verfügung. Da Wissensfortschritt primär durch Falsifikation erzielt wird, unterwirft Frau Fink die von ihr entwickelte Know-how-Architektur anhand eines Fallbeispiels schließlich auch einem Falsifizierungsversuch.

Aus diesen Gründen wird Frau Kerstin Fink heute für ihre innovative, sowohl theoretisch wie praktisch bedeutsame Arbeit der Otto-Beisheim-Förderpreis für Dissertationen verliehen. Herzlichen Glückwunsch.

2 Laudatio für Freie Wissenschaftliche Arbeiten und Diplomarbeiten

Erich Greipl:

Meine sehr geehrten Damen und Herren,

wir kommen zur Preisverleihung „Freie Wissenschaftliche Arbeit". Wie Herr Cleven angedeutet hatte, können wir heute zum ersten Mal einen Otto-Beisheim-Förderpreis für Freie Wissenschaftliche Arbeiten vergeben. Wir hatten in der Vergangenheit eine ganze Menge an phantastischen Arbeiten eingereicht bekommen, aber es handelte sich hierbei leider um Auftragsarbeiten, die nach unseren Statuten nicht prämiert werden können. Andere eingereichte Arbeiten wiederum waren nicht auf das Kernfeld der Ausschreibung ausgerichtet.

Die Mitglieder des Kuratoriums und der Jury haben einstimmig beschlossen, den Förderpreis für freie wissenschaftliche Arbeiten in diesem Jahr an Herrn Prof. Dr. Thomas Gries zu geben. Herzlichen Glückwunsch! Herr Kollege Gries erhält den Preis für sein Lehrbuch „Internationale Wettbewerbsfähigkeit – eine Fallstudie für Deutschland: Rahmenbedingungen – Standortfaktoren – Lösungen".

Prof. Gries ist Inhaber des Lehrstuhls für internationale Wachstums- und Konjunkturtheorie der Universität Gesanmthochschule Paderborn. Seine Forschungsschwerpunkte sind internationale Wachstumstheorie und Wettbewerbsfähigkeit sowie Außenwirtschaft und Beschäftigungstheorie.

Erlauben Sie mir, einige Angaben zu Person und Werdegang von Herrn Gries zu machen und Ihnen das Lehrbuch und dessen zentrale Gedanken kurz vorzustellen.

Herr Gries, 1960 in Duderstadt geboren, hat dort 1980 das Abitur abgelegt. Das Studium der Volkswirtschaftslehre schloß er 1984 als Diplom-Volkswirt an der Georg-August-Universität Göttingen ab. Von 1984 bis 1986 war er wissenschaftlicher Mitarbeiter am Institut für theoretische Volkswirtschaftslehre der Universität Kiel innerhalb des DFG Schwerpunktprogramms „Inflation und Beschäftigung in offenen Volkswirtschaften". Hieran schloß sich in der Zeit von 1986 bis 1987 ein Studien- und Forschungsaufenthalt an der University of California an. In dieser Zeit machte Herr Gries auch seinen Master of Art in Economics an der University of California. 1988 promovierte er zum Dr. sc. pol. an der Christian-Albrechts-Universität in Kiel und war dann akademischer Rat am Volkswirtschaftlichen Seminar der Georg-August-Universität Göttingen.

1993 habilitierte Herr Gries mit dem Thema „Wachstum und Entwicklung, Humankapital und Dynamik der komparativen Vorteile". Seit 1995 ist Herr Gries Universitätsprofessor für internationale Wachstums- und Konjunkturtheorie an der Universität Paderborn. Seine aktuellen Forschungsschwerpunkte sind

Europäische Integration, Unterbeschäftigung und Wachstumsprozesse,

Neue Wachstumstheorie und internationale Catching-up Prozesse,

Regionale Wachstumsprozesse, Handel und Faktor-Mobilität,

Außenwirtschaftliche Integration und Wachstumsprozesse,

Internationale Wettbewerbsfähigkeit.

Meine sehr geehrten Damen und Herren,

die Wissenschaft hat eine Bringschuld gegenüber der Gesellschaft. Sie muß ihre Erkenntnisse in den gesellschaftlichen Diskurs einbringen und so nutzbar machen. Dieser Bringschuld wird die Wissenschaft häufig nicht gerecht, und umgekehrt sind Politiker und Unternehmer an wissenschaftlichen Erkenntnissen und Analysen häufig wenig interessiert. Als Folge dieses Kommunikationsmangels werden gewöhnlich selbst sehr wichtige Diskussionen zu grundlegenden soziökonomischen Weichenstellungen in Deutschland recht oberflächlich geführt.

Das Buch von Thomas Gries versucht, eine Brücke zwischen ökonomischer Theorie und wirtschaftlicher Praxis zu schlagen. Am Beispiel der internationalen Wettbewerbsfähigkeit Deutschlands in globalisierten Märkten erläutert der Autor die wichtigsten Zusammenhänge der Außenwirtschafts- und Wachstumstheorie auf verständliche Weise. Auch versteht er es, den Blick von den kurzfristigen konjunkturellen Auf- und Abwärtsbewegungen, die in der öffentlichen Wahrnehmung immer im Vordergrund stehen, auf die viel wichtigere langfristige Perspektive zu lenken.

Besonders bemerkenswert aber erschien der Jury, daß Herr Gries den Mut hat, in seinem Buch eines unmißverständlich herauszuarbeiten, nämlich, daß die Standort-Diskussion keineswegs ein rationaler, wissenschaftlicher Diskurs ist, sondern eine interessengeleitete Debatte. Erlauben Sie mir, diesen zentralen Gesichtspunkt mit den Worten des Autors ganz kurz zu beleuchten. Ganz zu Beginn seines Werkes schreibt Herr Gries:

„Diese Diskussion wird nicht aus einer gesamtgesellschaftlichen Sicht geführt. Wichtige gesellschaftliche Gruppen, wie die Unternehmensverbände und die Gewerkschaften, versuchen, ihre individuelle Sichtweise als für die Gesellschaft allgemeingültig darzustellen. Und bestimmte Gruppierungen kommen nicht ihrem Gewicht entsprechend zu Worte. Aber die Perspektive der Unternehmensverbände zum Standort Deutschland ist genausowenig eine gesamtwirtschaftliche Perspektive wie die Perspektive der Arbeitnehmervertreter und anderer gesellschaftlich einflußreicher Gruppen.

Die Politik selbst, die eigentlich eine gesamtgesellschaftliche Perspektive einnehmen sollte, ist mit diesem ökonomischen Problem scheinbar absolut überfordert. Sie folgt, je nach ideologischem Standpunkt, der Argumentation der einen oder der anderen Interessenvertretung. Sie verläßt sich also auf die ihr nahestehenden Ansichten aus der einen oder anderen Perspektive und hinterläßt zum Teil einen hilflosen Eindruck."

Meine Damen und Herren, ich bin sicher, daß in dieser Phase und in diesem Szenario der Politikberatung der 15. November dieses Jahres eine Weichenstellung darstellen wird. Die Handelsverbände werden neue Signale der Politikberatung setzen und wir sind sicher, daß wir hiermit helfen können, die Perspektive in der Objektivierung der Gesellschaftspolitik nach vorne zu bringen.

Die aus seiner Sicht zentralen Fragen, die darüber entscheiden, ob Deutschland international wettbewerbsfähig bleibt bzw. wird, behandelt der Autor in den Abschnitten

- „Standortfaktor Humankapital",

- „Forschungsstandort Deutschland",

- „Standortfaktor Sozialstaat",

- „Standortfaktor Öffentlicher Sektor".

Einige seiner Kernaussagen lauten – und vielleicht wäre es gut, wenn Politiker auch der nationalen Szene diese hören würden, wenn sie sie nicht hören können, doch lesen und bedenken könnten:

- Deutsche Unternehmen können nur bei technologie- und humankapitalintensiven Produkten und Branchen durch Preiswettbewerb Wettbewerbsvorteile erzielen.

- Ob deutsche Unternehmen in globalen Märkten Erfolg haben können, hängt aus gesamtwirtschaftlicher Sicht von der Quantität und der Qualität des heimischen Humankapitals ab.

- Erstklassiges Humankapital, mit der daraus resultierenden Produktiv- und Innovationsfähigkeit der Menschen, ist aus gesamtwirtschaftlicher Sicht der Standortfaktor Nr. 1 in unserer Gesellschaft.

Der Standortfaktor Humankapital spielt in der öffentlichen Diskussion wie in der Politikgestaltung praktisch keine Rolle. Verglichen mit den Defiziten bei Humankapital- und Forschungsinvestitionen werden die Auswirkungen von Prozentpunkte-Veränderungen von Sozialabgaben oder Grenzsteuersätzen für die langfristige Wettbewerbsposition Deutschlands bei weitem überschätzt.

Zusätzlich zu diesen Versäumnissen belasten überholte bürokratische Strukturen im Verwaltungs- und Sozialsystem die internationale Wettbewerbsfähigkeit Deutschlands. Der Staat nimmt seine wesentlichen allokativen und investiven Aufgaben nicht mehr hinreichend wahr.

Nach einstimmigem Votum der Jury, meine Damen und Herren, erschließt dieses Lehrbuch des Kollegen Gries dem Leser die öffentliche wie die wissenschaftliche Diskussion über die internationale Wettbewerbsfähigkeit kompakt und leicht verständlich. Auch paßt es ausgezeichnet in unsere Reihe „Wettbewerb und Unternehmensführung".

Wir freuen uns, Ihnen, Herr Gries, den Otto-Beisheim-Förderpreis 1999 für freie wissenschaftliche Arbeiten verleihen zu dürfen und gratulieren Ihnen recht herzlich.

Meine sehr verehrten Damen und Herren,

ein wichtiger Punkt in der Gruppierung der Förderpreise ist der Förderpreis in der Gruppe der Diplomarbeiten. Auch in diesem Jahr haben sich zahlreiche Diplomanden an der Alma mater – der Wirtschaftswissenschaftlichen Fakultät der TU Dresden – an dem Wettbewerb beteiligt.

Ich freue mich sehr, Ihnen im Namen der Jury und des Kuratoriums den Preisträger vorstellen und die Auszeichnung überreichen zu dürfen.

Nach einstimmigem Votum wird der Otto-Beisheim-Förderpreis für Diplomarbeiten in diesem Jahr verliehen an Herrn Robert Böhmer. Herzlichen Glückwunsch!

Lassen Sie mich mit einigen Worten auf den Preisträger und dessen Arbeit eingehen.

Herr Robert Böhmer, geb. 1972, hat 1991 in seiner Heimatstadt Bautzen das Abitur abgelegt. Nach dem Zivildienst nahm er 1993 das Studium der Betriebswirtschaftslehre an der TU Dresden auf, das er im April 1999 mit dem Diplom abschloß. Seine Studienschwerpunkte sind Marketing, Personalwirtschaft und Finanzwirtschaft. Neben verschiedenen Praktika in Unternehmen hat Herr Böhmer auch einen Studienaufenthalt an der University of Wolverhampton absolviert, um sich weiter zu qualifizieren.

Die auszuzeichnende Diplomarbeit trägt den Titel:

„Max Webers `Geist des Kapitalismus` als Erklärungsmodell für den Wirtschaftserfolg religiöser Gemeinschaften? – Eine Anwendung auf das Beispiel der katholischen Sorben als religiös geprägte ethnische Minderheit in Deutschland".

Als Ideengeber für diese ungewöhnliche Arbeit stand die Studie „Die protestantische Ethik und der Geist des Kapitalismus" des Soziologen und Nationalökonomen Max Weber im Hintergrund. Sie gilt als eine der bedeutendsten wirtschaftssoziologischen Arbeiten unseres Jahrhunderts. In seiner Leithypothese postuliert Max Weber einen kausalen Zusammenhang zwischen dem Wirtschaftserfolg einer Gesellschaft und moral-ethischen Faktoren, die aus der religiösen Einstellung der Wirtschaftssubjekte resultieren.

Ziel der Arbeit von Herrn Böhmer ist es, anhand einer empirischen Fallstudie einen Beitrag zur Erklärung von ökonomischem Erfolg in einer marktwirtschaftlich organisierten Gesellschaft zu leisten. Für seine Fallstudie hat der Verfasser eine Bevölkerungsgruppe gewählt, die bisher vor allem aufgrund ihres sprachlichen Sonderstatus Beachtung fand: Die in der Oberlausitz beheimateten katholischen Sorben.

Herr Böhmer hat die Max Weber´sche Herangehensweise insofern weiterentwickelt, als er die zu erklärende Leistungsmotivation der Wirtschaftssubjekte nicht direkt aus der ethisch-religiösen Haltung des Protestantismus ableitete, sondern aus der spezifischen Situation einer religiös geprägten Minderheit, die ein starkes, der Tradition verhaftetes Gemeinschaftsbewußtsein entwickelt hat. Er befindet sich dabei im Einklang mit dem amerikanischen Politologen Ron Inglehart, der auf Basis ähnlicher Überlegungen die bekannte Post-Materialismus-These aufgestellt und in vielen Ländern empirisch überprüft hat.

Herr Böhmer beschreibt in seiner Arbeit umfassend Einstellungen, Orientierungen und spezifische Wertemuster der sorbischen Gemeinschaft. Zur Überprüfung seiner Hypothese führt er offene Intensiv-Interviews mit bedeutenden Persönlichkeiten aus allen Bereichen der sorbisch-katholischen Gemeinschaft durch.

Im einzelnen vergleicht Herr Böhmer das Steueraufkommen der katholisch-sorbischen mit dem der assimilierten protestantischen bzw. konfessionslosen Gemeinden in der Oberlausitz. Damit folgt er Max Weber, der zu seiner Studie durch das unterschiedliche Steueraufkommen der katholischen und der protestantischen Bevölkerung in Baden veranlaßt worden war. Allerdings ist sich Herr Böhmer bewußt, daß mindestens zwei Einflüsse auf seinen Untersuchungsgegenstand einwirken, die für Weber noch keine Rolle spielten:

Die in den entwickelten Industrienationen inzwischen weit verbreitete Akzeptanz des marktwirtschaftlichen Ideengutes und Regulariums.

Die spezifischen Probleme des wirtschaftlichen und gesellschaftlichen Anpassungsprozesses in Ostdeutschland.

Auch erweitert Herr Böhmer seine Studie um eine vergleichende Betrachtung zweier weiterer Variablen: des Sparverhaltens und der Beschäftigungsquote.

Die vorliegende Arbeit ist in mehrfacher Hinsicht bemerkenswert. Der Verfasser fokussiert in seiner Leithypothese eine der zentralen ökonomischen Fragen unserer Zeit: „Wie entstehen Leistungsbereitschaft und Leistungsfähigkeit?" Auf eine außerordentlich systematische und zugleich originelle Weise hat Herr Böhmer die nun fast schon ein Jahrhundert andauernde Debatte um den religions-soziologischen Ansatz von Max Weber für seine Fragestellung adaptiert, operationalisiert und empirisch überprüft. Ohne sich jedoch durch die Konzeption des großen Vorbildes einengen zu lassen, ist es dem Preisträger dabei gelungen, ökonomische Phänomene auf aggregiertem Niveau in eine kausale Beziehung zu mikroökonomischen mentalen Faktoren zu setzen. Dank der expliziten Formulierung einer falsifizierbaren Kausal-Hypothese genügt die Arbeit hohem wissenschaftlichen Anspruch.

Herr Böhmer hat ein relevantes Thema auf originelle Weise, zugleich aber systematisch, differenziert und selbstkritisch behandelt. Überdies bewies der Autor den

Mut, sowohl bei der Formulierung seiner Hypothesen als auch im gesamten weiteren Verlauf seiner Arbeit wissenschaftlich Stellung zu beziehen und nicht nur unverbindlich alternative Erklärungsangebote vorzustellen.

Dafür wird Herrn Böhmer der Otto-Beisheim-Förderpreis für Diplomarbeiten 1999 verliehen und ich darf ihm sehr herzlich dazu gratulieren.

Meine Damen und Herren,

ich darf nun alle vier Preisträger auf das Podium bitten. Herr Cleven und Herr Prof. Blum, auch in Vertretung für den Dekan der Fakultät Wirtschaftswissenschaften, werden nunmehr die Auszeichnungen überreichen.

Schlußbemerkung

Göke Frerichs[1]:

Sehr geehrter Herr Blum,

es ist heute schon viel Dank gesagt worden, aber die Gäste aus der Wirtschaft – und viele von ihnen sind heute zum vierten Mal beim Kolloquium – die drängt es, Ihnen zu danken, als dem verantwortlichen Promotor und Gestalter, Promotor und Motor der wirtschaftswissenschaftlichen Fakultät der Technischen Universität Dresden und genauso natürlich Herrn Professor Greipl als Kurator und Kuratoriumsmitglied der Otto-Beisheim-Stiftung – beide sozusagen als Galionsfiguren für all die, die insgesamt dahinterstehen. Schade, daß heute Herr Prof. Otto Beisheim nicht dabei gewesen ist, denn er hätte Spaß daran gehabt. Es war ein wunderbarer Vormittag. Wir haben mit Ihnen erlebt, was Handelspraxis ist, was Werbung ist, was Gestaltung ist, was städtische Urbanität bedeutet, was Freiheit bedeutet für einen Handelskaufmann, und wir haben wieder bemerkt, wie stark doch der Bauch den Kopf verdrängt – gerade jetzt, so kurz vor der Mittagspause spüren wir das – es war ein Erlebnis.

Und das Herrliche für uns aus der Wirtschaft, aus dem Handel ist, daß wir die Jugend sehen, die begeistert ist – ich habe auch einmal vor einigen Jahren als Student so dagesessen. Die Zeiten gehen so schnell hin. Sie sollen wissen, im Handel ist nicht nur Musik – sondern er ist die Zukunft. Und mein Wunsch wäre, daß wir, vielleicht in vier Jahren – nachdem das neue Thema ja schon festgelegt ist – uns unterhalten über die Bedeutung des europäischen Binnenmarktes nach Einführung des Euro am 1. Januar 2002, des sogenannten Enlargements, das herankommt und der Bedeutung der neuen EU-Mitgliedstaaten nach der Osterweiterung – was dann los ist, hier in Dresden, in diesem Magnetfeld, wo die Frauenkirche wieder aufgebaut sein wird – und nicht nur die Semperoper. Ganz herzlichen Dank.

Ulrich Blum:

Das Belagern ist eine alte Tradition in unserer Veranstaltung – daß sich nämlich die Jüngeren und die Älteren gegenseitig belagern, und zwar bei dem Essen, das jetzt oben gereicht wird. Bevor ich dazu auffordere, nach oben zu gehen, danke ich natürlich auch der Führungsgruppe der Metro, die hier sitzt – Herrn Cleven,

---

[1] Göke Frerichs, Mitglied des Wirtschafts- und Sozialausschusses der Europäischen Gemeinschaften (WSA)

Herrn Greipl, Herrn Baum –, daß wir so gut unterstützt worden sind. In zwei Jahren hoffen wir, daß es wieder so gut gelingt – das ist dann im neuen Millennium, und zwar wirklich im neuen Millennium, denn für Mathematiker ist die Feier, die wir am Jahresende haben werden, ein absoluter Horror.

Den 9. November 2001 haben wir als Termin auserwählt. Das Thema lautet: Neue Werte, Techniken, Welten nach dem Millenniumswechsel. Ich würde mich freuen, wenn sich wieder besonders viele von Ihnen bei uns anmelden, die Veranstaltung besuchen, mitdiskutieren und mitgestalten. Die Tagung ist geschlossen. Herzlichen Dank!